资助项目：
国家自然科学基金项目（51868064）；浙江省哲学社会科学规划课题（22NDJC071YB）

城市街廓形态与城市法规

高彩霞　丁沃沃　著

中国建筑工业出版社

图书在版编目（CIP）数据

城市街廓形态与城市法规/高彩霞，丁沃沃著.—
北京：中国建筑工业出版社，2022.6
ISBN 978-7-112-27392-8

Ⅰ.①城…　Ⅱ.①高…②丁…　Ⅲ.①城市规划—研
究—南京②城市建设—法律—研究—南京　Ⅳ.①TU984
②D927.531.229.74

中国版本图书馆CIP数据核字（2022）第085256号

责任编辑：程素荣
责任校对：王　烨

城市街廓形态与城市法规
高彩霞　丁沃沃　著

*
中国建筑工业出版社出版、发行（北京海淀三里河路9号）
各地新华书店、建筑书店经销
北京雅盈中佳图文设计公司制版
北京市密东印刷有限公司印刷
*
开本：787毫米×1092毫米　1/16　印张：18　字数：320千字
2022年6月第一版　2022年6月第一次印刷
定价：**80.00**元
ISBN 978-7-112-27392-8
　　　（39118）

作者简介

高彩霞 宁波大学潘天寿建筑与艺术设计学院建筑系，副教授，硕士生导师。

　　1977 年生。2018 年毕业于南京大学建筑与城市规划学院建筑设计及其理论专业，获博士学位。2000~2019 年在宁夏大学任教，2019 年至今在宁波大学任教，研究方向为城市设计与城市建筑形态的量化管控、西方建筑理论及建筑设计创作等。主持研究国家自然科学基金、浙江省哲学社会科学规划课题、浙江省教育规划课题、江苏省研究生创新项目、宁夏自然科学基金、宁波市哲社课题等项目，并参与了城乡规划与建筑设计等横向实践项目。在 ISUF 国际会议、《建筑学报》、《城市规划》、《现代城市研究》、《城市建筑》等期刊上发表论文 20 余篇。曾获全国优秀博士研究摘要选登、浙江省教育科学研究优秀成果二等奖、南京大学优秀博士学位奖、胡岚优秀博士基金奖、教学质量奖等。曾指导学生获奖多项。

丁沃沃 南京大学建筑与城市规划学院，教授，博士生导师。

　　1957 年生。南京工学院（现东南大学）学士、硕士，并留校任教，后任东南大学建筑系教授。瑞士联邦苏黎世高等工业大学（ETH-Zurich）建筑系任客座助理教授，先后获 Nachdiplom 学位和工学博士学位。2000 年任南京大学建筑研究所副所长，2006~2010 年任南京大学建筑学院院长，2011~2017 年任南京大学建筑与城市规划学院院长。2017 年至今为南京大学建筑与城市规划学院教授、学术委员会主任委员、博导。1993 年起享受国务院政府津贴。2011 年获首批江苏省建筑设计大师称号。主要兼任中国城市科学会中国名城委员会城市设计学部主席、中国美术家协会建筑艺术委员会委员、中国建筑学会城市设计分会副主席、中国建筑学会环境行为学术委员会副主席、江苏省土木工程有建筑学会执行理事、NU 自然资源研究所城市和人类环境中心主任。

主要从事建筑设计方法论、城市形态学理论、城市形态与城市物理环境、城市形态与城市政策的关联性问题等领域的研究。主持研究国家自然科学基金重点项目和面上项目、国家重点研发项目、教育部博士点项目等，代表作品有苏州园林博物馆新馆、长泾古镇会堂保护和更新与扩建项目、南京大学仙林校区主楼等。著有《城市设计理论与方法》、*Urban Morphology and the Resilient City* 等论著 10 余部，发表在 *Urban Morphology*、*Landscape and Urban Planning*、《建筑学报》、《城市规划》等 AHCI、SSCI、SCI、CSSCI 检索的国内外权威期刊论文百余篇。曾多次获得城市和建筑项目设计与研究、教学奖项。

内容简介

《城市街廓形态与城市法规》（*Urban Block Form and Urban Coding*）是笔者在博士研究，以及发表在《城市规划》和《建筑学报》期刊等阶段性成果的基础上，经过长期深入研究和总结的成果，由国家自然科学基金项目（51868064）、浙江省哲学社会科学规划课题（22NDJC071YB）资助出版。

本书以南京为例，研究中国城市街廓形态特征与相关城市法规的关联性。在综述文献理论、梳理与图解已有相关城市规划与建筑规定的基础上，采用图示梳理与分析统计、年代区段和形态属性归类的案例样本选取、设计演绎、历史情境还原法规作用、创建形态法规理论模型和关联评价图表的关联性理论与实证分析等方法，分析街廓平面形态与用地指标、地块建筑形态与地块指标、街廓界面形态与建筑退让距离界面指标三个尺度的形态特征与法规的关联性，研究得出相关政策法规对形态有很大关联影响，已有强制性指标对土地使用、建筑布局和退让位置关系等控制有效，在解决城市功能问题的同时，关联形成了复杂而多样、协调或纷乱的街廓形态，与形态要素最直接相关的引导性规定，由于缺乏可操作指标，对形态控制力度很弱，提出基于形态的视角，在相关城市设计、城市规划与建筑法规的修订完善中注入形态要素的关键指标思路。进而对研究结论和后续拓展进行了总结和探讨。

本书在理论价值、研究方法、注入形态的要素对修订相关城市规划、城市设计和建筑规定及关键指标等方面具有重要意义。本书对建筑学、城市设计、城市规划与景观学等专业的博士、硕士和本科生的研究与教学等具有重要的启发与借鉴作用，是相关城市规划与建设管理部门适应市场发展的法规修订与完善、城市设计精细化控制等方面的参考用书。

序

　　城市街廓形态构成了城市物质空间形态的微观尺度，同时又提供了人们可直接感知的城市形体空间和场所的低层架构。如果说地理环境、历史遗存、产业经济等因素是城市形态的客观影响因素，那么城市规划建设的法规体系则代表了自上而下的人为控制与引导力量，并日常且直接地干预了城市地块的具体开发、设计、建设和运行。可以说，城市街廓尺度的空间环境的基本特征主要是在建筑等工程设计对城市规划建设法规的具体回应中产生的，是自下而上的空间开发与自上而下的规范约束共同缔造的结果。

　　20世纪80年代末，为适应我国土地有偿使用制度的改革，以土地开发指标控制为核心的控制性详细规划应运而生，对计划经济转向市场经济后的城市空间规范化发展发挥了重大且积极的作用。在控详编制和实施逐步普及的同一时期，我国各地城市也在编制发布"城市规划条例实施细则"等法定文件，并随条件和目标的调整而不断修编再版。其中相当一部分内容都与城市街廓形态的生成密切相关。80年代后，尤其近20年来，城市设计逐步受到重视，并正在渗透到城市规划的编制和管理过程之中。城市设计受到关注的一个客观动因，就在于其被寄予一种厚望：以人的体验为要旨，修补既有法定规划对空间形态预期的不足，从而形成能切实控制和引导城市空间环境有序建构的法规性工具。由此，我们可以看到城市法规、规划编制、建设管理、工程设计在促成城市街廓形态形成和演进中的共同而又差异的责任关联。其中，法规因其在制度体系中的上位属性，对其他相关工作的强约束覆盖意义不容小觑。换言之，揭示城市法规与街廓形态的内在关联机制，其意义并非只是城市设计理论的一种修补，而是有其深刻且急迫的现实针对性，是一种具有鲜明的问题导向和实践导向的机制探究。

　　丁沃沃教授率领的城市设计研究团队对城市形态的持续研究已经跨越二十余年。据我所知，她对城市法规与城市物质空间形态及其塑造的关联机制的关注，起始于十多年前南京市规划局对南京城市建成环境秩序与品质的发问。事实上，南京的城市规划和建筑工程设计有着高水平的专业支撑，其规划管理水平也一直拥有很好的口碑。如果现实中的城市建成环境有不尽人意的地方，主要原因应该不在于管理水平和工作态度，那么问题的指向就可能是规划管理所基于的法规内容与建设成效之间的学术机理。正是这个问题假设，引出且延展了关于城市法规与城市形态关联性研究的持续进展。

本书是青年学者高彩霞在丁沃沃教授指导和合作参与下，关于城市街廓与城市法规关联性的研究成果。作者概览国内外有关城市街廓形态与城市法规关系的既有文献及实践成果；以国家–江苏–南京为线索，历时梳理了城市街廓形态特征管控的相关法规条文；在掌握大量一手资料的同时，分类选择百余例典型案例，并呈现其与主要规划指标相对应的街廓形态特征。在此基础上，从街廓平面与用地指标、地块建筑与地块指标、街廓界面与相关法规三个尺度层级，探寻和揭示了城市法规对城市街廓立体形态量形特征在干预方向和程度的关联影响机制。作为研究的技术工具，量形协同的图解、形态法规模型、关联评价图表等方法创新为本项研究的科学性奠定了基础。从研究样本看，南京是中国历史文化名城，又是经济发达的长三角城市群的核心城市之一，丰厚的历时积淀与改革开放以来快速多样的空间发展相互激荡，再加上南京在城市设计领域所具有的开拓性和专业实力，使样本选择兼顾了严肃性、典型性和参考性。而专注于地域样本的深度考问，也是中国当前城市设计研究值得提倡的一种策略和路径。聚沙成塔，植树成林。这项研究立足城市设计的学科立场，对以人为核心的城市微观物质空间形态的法规干预机理的科学认知、对推动精细化城市设计的创新实践及其向法规编制与实施的语言转换都具有重要的方法论意义。

城市设计既有世界尺度的一般原理和方法，也有与本土城镇空间建构及其时态进程相联系的特定处境，及其所要致力解决的特定问题。作为专业同道，有幸领略和学习丁沃沃教授带领团队二十余年来在城市设计领域的不断开拓和深耕，从中深受感动，也深受启迪和教益。我参与了高彩霞博士学位论文的开题和评阅工作，欣喜看到在学位论文研究的基础上，又有新的补充和完善。至此成果出版，一来祝贺作者学术有成，二来也祝愿广大读者开卷有益。

2022 年 5 月 1 日，于南京四牌楼中大院

前　言

　　早在 2007 年，当时的南京市规划局领导在一次研讨会上说，"我常常站在办公室的窗边向下俯瞰我们的城市，城市在我们的手中变化着。我们不仅对每一项建筑项目都组织专家认真的评审并严格执行，而且对城市的重要地段还要做场地设计研究，可是现在看看这建成的城市空间形态依然无序而凌乱，究竟是啥原因呢"？为了给市民提供良好的空间品质，有效地管控城市的空间形态，一向注重以科学研究支撑管理实效的南京市规划局，决定以"南京城市空间形态及其塑造控制研究"为主题设立了研究项目，当时的南京大学建筑学院城市设计团队接受了该研究项目的委托。需要说明的是，在接受此项目之前，我们这个团队刚刚完成了南京市规划局先期委托的一个研究项目"南京城市特色构成及表达策略研究"，海量的实地空间特征调研和 3000 多份问卷考察分析，对既有空间元素从市民认知的角度进行了凝练，对南京市总体空间形态的认知有了较为准确的把握。事实上，"南京城市特色构成及表达策略研究"为"南京城市空间形态及其塑造控制研究"项目的展开奠定了扎实的基础。

　　研究过程得到南京市规划局的大力支持，局里的多个管理部门和项目组一起展开了多轮研讨，这些研讨有助于对城市管理复杂性不甚了解的高校团队设定切实可行的研究路径。研究团队以问题为导向展开实地调研，将城市整体形态和街廓空间形态并行推进。除了实地考察的海量影像资料分析之外，在规划局的支持下，项目组获得了南京市国土局相关土地出让的档案，分析了自 1991~2007 年间的 110 多个地块土地出让的地理位置、面积和地貌特征，进一步发现了地块拍卖的时序、政策变化与城市空间形态也具有密切的关联性。随着研究的深入，我们又调取了城市建设项目的专家评审意见和审批条文进行分析，发现地块变更频繁、历时较长和多次设计多次评审的地块并不意味着建成后可以获得更高质量的城市空间，甚至相反。研究过程中，项目组同时做了和民国南京建成法规的比较，以及和国际同类城市的比较研究。

整个项目历时一年多，先后发现城市空间的质量问题和用地属性、建设年限、地块重组、土地出让时序、城市其他管理法规和控制性详细规划指标，甚至和建设周期都有关系，这样的调研结果对于一个以设计为主业的团队来说很是震感！一个事实就是：好的建筑设计并不一定构筑高质量的城市空间；好的城市设计如果没有相关法律法规的配合基本无法实现。调研和分析的结果充分显示了城市空间形态特征受制于相关城市建设的各项法律、法规和规范，城市空间形态特征和质量实际上是各项政策与利益博弈的结果，优秀的设计只有在相关法规的支持下才能显现其作用。此外研究还发现，现行的以建构空间美学秩序为导向的城市设计导则因缺乏政策的抓手，很难发挥管控的作用。最后，基于研究成果对相关城市建设管理条例作适当的调整，最终也得到了正式采纳。该研究获得了江苏省建设科技进步奖。

作为实际项目的研究结束了，然而研究引发的学理问题并没有完全得到回答，进而引发了一系列与城市形态相关的学术研究，研究中的关键问题形成了几项博士学位论文的课题。作为学理问题，研究重点将首先关注从现实中反映出的"政策塑造城市形态或政策影响城市空间的形成机制"的现象是否具有普遍性。如果具有普遍性，那么是否可以认定城市建设相关政策是城市形态生成的重要机制。

一般说来，城市形态分为城市总体形态、街廓肌理形态和街廓空间形态三个层级，三个层级相互制约，最终都会影响到城市公共空间形态特征。先期的研究中我们意识到，我国管控城市建设也有从国家到地方的各级各类相关法律、法规和条例。其中有宏观层面的管控，如建设用地占比、生态绿地占比和道路总用地占比等，对城市总体形态的物质构成有了初步的控制；也有微观层面的管控，如居住小区中对日照小时数的控制和消防规范中对楼宇之间的消防距离的控制等，在很大程度上限定了居住区的肌理形态特征，也限定了街廓空间的空间范围。那么，众多从国家到地方各级各类相关法律、法规和条例中，有多少是直接管控城市物质空间的？分别落在城市形态层级的哪些层面？与各层级的城市形态要素关联程度如何？管控的实效如何？

我国对城市物质空间管控的相关法律、法规和条例并非由一个部门颁布，它们出自交通、消防、工程建设、绿化和城市规划管理等部门。先期的研究中已经遇到有些条例落在了同一物质形态上，但要求并不一致，导致城市物质空间管理失控。此外，随着社会发展从国家到地方各级各类相关法律、法规和条例也在不断地调整并修编，以适应城市建设的需求，前期研究中频繁遇到由于建设年代不同，所遵循的建设条例不同而导致空间问题。那么，来自不同部门的规范条例和源自不同时期的规范条例对城市空间品质究竟会带来怎样的影响？

上述这些问题都需要进一步的深究，挖掘城市形态形成中相关法规的作用的机理及其普适性规律成为设问的基础，奠定了高彩霞博士的学位论文的研究目标，而博士学位论文"中国城市街廓形态特征与相关城市法规的关联性"的成果正是这部书的雏形。

针对研究问题，南京城依然是非常适宜的案例。首先，南京不仅是六朝古都，而且是民国时期的都城，当代南京城的城市核心区和明代南京、民国南京的城市核心建成区基本重叠，现代城市发展和历史保护的诉求都增大了城市管理条例的复杂性。其次，南京曾经是都城且现在是省会，城市的核心区集聚了大面积多种类的军事管理用地、高校院所用地、省市两级政府和省属市属各类机构用地，由于这类用地权属的复杂性，城市相关法规的效用也外溢出复杂性。再者，南京地处长三角，能够快速发展的经济实力没能给南京留下足够的城市建设法规效用研判的时间，却为对各类政策和法规实施效用的后评估提供了条件。所以，虽然案例定位为南京城，作者认为研究成果理应具备一定的普适性规律。

通过国内外文献综述，尤其是对国外城市管控法规和建设制度比较成熟的城市管理文本的研读，可以看出城市管控法规是城市物质形态形成的关键因素，二者紧密的关联性是超越国度、制度和文化圈的普适性规律。继而，本书全面梳理了我国的国家、省和市三级城市管理相关法律、法规和条例，共涉及119个文件6063条之多。在这些文本的条文中，有2724条（占44.9%）在实施过程中都对城市物质形态产生直接或间接的影响。因此，本研究根据影响的程度和效能进一步将这2724个条文再分为四大类，即：直接相关的强制性规定、直接相关的引导性规定、间接相关的强制性规定以及间接相关的引导性规定，各类占比分别为：18.1%、20.1%、27.2%、34.6%。为了进一步聚焦城市形态和城市相关法律、法规和条例相互作用的机理，本研究将城市街廓形态作为研究重点。一是街廓形态是城市总体形态的基本单元，街廓形态的特征及其空间关系表征了城市总体形态的特色；二是街廓形态是探讨权属地块、建筑组合和空间特征的地盘，它起到了勾连建筑和城市的作用。据此，研究中选取了涉及各项各类法规条文较多、经历时间比较长的160多个典型街廓样本，样本提供了街廓平面、地块建筑和建筑街廓形态等各项基础信息。

文本梳理、实地调研、图示分析、统计和类比是我们的主要工作方法。首先，通过研究，进一步明确了国家、省和市三级城市管理相关法律、法规和条例是我国城市形态的形成的关键影响要素之一，且从研究案例的分析中可以证实，占比18.1%的直接相关的强制性规定对城市形态的构形起到了主导作用。其次，在直接相关的强制性规定中，以涉及城市安全类、市政类，健康类（如日照小时数）

的指标为主，也就是说城市形态主要是由这几类指标所管控而形成的。换句话说，在管控城市空间感知质量方面，少有直接相关的强制性规定。最后，在管控城市空间形态方面也有大量条文，大部分是直接或间接的引导性类别的指标，在实际案例分析中可以看出，控制效果不明显，也可以说相关性较弱。

这项研究从政策和管理的角度梳理了城市形态构成的肌理，阐明了城市管理相关法律、法规和条例在城市物质空间塑造方面的重要地位，同时也明晰了其发挥效用的方式与方法。这些研究成果对补充与完善相关城市设计规范、已有城市法规的编制与实施，以及关键形态指标构建等提供参考依据。通过研究可以看出，通过修订、完善和增加直接相关的强制性规定条文内容，尤其是在这一类别中增补管控城市空间质量的内容，提供城市设计成果的转化空间，才能落实城市设计成果的可操作性。

需要强调的是，此书是在博士学位论文的基础上修订而成，内容基本上保持了博士论文的逻辑构架，同时保留了博士论文研究中必要的论证细节，这些做法有别于一般成果成熟的专著，其用意在于读者能够直接了解研究结论的推理和由来，期盼尽可能获得更多的意见和指正，为后续的研究和耕耘奠定基础。我国过去30多年的各类相关城市法律法规的建设和修编是和快速城市建设相伴而生，此间不乏管理者、建设者、设计者和研究人员的相互协作与碰撞，对此作一番梳理的确有必要。同时也发现，要完全消化这些快速变换甚至稍纵即逝的现象，显然还需要时间。因此，成熟的研究定论依然需要长时间的跟踪和艰辛的耕耘。当下，随着城市扩张大幅减缓，城市已经进入了存量更新的阶段，这个阶段将会比扩张阶段要漫长得多，明确地说，扩张是暂时的，更新是永恒的（如果没有战争和灾害，如果城市不消亡）。更新时期的城市建设，需要设计创新，也需要管理政策的严谨和高效，更需要管理政策的创新。因此，在不甚成熟的阶段拿出此书，也是想抛砖引玉，同时也可以在该领域获得更多的同行者。

最后，作者再次感谢南京市规划局为本研究持续的提供基础资料，感谢南京大学"南京城市特色构成及表达策略研究"和"南京城市空间形态及其塑造控制研究"两个研究团队为本研究提供的良好基础。

南京大学 丁沃沃

2022 年 5 月 3 日　南京

目　录

第 1 章 绪 论

1.1 研究背景与意义

    基于城市物质形态价值理论的街廓形态与法规的关联性：城市形态被描述为在特定的地理环境和历史发展中，受到包括社会、经济、历史、政治、环境等因素综合影响的产物（Rangwala K.，2012），包括物质形态和非物质形态。对城市物质形态方面的研究主要始于英国的康泽恩（Conzen）学派和意大利穆拉特尼（Muratori）学派，康泽恩学派在地理学角度城镇风貌的社会认知渊源下，将城市本身作为研究对象，主要研究其物质环境，提出了街道、街区地块与建筑物等物质要素构成了城镇平面类型的基本单元。穆拉特尼从建筑类型学的角度研究城市形态的演化，将它与建筑实践活动联系起来，各种建筑类型与城市建筑的结合形成了城市肌理的基本形式，形成了城市形态的基本单元（段进，2008），因此，城市物质形态主要由地形地貌、街道/街区、地块、建筑物、绿化场地、设施等物质要素在多因素及其他组织规则影响下，生成了丰富多变的城市景观形态（Kropf K S.，2008；丁沃沃，2014）。城市物质形态的影响因素中，经济动力、历史文脉、地理环境、地域与宗教观念等因素对形态形成与发展的影响不以人们的意志为转移，而法规导向则是人们可以直接操纵城市建设的主要因素（丁沃沃，2007），法规控制在城市物质形态演变中具有很深的影响关联性。从认知尺度看，街廓、地块建筑、街廓界面是城市肌理形态的基本单元，其属性特征是在人的尺度下可直接体验和感知城市空间形态的主要方面，因此，街廓平面、街廓内的地块建筑、街廓界面三个尺度层级的形态特征是城市物质形态管控的重要方面，三个层级形态特征对应的属性主要包括：街廓四周的道路环境、街块尺度、用地性质、地块划分数、地块权属边界和地块形状、建筑间距、开放场地尺度、沿街建筑面宽、建筑高度、街道宽度、建筑退让位置等，城市形态与城市法规之间的关联性主要在于这些属性特征的变化，进而关联到街廓平面、地块建筑与街廓界面三个尺度层级的形态发展。同时城市形态不仅是物质要素的有形表现，还包括城市社会精神和文化特色、社会行为、人对城市环境的认知思维等非物质形态内涵（武进，1990），探求合理的、与人感知相适应的城市建筑形态，探索符合城市地域实际情况的、适居的城市形态及其评价标准，应是物质与非物质形态相互协调的过程，可有效地提升城市环境质量（Lynch K.，1960）。

城市设计在解决城市形态和城市环境质量等现实问题中的重要性：20世纪80年代以来，伴随着城市化快速发展，人类面临着颇为迫切的城市难题就是缺乏具有特色、密集化和适居的城市环境（Guaralda M.，2014），在提出将传统城市作为复兴的形态秩序而不是功能模式的同时，讨论了城市拥挤、公共空间缺乏、种族人口分离及土地功能分离、现代郊区反复蔓延，以及缺乏人情味的超尺度街道空间等城市环境品质欠佳的主要问题（Ben-Joseph E.，2005），通过城市设计对于创造以人为本的城市环境尤为重要，如何使城市设计回归其根本、强调城市公共空间和城市形态的塑造和管控，如何通过管控城市空间形态来提高城市环境质量成为专家学者们的研究难题和实践的挑战。传统分区到基于形态发展的辩论研究认为：问题主要归因于以功能分离和汽车交通为主的规划和传统分区制的呆板使用，可通过建立一套基于形态设计准则的城市设计方法补救城市环境塑造的难题，通过法规控制为城市多样性和秩序之间的平衡关系提供设计工具，比如美国地方政府将所管辖的土地细分为不同地块，详细确定每个地块的用地性质和有条件混合的功用，同时引入城市设计思想，确定土地开发中物质形态方面的建筑及环境容量控制指标，如容积率、建筑覆盖率、旷地率、建筑高度和退后等，并通过一系列规定对其他形态要素进行控制，最后达到了良好的控制效果，形成了清晰的城市肌理（Daniel G. & Parolek K. etc.，2012），曼哈顿规则的街道网格、成百上千个矩形街廓是通过城市法规产生的（Marshall S.，2011）；法国巴黎香榭丽舍大道以其街道宽度、两侧建筑尺度和立面形式连续统一的形态特征，被认为是城市物质环境品质较好的城市；西班牙巴塞罗那主要城市道路以统一的街道宽度、一致的建筑高度、沿街建筑界面边线与街道边线的一致性等连续性空间特征保留至今，也被认为是街道空间组织有序化的城市。

在全球城市化进程中，我国同样面临着如何有效管理和控制城市形态的严峻问题。在2015年中央城市工作会议中，强调加强对城市物质形态多方面的规划和管控，城市设计被摆上了与各层级规划同等重要的位置，城市设计注重对未来建成环境的量、形、质的控制和引导，主要确立城市空间物质形态方面的形态控制原则（韩冬青、方榕，2013）。其重要内容就是对城市居民直接生活和体验的中微观尺度的城市街廓，通过设计导则或指标等进行形态控制，创造宜人的城市空间。中国大部分城市建设在相关国家及地方的历年城市规划与建筑的法律条例、规章、技术规定及规范等法规管控中，主要以控制性详细规划等为手段进行控制，但是传统的一元体系控规偏重于通过用地比例构成、地块划分规模、容积率与覆盖率、建筑间距、建筑退让距离等主要指标规定，控制二维平面的土地使用、地块开发强度、建筑位置等城市建设，从而解决通风采光、防火防震、交通拥挤等城市健康与安全功能问题，但却对三维的城市空间形态控制失效（匡晓明等，2012；曹曙等，2006），反而导致了街廓属性的变化，进而关联影响到街廓平面布局、地块建筑群体组合、街廓界面三个尺度层级形态特征的发展变化，出现了街廓用地纷乱、用地形状肌理不清、街道空间尺度过大、地块划分规模粗放、街道界面参差无序、建筑群体组织秩序凌乱及缺乏整体协调等城市形态发展失控的环境质量问题。我国的城市建设法规面临着从解决城市功能问题到追求形象控制的转型，而且目前缺乏控制城市物质形态的专门法规文件及规定，因此许多城市引入了二元体系控规，即在控规中导入了城市设计的形态引导，在对形态精细化控制层面，主要依靠城市设计导则对街廓地块等制定图则以及对地块建筑形态提出要求来实现。图则中包括一系列与形态相关的定性、定位和定量的规定，其中用"量"控制形态是一个重要方法，如规定街廓用地性质、地块划分、建筑类型、建筑间距、建筑退让、建筑高度、建筑贴线率、建筑立面形式与色彩、铺地等，比如《深圳市城市设计标准与准则》、《北京市城市设计导则》、《上海市街道设计导则》、《江苏省城市设计编制导则》、《浙江省城市设计编制导则》等，结合国家和地方相关城市规划与建设法规的指标规定试行对城市物质形态的管控。**然而，相关已有法规指标和城市设计控制导则对城市物质形态的控制难以落实**，尤其对于南京城市这样受历史文脉等因素隐性影响的城市。比如建筑贴线率，是为了实现街廓完整度而对沿街建筑贴线程度的规定，但诸如建筑为符合日照间距、消防通道等健康安全规范进行退让，却与贴线要求产生矛盾等。总结原因，主要如下：

第一，中国许多城市街廓形态往往较为复杂而多样化，长期以来与相关城市规划和建设法规的控制作用密切相关，但是已有相关指标等规定最初制订的目的是解决城市功能问题，针对的街廓属性较为简单，而对于不同地形、地域特征典型、城市建设历时较长，功能混合、街廓尺度大小不一、地块形状、权属地块划分与建筑组合复杂、建筑高度与街宽度比不统一等属性变化越来越多样的街廓在很多时候失控，甚至关联带来了城市形态和城市质量问题。我国自古以来实行政府集中管理的制度体制（武进，1990），使得政策法规与规划控制这一因素颇为重要，尤其是 20 世纪 80 年代以来伴随着城市经济和现代化城市建设的空前发展，以商业和信息化等趋势为主流的发展取代了工业对城市形态的主导作用，在城市内部出现了大量功能混杂的综合体，80 年代以后城市内部高度分化、城市与地区高度综合的整体化特征日益明显，城市空间形态越来越多样与复杂，出现了城市空间与建筑形态组织无序、公共空间缺乏、平面肌理模糊等迫切需要解决的城市形态问题，一般通过城市发展政策、城市规划与建设法规加以控制，尤其改革开放以来，政策法规控制和规划管理的人为操控力度加大，对城市形态的形成起到了非常重要的关联影响作用。中国城市形态的发展与演变中，人们通过相关政策法规在调节和控制城市开发与建设、解决了城市功能问题的同时，却导致街廓属性的变化，对于街廓平面用地布局、地块建筑组合、界面形态特征等方面不但失控，反而进一步关联影响了街廓形态，很多时候带来了更多的城市形态问题。

以南京市为例，南京处于中国东南沿江经济较发达的地区，有着从城市中心区、城市边缘区向新城区过渡的地理环境。都城发展历史悠久，城市建设长期以来主要在官方和"政策性"的控制之下发展，城市建筑形态变化较大，街廓具有多样化的属性特征。尤其是南京老城区城市形态历史演变至今，除了在经济发展动力和隐性因素的影响之外，历年相关城市与建筑规定控制对老城区城市形态的重要影响主要从两条渠道产生：一是在政治体制指导下制订的城市建设方针政策，通过相关规定和城市规划控制对城市形态产生直接影响；二是在政治思想支配下的意识形态、文化观念和生活方式对城市形态产生间接影响。通过这些渠道的影响，使得南京城市形态特征从古至今发生了较大变化，即从传统的城市平面轮廓线依托自然山水形成封闭城墙、城市内部"前街后坊"及居住、手工业和商业合一的组合形态特征、建筑技术单一、建筑高度较统一、建筑群组织的空间形态及天际轮廓线和它依附的自然山水轮廓线态势一致（丁沃沃，2007），发展到现代复杂而纷乱的南京城市形态特征，城市功能和结构日趋多样化、城市规模不断扩大、古城墙的界限被打破，向南北西三个方向分别发展、城市外围地带不断变更为市区，城市平面形状与边缘轮廓伴随着相关政策规定的不断变化与调节，也处于不断的游离与变化中，建筑技术不断创新、经济利益高度集聚、以高度密集的城市中心区高层建筑群的形式集中构筑了天际轮廓线形态，这也决定了城市空间形态制高点的决策。另外，伴随着城市尺度扩大，南京出现了多中心的格局，每一个中心出现的密集高层建筑群都和它所在区域的政策法规运作、土地价格和道路交通连线等密切相关。南京市城市街廓现状形态特征主要呈现为：街廓用地布局有以居住为主或公建为主的单一功能，有居住、公建或小型工业等混合功能的用地布局特征；街廓尺度有面积较小的500平方米、规模超过5公顷的，以及其他面积规模的多样化尺度特征，包括尺度巨大的单位院落街廓、大型公共建筑所占街廓、居住或公建街廓、尺度较小的街廓等；地块形状有规整的居住为主的四边形、公建为主或公建与居住等混合的不规则形地块等特征；地块建筑层数有低层、中高层、高层与超高层的建筑群体或混合布局的疏密程度不一的建筑群组合特征；周围道路环境具有主干路围合、次干路或主次干路支路围合的交通形态特征等。这些城市街廓形态特征的生成经历了从建筑层数由低层演变为中高层、建筑容积率由低到高、用地性质从居住演变到商业到混合、地块划分从规模粗放到划分较细、街廓尺度过大到有规定规模等的变化，这都与历年相关用地指标、地块指标、建筑布局指标、建筑退让距离等规定控制有很大的相关性，指标等规定在解决城市功能问题的同时，反而对城市物质形态控制难以落实，导致城市街廓属性的变化，并关联影响了城市街廓形态特征的变化。

第二，城市设计导则仍处于探索与试行阶段，尚未完全付诸法定地位，目前我国缺乏控制城市物质形态的专门法规规定，对城市街廓形态直接或间接控制和影响的主要是国家、省级和地方城市的相关已有城市法规（包括城市规划与建筑的法律、条例、规章细则、技术规定和规范等），这些规定的融合与否直接决定城市设计导则能否贯彻落实。另外，其中与形态最为直接相关的引导性规定又缺乏可操作性的量化指标。比如城市规划实施细则、城乡规划管理技术规定、用地与建筑规范指标、交通法规、消防与采光规范等无一不直接或间接影响街廓建筑的间距、沿街退让、高度、轮廓等，城市设计控制导则如果不能与这些现有规定相衔接，将为导则的落实带来很大的困难。相关已有规定主要包括两类：一是用地使用、地块开发、建筑布局、界面控制等强制性规定；二是城市功能布局与外貌、沿街建筑立面风格与材质、绿化广场、广告围墙等引导性规定，但其中对街廓物质形态具有直接控制和影响作用的主要是强制性指标规定，通过控制性详细规划等规划控制为手段，结合相关规划与建设实施管理规定，在有效控制用地使用规模、地块开发强度、建筑位置等城市建设过程，解决采光通风、交通、防火防震等健康安全功能问题的同时，导致街廓属性的变化，影响了街廓形态特征的塑造。而与城市街廓形态最为直接相关的引导性规定，却缺乏可操作性的量化指标，对街廓物质形态控制力度不大。因此许多地方城市引入城市设计导则，通过相关规定及指标量化方法对街廓平面用地性质、地块划分、建筑风格与类型、界面秩序化等进行引导与控制，但是尚未完全建立相关法规实施，指标等规定在很多情况下难以落实，而且地块划分、建筑间距、建筑高度、建筑退让等都直接或间接地受到已有法规中用地指标、地块指标、建筑布局指标、界面控制指标、防火规范等规定控制的影响。因此，城市设计控制导则如果不能与已有相关指标等规定相衔接，会给设计导则的落实带来很大困难。

第三，城市街廓形态优化标准的提高也为地块建筑控制导则的制定带来了一定难度，同时已有相关规定存在健康需求、非本土适应和活动归属感、传承历史文化和传统建筑特征等管控问题，缺乏形态优化的形态关键指标。比如"沿街建筑界面围合的街道"应利于风环境优化，仅从通风来说，对城市街廓的沿街建筑贴线率和街道高宽比、风速风温等相关研究表明，通风良好的街道空间恰恰不是连续性强、贴线率高的街道，因此，街廓形态的优化控制变得更加复杂，绝非贴线率等简单指标可以做到，还缺乏通风采光等健康舒适性的形态关键指标。同时已有规定中，也缺乏体现当地城市传统生活的街巷脉络、交流空间、民居、地域技法等本土特征和场所归属性融入的形态指标，目前只是根据已有建筑高度、建筑退让距离等指标，拓宽城市街道宽度、增加建筑高度和退让道路很大距离等，造成超尺度街道空间、缺少邻里人情味等本土不适的指标控制问题。

因此，本书以南京市为例，基于城市物质形态价值理论的前提下，分析总结城市街廓形态特征与相关城市法规的关联性是非常迫切而必要的。研究范围主要限定与相关城市建筑规定控制关系紧密的南京老城区，从街廓平面、地块建筑和街廓建筑界面三个尺度层级方面，在归纳已有国内外相关研究理论方法和确定城市街廓属性及其对应形态特征，以及梳理分析国家、省级及地方城市的相关主要法规条文的基础上，研究总体上设定了一条路径，即"从建成形态的历史还原与推演法规对形态的作用到指标与街廓形态关联性理论分析和实证的数据量化分析"两大方面进行研究：一方面是通过对街廓建成形态特征的大量调研观察与分析总结，通过年代区段及特征案例选取的方法选择街廓样本，对应与街廓属性相关的主要指标等规定，采用"历史情境重现"的方法，在历史情境中还原法规对形态特征的作用和形态生成的初步原因；另一方面是主要指标控制作用与街廓形态特征的关联性理论和实证分析，对应街廓平面、地块建筑组合和街廓建筑界面三个尺度层级，在通过创建指标规定与形态关联的法规理论模型、关联评价图表方法的关联性理论分析基础上，采用历史设计演绎、图示叠加、数据曲线等对比分析法，对案例样本从理论和实证两方面深入分析相关城市规划和建设法规与城市街廓形态的关联性。研究成果对推进我国城市空间形态的科学认知、城市物质形态控制方法与城市更新管控理念、城市设计导则衔接相关已有规定进行城市设计控制的可操作性，以及对提升城市建设的人居可持续发展、促进地区城市生态建设与经济发展、基于形态视角完善相关法规条文和修订城市设计规范等方面具有重要的现实和理论意义。

具体研究意义如下：

1）研究对科学认知城市复杂空间与建筑形态及其时空演变背后的历史文化和本土传承价值、塑造具有健康宜居和地域场所归属感的新型城镇化建设理念具有科学理论意义。目前对城市街廓、地块建筑与街廓界面等形态方面的研究大多局限在建筑学科内部的形式等方面，较为缺乏对城市作为复杂综合体并具有物质与非物质等多元主体属性的关注，更是欠缺对城市形态成因机制与形态关键指标等方面的探索和研究，研究聚焦相关城市规划与建设法规等各类指标控制对城市街廓建筑形态的关联影响，把它们对街廓形态特征的具体作用分析出来，作为城市物质形态控制和优化空间质量的初始条件和基础，为后续的其他研究提供理论基础与模型框架。因此，研究成果无论从认知复杂城市还是城市更新管控观念、提升城市环境质量等方面都有重要的理论意义。

2）研究将加大城市设计精细化控制的可操作性，基于形态的要素，对补充相关城市设计和城市建筑规定的关键形态指标提供参考依据和理论支持，并对优化城市空间质量的可持续发展具有现实指导意义。一是我国的城市建设正面临着城市更新和提升城市空间质量的需求，城市设计将在街廓空间形态的塑造中发挥重要作用，通过控制城市街廓与地块建筑形态塑造城市空间、优化空间质量，关系到人对城市风貌、舒适健康与活动的直接体验。研究深入分析了相关法规中强制性指标规定对城市街廓平面、地块建筑和街廓界面三个尺度形态特征的控制和影响效果，分析了与形态最直接相关的城市功能布局、城市风貌和建筑风格、广告围墙、绿化场地等引导性条文缺乏可量化操作指标，为我国城市设计导则衔接已有相关法规规定、进行城市设计精细化控制的可操作性、为城市地块改建或更新整治、提升空间质量提供了科学方法，并为部分新建街廓或新区建设提供经验。二是研究融入了国内外先进的城市形态控制的相关研究成果和方法，对于研究方法层面的提炼和借鉴、注入形态要素的关键指标构建，以及完善城市设计规范、已有城市法规的编制与实施等具有重大现实意义。

3）研究方法的创新贡献价值。研究验证了相关城市法规控制对城市街廊形态较深的关联影响过程和效果，较为创新地提出了多因素属性分类、历史情境重现、基于法规理论模型和关联评价图表创建的关联性理论分析和实证分析方法、建筑学图示演绎与设计实验、mapping 图示梳理法等研究方法；又基于建筑学的理论知识和人居环境可持续、本土文化延续，以及可控指标梳理研究的视野，在研究方法上具有重要的创新价值。

1.2　城市街廊与城市法规

本书的研究对象聚焦城市街廊物质形态特征与相关城市法规控制作用的关联性研究，即验证相关规定与城市街廊形态的相关性，分析相关用地指标、地块指标、建筑退让道路距离等主要规定对城市街廊平面形态、街廊内的地块建筑群体组合形态、街廊界面形态特征的关联影响过程和控制作用。

1.2.1　城市街廊、街廊属性以及街廊形态特征

王金岩、孙晖、梁江等学者研究提出，城市街廊是由主干路、次干路、支路等城市道路红线或河流、铁路等界线围合而成的城市基本用地单元，外接城市街道网络，内部包括地块、建筑、绿化场地、设施等要素（图 1-1），这些物质要素的几何关系与组织形式等构成了街廊的各种属性特征。城市街廊是城市物质形态的重要组成部分，从认知尺度看，街廊与地块建筑被视为城市形态的基本单元，通过对街道 / 街区、地块到建筑相互影响的规律探讨，可阐述城市物质形态的形成机制与转换（丁沃沃，2007、2015）。街廊平面的用地布局类型和地块划分复杂形式、地块建筑的群体组合布局、街廊建筑界面的连续性等层级的形态特征，是城市物质形态管控的关键方面（高彩霞等，2018），而对街廊形态特征的控制主要是对其相应的街廊基本属性进行指标控制，进而直接影响到城市空间品质的提升。因此，研究中对城市街廊形态的研究范围主要限定在中观与微观尺度的街廊平面用地、地块建筑群体，以及街道建筑界面三个尺度层级（图 1-2），其各自的属性特征分别包括：1）街廊平面层面：包括用地性质与比例构成、街廊尺度与形状、

城市形态基本物质要素——地形地貌、街道、街廓及地块、建筑物、场地、绿化等
法规控制城市物质形态的操作要素——建筑控制线、建筑高度、建筑间距、建筑退让道路红线、街廓与地块尺度、地块指标等

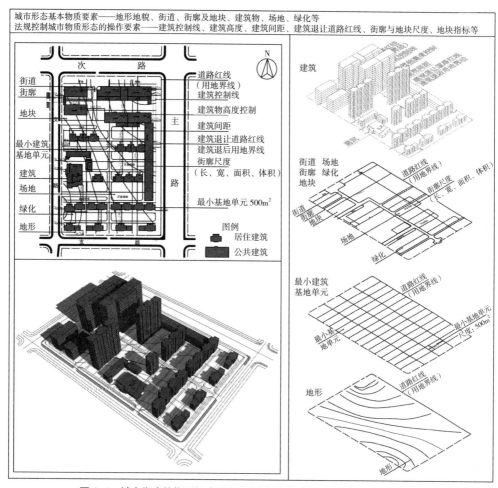

图1-1 城市街廓的物质组成要素及法规控制街廓物质形态的关键操作工具

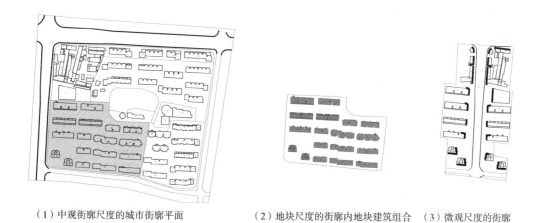

（1）中观街廓尺度的城市街廓平面　　（2）地块尺度的街廓内地块建筑组合　（3）微观尺度的街廓建筑界面

图1-2 中微观尺度的城市街廓形态研究的三个尺度层级

地块划分和构成、四周道路级别等；2）地块建筑层面，包括地块权属边界与地块形状、地块尺度、建筑布局间距、建筑位置、建筑体量与建筑高度、开放场地尺度、出入口位置等；3）街廊界面形态层面，包括沿街建筑面宽、建筑高度、街道宽度、建筑高度与街道高宽比、建筑退让位置等。这些属性的变化对应着平面用地布局类型、地块划分复杂程度等街廊平面形态特征；建筑组合密集程度、排列秩序、开放场地类型和高低空间轮廓等地块建筑组合形态特征；连续性、秩序性与围合感等街廊界面形态特征，通过控制物质要素形成的属性特征，可控制和影响到城市街廊形态特征。

1.2.2 中国相关城市法规

城市法规一般指城市范围内任何种类的法规，设计规定、建筑规定、区划规定等都被视为一种城市法规，包含了从城市尺度、地方规划到建筑设计细部的描述，从抽象合法的规定到建筑手册中列举的实例的多样性（Marshall S.，2011）。法规的内容主要聚焦物质组成的规定上，即城市空间构成要素和要素间的联系以及相应的控制参数和尺寸规定等方面，法规控制的目的是解决采光通风、防火防震、防潮防热、交通和无障碍等城市健康与安全等功能问题，解决城市肌理特性，处理社会秩序。影响城市形态的主要法规核心是"城市规划和建筑规定"，以及与规划和规定相一致的城市建设管理许可机制（Kropf K S.，2011），而城市规划与建筑规定中控制和影响城市形态的主要规定就是对城市物质构成要素和要素间联系控制的用地比例构成与地块划分尺度、建筑覆盖率和容积率、建筑高度、建筑间距、建筑退让距离等相关指标的规定。比如，卡尔·克罗普夫（Karl Kropf）认为法规控制是法国城市规划系统的一部分，法国规划制度的核心要素是分区规划（zoning plan）、一套规定（regulations）和一个根据规划和规定（plan and regulations）而管理建筑许可的机制（mechanism），这三方面根植于法国的历史实践中。

中国城市法规的范围主要包括国家、省级和地方城市的法律、条例、规章与技术规定以及相关规范标准四大类，而其中缺乏专门控制城市形态的法规条文，目前直接或间接涉及中国城市街廊形态特征的规定是相关国家、地方的城市规划与建设法规条文，比如，《中华人民共和国城乡规划法》、《中华人民共和国土地管理法》、《城市用地分类与规划建设用地标准》、《江苏省城乡规划管理条例》、《江苏省城市规划管理技术规定》、《南京市城市规划管理实施细则》、《城市居住区规划设计规范》、《建筑设计防火规范》、《建筑气候区划标准》、《民用建筑设计通则》以及《工程建

第1章 绪 论

设标准强制性条文》等。这些城市规划与建设法规中与城市街廓属性特征直接或间接相关的主要是用地使用、地块开发、建筑布局和界面控制等强制性规定和城市功能布局、城市景观与外貌、沿街建筑立面风格与材质、绿化广场、广告围墙等引导性规定，其中对城市街廓形态特征具有直接控制和影响作用的主要是用地指标、地块指标、建筑布局指标和界面控制指标四类强制性指标规定。其中用地指标通过对用地单元标准、用地比例与地块划分尺度等指标的规定，地块指标通过对容积率、建筑密度、建筑高度、绿化率等指标的规定，控制土地使用和地块开发强度；建筑布局指标通过对日照和防火间距、建筑退让用地界线等上下限指标值的规定，控制地块建筑空间组织的采光和通风、卫生和防火防震等健康属性；界面控制指标通过对建筑退让道路距离、建筑控制线、建筑高度与街宽等指标的规定，控制交通拥挤和视线遮挡、防灾等安全问题。而城市功能布局、建筑立面风格与材质、广告绿化等引导性条文是与城市街廓形态最为直接相关的规定，但缺乏可操作性的量化指标。这些相关规定制定的最初目的是解决城市健康与安全等功能问题，随着经济发展和城市化的发展，演变到1978年以后除了解决功能问题之外，还考虑到市容景观等，对于城市形态塑造方面的规定逐渐有所增加，但一直没有专门的法规文件及条文，而且缺乏量化可操作性指标规定。目前，我国主要依靠城市设计导则对城市街廓、地块建筑制定图则以及形态提出管控规定，图则中规定了一系列与形态相关的量化指标规定，主要包括地块细分、建筑环境容量、建筑退让和建筑高度限制、建筑类型标准、建筑界面控制线与建筑贴线率等，但是还未付诸法定地位，目前尚处于试行探索阶段。

1.2.3 城市街廓形态特征与相关城市法规的关联性

城市街廓形态特征与相关城市法规之间的关联点主要在于"街廓属性"的变化，进而关联到街廓平面布局类型、地块建筑组合密集度和组合秩序、街廓界面连续性三个尺度层级的形态特征的变化与发展。城市形态演变的内在机制本质上是出于形态不断适应变化的功能要求等属性特征，城市法规以规划为手段，主要通过相关主要指标控制土地划分、地块开发强度、建筑位置等城市建设解决城市问题的同时，却导致城市街廓属性的变化，从而关联影响到形态特征发生变化；反过来基于城市建设的新市场需求和新城市形态演变特征，会导致相关条文的调节与修编，相关法规从颁布开始有过多个版本，不同年代的建设受到不同历年法规的影响，二者相辅相成[图1-3（1）]。比如，荷兰代尔夫特大学珀特（Pont）和哈普特（Haupt）提出的spacemate法、剑桥大学马丁研究中心建构的城市形态几何

11

形状参数化模型、马歇尔(Marshall)与克罗普夫等学者分析的城市法规与城市规划、塔伦(Talen)的影响城市形态的城市规则等研究成果，通过评价建筑密度等指标规定与城市形态之间的关联，分析不同建筑密度控制范围内所关联的城市形态类型、量化表述城市形态问题和参数设定控制形态变化范围等，充分验证了相关法规控制关联影响了城市用地布局、建筑形态和公共空间等形态特征，产生了城市规划的秩序。历史上，它们的使用帮助我们塑造了更好或更坏的城市区域特质。

如图1-3(2)所示，城市街廊形态直接相关的主要用地指标、地块指标、建筑布局指标、界面控制指标，与街廊形态特征的关联点是街廊基本属性，其中用地指标在通过控制和管理用地使用性质、土地开发建设规模等规划建设过程解决城市用地布局、通风采光、防火防震等功能问题的同时，导致关联点街廊用地功能、街廊尺度与地块细分规模、地块权属边界与地块形状、四周交通环境等用地属性的变化，

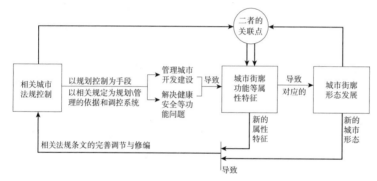

（1）相关城市法规与城市街廊形态的关联点

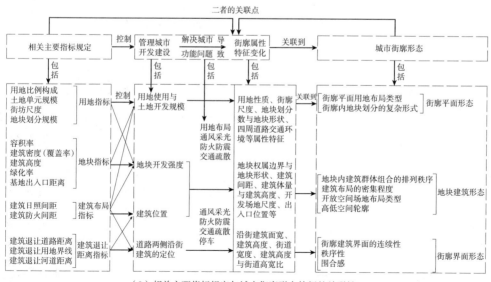

（2）相关主要指标规定与城市街廊形态特征的关联性

图1-3　相关城市法规与城市街廊形态的关联性

进而关联影响到城市街廓用地布局类型、街廓内地块划分复杂程度等平面形态特征；地块指标和建筑布局指标在通过管控地块开发强度和建筑位置等规划建设过程解决城市功能问题的同时，导致关联点地块权属边界与地块功能、建筑布局间距、建筑体量与建筑高度、开放场地尺度、出入口位置等属性的变化，进而关联影响到地块内建筑群体组合的排列秩序、建筑覆盖用地的密集程度、开放场地类型等地块建筑群体组合形态特征；建筑退让距离等界面控制指标在通过控制道路、河道两侧的建筑定位解决防火防震、通风采光、交通疏散与停车等功能问题的同时，导致关联点沿街建筑面宽、建筑高度、街道宽度、建筑高度与街道高宽比等属性的变化，进而关联影响到街廓建筑界面的连续性、秩序性与围合感等形态特征的变化。

反过来，对应的与街廓平面、地块建筑与街廓界面三个尺度层级形态特征相关联的指标规定为：1）在街廓平面层面，用地性质比例构成、街廓尺度与形状、地块细分和构成、四周道路级别等属性特征，不同程度上受到街廓划分单元标准、用地比例构成与地块划分规模等用地指标、容积率和建筑覆盖率等地块指标、日照和防火间距的建筑布局指标等相关规定的控制和影响，最后关联影响到了平面用地布局类型、地块划分复杂程度等街廓平面形态特征；2）在地块建筑布局层面，地块权属边界与地块形状、建筑间距、建筑体量与建筑高度、开发场地尺度、出入口位置等属性特征，主要受到容积率与建筑高度和建筑密度等地块指标、建筑布局指标等规定的控制，最后关联影响了建筑组合的密集程度、排列秩序、开放场地的布局类型和高低空间轮廓等地块建筑组合形态特征；3）在街廓界面形态层面，沿街建筑界面的连续性与秩序、界面前后空间界定、建筑风格类型等受到建筑退让道路与河道等距离、建筑控制线、建筑高度与街道宽度等规定的控制，最后关联影响到了街廓建筑界面的连续性、秩序性与围合感等界面形态特征。

1.3 研究内容及目标

1.3.1 研究内容

本书聚焦中国相关城市法规，以南京市为例，在调研梳理与城市形态相关的主要城市法规条文、综述归纳相关文献研究方法与思路等理论平台的基础上，选取案例切片，从中、微观尺度的街廓平面、地块建筑群体组合、街廓建筑界面三个尺度层级，通过创建形态法规理论模型、关联评价图表的关联性理论分析和案例实证研究分析，对相关主要指标规定与城市街廓形态特征之间的关联性进行了深入的研究分析，主要研究内容有六个方面：

（1）相关文献综述研究

本书的研究涉及城市物质形态特征及其法规管控、形态量化与优化等研究领域，关注地块建筑构成的街廓形态规律与特征、法规与形态的关系、控制方法以及优化的形态关键指标。欧美国家在城市建筑规定对城市形态的控制作用与影响效果、城市物质形态的空间量化等方面的研究较为成熟，而国内的相关研究较少，尤其在城市街廓形态的法规管控、融入健康宜居和本土传承规定的街廓管控方面还缺乏深入研究。相关研究主要涵盖四个方面：影响城市形态的城市建筑规定和控制城市物质形态的关键操作要素（形态控制的前提）、基于历史地理视角和尺度视角的指标规定对城市形态的控制方法和关联影响效果（形态控制的基础）、城市街廓形态的量化指标与空间优化研究（形态规律分析与形态指标控制的目标）。通过文献研究综述，得出了城市建筑规定对形态的具体作用在欧美国家的研究中是一项重要内容，为研究建立了理论基础和研究方法指引，明确了基于本土传承和适居需求的街廓，以及地块建筑与法规关联作用区间，是城市设计指标设定的依据与目标。城市形态量化评价手段为研究关联性理论与实证分析，获得可操作的城市设计规定策略提供了重要方法。

（2）相关城市法规条文的梳理统计

首先研究采用表格和柱状图、笛卡儿网格 mapping 图示统计法，从国家、省级、地方城市三个层次，依据我国经济体制转型期和搜集到的南京及中国历年法规资料，分 1928~1977 年、1977~1987 年、1988~2008 年、2009 年至今四个历史阶段，根据对街廓构成要素的规定，梳理出与城市街廓形态直接和间接相关的条文，在直接和间接相关的条文中，各自梳理出强制性条文和引导性条文，mapping 图示出四类规定的条文数及规定内容：直接相关的强制性条文、直接相关的引导性条文、间接相关的强制性条文和间接相关的引导性条文，统计出各自所占比例，并最后图解相关主要条文规定。根据研究梳理与统计，在 119 个相关法规文件中涉及城市街廓形态的约 6063 条相关条文中，与城市街廓形态直接相关的占 17.2%，间接相关的占 27.7%，在直接相关的条文中，强制性的占 8.1%，指导性的占 9.1%。这四类规定内容主要包括：1）直接相关的强制性规定：用地规模与用地性质、用地兼容性标准、地块划分等土地使用规定；容积率、建筑密度、建筑高度和绿化率等地块指标；建筑布局的防火与日照间距、建筑退让红线等规定；奖罚规定等。2）直接相关的引导性规定：城市用地布局、功能分区、新区开发和旧区改建等指导性规定；建筑立面、绿化等城市空间景观组织的引导性规定。3）间接相关的强制性规定：主要包括城市规划的编制和审批、各种建设工程许可证的审批与核发、土地使用权出让转让等。4）间接相关的引导性规定：主要包括设计评审、保护耕地和基本农田、保护生态环境、整治市容与城市环境协调等方面的规定。通过梳理统计，为创建街廓形态的法规理论模型、法规与城市街廓形态的关联性分析等研究工作打好基础。另外分析总结出了相关法规条文中对城市街廓形态方面没有规定到的条文，为后续的法规编制、修改等提供基础数据。

（3）城市街廓案例样本选取与调研观察街廓属性特征及其归类，历史情境中还原法规控制对街廓建成形态特征的生成作用

研究以南京为案例城市，采用沿街街廓及年代区段的特征案例选取法，根据搜集到的自1928年以来的南京市历年地方规定及办法、相应年份的相关建筑地块的规划红线审批图、南京市地块拍卖年份图等资料，选取南京市主次干路两侧主要街廓及其相邻街廓特征的案例样本，通过对街廓样本功能、四周道路交通环境、街廓尺度、地块划分数、地块权属边界与地块形状、地块规模、建筑间距、建筑高度、沿街建筑高度与街道宽度等属性特征的大量调研观察与分析总结，以及根据梳理的相关法规指标涉及街廓属性的规定，并对应指标规定进行归类，在历史情境中还原相关指标，控制对南京城市街廓建成形态特征生成与发展的关联作用，并总结出与街廓平面、地块建筑组合与街廓界面三个尺度层级分别对应的形态特征相关联的指标规定。

（4）城市街廓平面布局形态与土地使用规定的关联性研究

首先，法规理论模型和关联评价图表的建立：在假设拟定的公共建筑与居住建筑等混合布局的街廓用地范围内，根据主要土地使用条文和指标规定，创建符合主要土地使用规定的形态法规理论形态模型，并根据用地比例构成、地块划分数等主要指标，创建关联评价图表，理论上分析土地使用规定与城市街廓平面形态的相关性；其次，在选取的街廓案例切片中选择典型年代区段的住宅、公共建筑等若干个街廓组成的6个街区案例切片，采用历史演绎分析方法，根据当年规划审批图、历年影像地图、搜集到的2007年电子地图，图示出各个街区案例切片的相应历史演变阶段的街廓平面地块划分、用地比例构成现状及演变图，总结形态演变的特征及其与历年相关法规中土地使用规定的关联性；最后，将相关现状指标数据放入建立

的关联图表中，进一步验证相关用地规模、用地比例构成等土地使用规定对城市街廊平面形态特征的关联影响过程和效果，以及导致的形态问题，并基于形态的视角，提出当前中国土地使用规定在城市街廊物质形态规定方面的欠缺之处。

（5）地块建筑群体组合形态与地块指标、建筑间距等规定的关联性研究

首先，在假设拟定的公共建筑与居住建筑等混合布局的街廊用地范围内，根据主要地块指标和建筑布局指标规定创建符合规定的形态法规理论形态模型，并根据容积率、建筑密度、平均层数、用地开放率等主要指标创建关联评价图表，理论上分析地块指标等规定与地块建筑群体组合形态的相关性；其次，在选取的街廊案例切片中，选取 90 个不同建造年代的公共建筑项目所在地块，统计各个项目的容积率和建筑密度等地块指标，依据相应历年地块指标上下限规定，分析出项目现状突破指标的比例，初步分析二者相关性。然后进一步对 90 个公共建筑为主的地块建筑案例切片，计算并统计出其各自的容积率、建筑密度（覆盖率）、平均层数和用地开放率四个主要指标，在建立的关联评价图表中绘制相应的关联点，分析总结出地块指标等规定对公共建筑为主的地块建筑组合形态的关联影响过程和影响效果；再次，在街廊案例切片中，选取 75 个不同建造年代居住建筑为主的地块建筑案例切片，先选取其中 10 个切片，采用历史设计演绎和图示叠加对比分析的方法，根据 2007 年电子地图，图示出各个地块建筑群体布局平面现状图，并设计演绎出各个地块符合规划建造当年的建筑日照和防火间距和退让用地界线距离等规定的形态法规理论模型，然后将现状与法规模型图二者图示进行图示叠加，统计二者的吻合率，并统计出 10 个居住地块案例切片的平均吻合度比例，绘制柱状分析图，验证建筑间距等规定与居住为主的城市街廊内的地块建筑群体形态的相关性。为了进一步验证，对 75 个居住为主的街廊案例切片先计算统计各自的容积率、建筑密度、平均层数和用地开发率四个指标，在建立的关联评价图表中绘制关联点，分析评价地块指标等规定对居住为主的地块建筑群体的关联影响过程和影响效果，并统计各自突破上下限规定值的比例；最后综合总结出二者的关联性，并基于形态的视角，对相关指标条文规定的编制或修订，提出建议。

（6）城市街廊界面形态与建筑退让道路距离、城市空间景观等规定的关联性研究

首先，研究选取了南京市主干路、次干路的 13 条路段切片，采用线性图示设计演绎法：对于每个路段两侧的街廊建筑界面，抽象图示为建筑退让道路距离

的线性平面现状图，并统计各个沿街建筑的建造年代和退让道路现状距离；其次，创建形态法规理论模型：对应各个路段沿街建筑退让道路平面现状图，图示其符合历年退让距离、建筑高度等规定的街廓建筑界面形态的法规理论模型；再次，采用叠加图示和关联曲线走势图分析法，先叠加图示各个路段两侧街廓建筑退让道路的线性现状图与法规理论模型，并根据各个沿街建筑现状退让道路距离和符合规定的退让距离数据，绘制各路段建筑退让的现状和法规关联曲线走势图，对比分析二者的吻合度，并最后统计出9条主干路和4条次干路的吻合度，验证建筑退让等规定与街廓建筑界面形态的相关性；再次，为了进一步验证，将各个路段两侧街廓建筑界面的相应指标现状数据放入建立的关联评价图表中，分析建筑退让道路等规定对城市街廓界面形态关联影响过程和影响效果。最后，综合总结二者的关联性和相关欠缺规定，并基于形态的视角，提出相关修订及完善界面控制条文规定的建议。

比较街道建筑界面符合规定的法规理论模型与现实效果的契合度，总结相关规定控制对街道界面秩序与连续性的影响效果力度，并分析相关法规控制在城市街廓界面形态形成与发展演变中的影响作用及导致的形态问题；最后总结分析出对街道形态及其与两侧建筑关系的条文规定的欠缺之处，并提出完善相关条款规定的建议。

1.3.2 研究目标

本书研究将要解决三个问题：

1）中国相关城市法规中，梳理出与城市街廓形态相关的条文数与规定内容，直接相关的和间接相关的条文数各占比例及各自规定中与城市街廓形态相关的强制性与引导性规定内容，并最后总结出欠缺的规定方面。

2）验证出相关法规条文规定与城市街廓形态的相关性，并进一步分析论证相关法规控制对城市街廓形态的关联影响过程和控制力度，把它们对街廓形态特征的具体作用分析出来，为城市物质形态控制和优化空间质量的研究提供理论基础与模型框架，对认知复杂城市和城市更新管控提出创新贡献。

3）基于形态的视角，加大城市设计精细化控制的可操作性，对补充完善相关城市设计和城市建筑规定的关键形态指标提供参考依据，初步构建提出中国相关城市法规条文规定管控编制与实施的思路。

1.4 研究方法与路径

研究总体上设定了"建成形态的历史还原与推演法规对形态的作用，以及指标与街廓形态关联性理论与实证的量化数据生成分析"两大方面的路径，采用建成形态的"历史情境还原"、关联性理论分析与实证分析、案例对比分析、设计演绎等研究方法，研究城市街廓形态特征与相关城市法规控制作用的关联性。

1.4.1 研究方法

主要是在文献综述的理论平台基础上，以南京市为例，通过相关法规条文梳理与图解主要条文规定内容、案例切片的选取、历史演绎、创建法规理论模型和建立关联评价图表的关联性理论分析、案例验证的实证分析法，分析验证相关主要规定与城市街廓形态的关联性。

（1）相关法规条文梳理和规定总结的数学统计方法、mapping 图示法和图解分析法

采用表格、柱状图、笛卡儿网格图示等数学统计方法，聚焦南京市，对相关城市法规条文的调查主要限定于规定城市街廓形态物质组成要素及要素间联系的条文上，即涉及街廓平面、界面及建筑群体空间形态的土地划分、地块开发强度、建筑防火与日照布局、建筑界面、绿化、广告、规划编制与评审等规定条文。首先，采用表格和柱状图统计法，从国家、省级、地方城市三个层面梳理与城市街廓形态特征相关的法规条文，分出三类：直接涉及、间接涉及和没有涉及的，并在直接和间接影响的条文中各自分出强制性条文和引导性条文两类，统计各类条文总数所占比例，总结控制和影响城市街廓物质形态的主要法规条文；其次，使用图示的统计法和图解设计分析法，在图示的四个象限内，对梳理出的四方面规定条文：直接影响的强制性规定、直接影响的引导性规定、间接影响的强制性规定、间接影响的引导性规定，图示各类规定的内容以及相应的法规文件数及条文数；最后，对四类主要相关指标规定内容进行图解设计演绎，绘制其规定内容的法规形态理论模型，具体包括：用地划分指标——用地比例构成、地块划分规模等，地块指标——容积率、建筑密度和建筑高度等规定条文，建筑布局指标——建筑日照和防火间距、建筑退让用地界线距离等规定条文，界面控制指标——建筑退让道路距离、建筑高度与街道宽度等规定。

（2）街廓案例选取的属性归类法及其建成形态的"历史情境还原法"

首先，研究以南京市为例，采用案例切片选取方法，按照不同街廓用地功能及主次干路交通环境，沿南京市主次干路，选择位于道路两侧矛盾较多、较为复杂、涉及法规数量较多的以公共建筑、居住为主的街廓及其相邻形态特征的街廓案例样本共 165 个，其中居住为主的街廓约 75 个，公建为主的街廓约 90 个。其次，在每个街廓案例内部，选取相应居住或公共建筑功能为主的地块建筑切片样本。再次，选取沿街建筑的建造年代较为久远、变化较大的 13 条道路路段两侧的街廓建筑界面形态特征案例切片，包括城市 9 条主干路段和 4 条次干路段。最后，根据对街廓样本属性特征的观察调研与分析总结，以及根据相关《居住区规划设计规范》、《城市用地分类标准》、《江苏省城市规划技术管理规定》、《江苏省控制性详细规划编制导则》、《南京城市规划管理实施细则》、《建筑设计防火规范》、《民用建筑设计通则》等法规文件中涉及的街廓平面、地块建筑组合、街廓界面等方面属性的指标规定，即用地比例构成、地块划分规模等用地指标，容积率、建筑密度（覆盖率）、建筑高度等地块指标，建筑日照和防火间距等建筑布局指标，建筑退让道路、用地界线与河道距离等退让指标，结合街廓用地功能、街廓尺度、地块形状、周围主次干路交通级别等属性特征，在历史情境中还原指标控制对街廓建成形态特征的关联性作用，从街廓平面、地块建筑群体组合、街廓建筑界面三个尺度层级方面对所选样本进行分类，并分别总结出三个尺度层级属性特征对应的主要指标规定，为研究相关法规与城市街廓形态关联性分析打好基础。

（3）指标控制与街廓形态特征关联性理论分析和实证分析的研究方法

首先，创建形态法规理论模型和建立关联评价图表的关联性理论分析。为了从理论方面分析城市街廓形态特征与相关主要指标的关联性，研究首先根据相关条文规定，在拟定的城市街廓用地范围内，以及案例切片的 2007 电子地图基础上，图示设计演绎出符合主要指标规定的街廓平面用地形态、地块建筑群体组合形态与街廓建筑界面形态的法规理论模型；然后，为了进一步验证，研究根据相关主要指标数据，建立法规与形态关联的评价图表，分析评价相关主要指标等规定与城市街廓物质形态的相关性以及关联影响过程和效果。

其次，案例验证的实证分析。研究在街廓平面形态特征与用地指标的关联性实证分析中，对所选的街廓案例切片，一是采用历史演绎设计分析法，根据其各自的历史影像卫星图、各自的当年规划审批图样，以及搜集到的 2007 年电子地图，图示街廓案例切片的形态历史变化图，分析其从历史发展至现在阶段中，历年相关条义规定的变化对城市街廓平面用地形态的关联影响过程和效果，以及导致的形态问题；二是运用建立的关联评价图表，将统计的街廓案例切片的指标数据，以点的形式标注在关联图表中，进一步实证分析街廓平面形态与用地指标的关联性。研究在地块建筑群体形态特征与地块指标、街廓建筑界面形态特征与建筑退让道路距离的关联性实证分析中，首先对所选案例切片，采用切片的图示叠加对比分析和曲线吻合度分析法对符合规定的形态法规理论模型与现状形态进行图示叠加比较，统计其相似吻合度，分析相关主要指标规定在解决采光、通风、防火、交通等功能问题的同时，与城市街廓形态特征的相关性、关联影响过程和影响效果，以及所导致的形态问题；其次基于形态的视角，对相关城市政策条款的编制或修订，提出增加相关形态指标的建议措施；最后运用建立的关联评价图表，将统计的地块建筑切片的指标数据，以点的形式标注在关联图表中，进一步实证分析地块建筑群体形态与地块指标、城市街廓建筑界面形态与建筑退让道路距离的关联性。

1.4.2 研究路径

本书从纵向历史维度的形态相关历年法规条文梳理与图示分析、建成形态历史还原与推演法规对形态的作用—到横向空间维度的指标与街廓形态关联性分析的两方面路径进行研究：

从纵向历史维度：首先从直接影响和间接影响两方面，梳理与阐释相关历年法规条文的规定内容，并图解设计演绎条文内容，创建形态法规理论模型和关联评价图表；其次从街廓平面、街廓内的地块建筑组合、街廓界面三个尺度方面，通过对街廓样本建成形态的街廓功能、街廓尺度与地块划分数、地块权属边界与形状、建筑间距、街廓宽度与沿街建筑高度的高宽比等属性特征的大量调研观察、归类与分析总结，在历史情境中还原出主要相关用地指标、地块指标、建筑布局指标与界面控制指标等对街廓建成形态生成与发展的关联作用。基于历史情境再现建成形态的法规作用还原方法，总结出街廓三个尺度层级形态属性特征分别对应的主要控制指标，为研究指标控制与形态特征关联性打好坚实的基础。

从横向空间维度：对中微观尺度的街廓平面、地块建筑组合、街廓界面三个层级方面，分别通过法规指标规定与形态关联的法规理论模型、关联评价图表的创建、案例样本的对比量化分析等关联性理论分析和实证分析的研究方法，从理论和实证两方面深入分析并验证了相关城市规划建设法规与城市街廓形态特征的关联性。

第2章 城市街廓物质形态管控的研究综述

2.1 基于城市物质形态价值理论的法规控制与形态特征的关系

2.1.1 城市物质形态价值理论体系的研究前提

（1）城市物质形态及其认知尺度

城市形态学是研究城市形态的科学，在英文文献中以 Urban Morphology、Urban Form 或 Urban Landscape 等词语表示城市形态，它用形态的方法分析与研究城市的社会与物质等形态问题（段进，2008）。城市形态是社会、经济发展力量的结果，它被描述为由不同社会层面塑造的复杂过程的产物，将建筑学、地理学、历史和规划等不同学科领域的研究者带到一起（Moudon A. V., 1997），是一个多学科交叉的领域，在地理学研究城镇风貌的社会认知渊源下，城市形态将城市本身作为研究对象，主要研究其物质环境。城市形态包括物质形态和非物质形态两部分，城市物质形态是在一定的尺度范围内以某种较为稳定的空间形式表现出来的城市物质环境，主要由地形地貌、街道/街区、地块、建筑物、绿化场地、设施等基本物质要素在不同的外界条件和组织规则影响下，生成了具有某种空间秩序和丰富多变的城市景观形态（丁沃沃、刘铨等，2014），在其形成发展中，受多方面因素的影响，包括社会行为、经济发展、政策法规、历史和文化传承等。对城市物质形态方面的研究，主要始于英国的康泽恩学派和意大利学派。英国地理学家康泽恩的城市形态理论认为：理论层面，城市形态涉及人文社会科学领域、艺术领域及设计学领域；实践角度，"城市形态"多指对构成城镇或城市风貌的复合城市空间结构的形态的研究，是城镇平面格局、建筑形态构成以及城镇土地利用方式的综合反映（Conzen M. R. G., 1960）。意大利历史学家穆拉特尼从建筑类型学的角度研究城市物质形态的演化，将它与建筑实践活动联系起来，建筑类型与城市建筑的结合形成了城市肌理的基本形式，形成了城市物质形态的基本单元（Ding W. and Tong Z.，2014）。

城市物质形态是人们通过各种方式认知并反映城市整体的意象总体（Lynch K.，1981），从认知尺度上看，它一般表述为城市平面形状和空间轮廓、街廊形与地块建筑群体布局、街道空间及界面形态等宏观和中微观的尺度层级（丁沃沃，2007）（图2-1）。中微观尺度的街廊、地块和建筑作为城市肌理形态的基本单元，能使我们在人的尺度下直接体验和感知城市物质空间（丁沃沃，2007）。因此，街廊平面、街廊内的地块建筑以及街廊界面三个层级的形态特征是城市物质形态管控的重要方面。比如，澳大利亚的《墨尔本市中心设计指南》（*Central Melbourne Design Guide*）中对设计的六个主题（城市结构、场地布局、建筑物质量、建筑方案、公共界面、设计质量），是按照尺度大小的顺序排列，从城市结构、邻里街区到建筑界面的规模和设计细节进行规定的。同时，从城市形态本质内涵来看，不仅是物质要素的有形表现，而且具有更为广泛的非物质形态内涵，城市非物质形态主要包括城市社会精神面貌和文化特色、城市社会空间形态、人对城市环境的认知形态等（武进，1990）（图2-2）。因此，探求合理的建筑形态与社会文化、符合中国城市实际与适居的城市形态及其评价标准，应是物质与非物质形态相互协调的过程，通过规划、法规控制等手段塑造出具有优良品质的城市物质空间，使城市环境形成具有与人的感知相适应的合理的形态特征，可提升城市环境外貌和品质。

（1）宏观尺度的城市平面肌理与天际轮廓

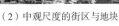
（2）中观尺度的街区与地块　　　　　（3）微观的街道界面与建筑群体组织

图2-1　城市形态的认知尺度

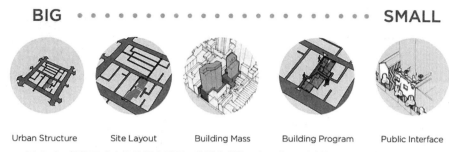

图2-2　按照尺度大小的顺序排列，从城市结构、邻里街区到建筑界面的规模与设计细节

资料来源：参考文献（Central Melbourne Design Guide，2018，P5）

（2）城市物质形态理论研究中的形态组成要素描述

研究通过对相关文献的搜集查阅与归类分析，得出对城市形态物质组成要素的界定主要包括三类（图2-3）。

第一类，城市理论著作中形态要素的描述：凯文·林奇从城市意象的角度提出了城市物质形态研究的五要素理论，他认为道路、边界、区域、节点与标志物五个要素（图2-4）对于识别一个城市有至关重要的意义（Lynch K.，1960）。

埃德蒙·培根（Edmund N Bacon）认为城市设计主要考虑建筑周围或建筑之间的空间，包括相应的要素，他提出"基本设计结构"与"同时运动系统"的概念，并分析了建筑物与空间、建筑物与地面、建筑物之间等形态要素的关系（Bacon E.N.，1976）。简·雅各布斯（Jane Jacobs）以纽约、芝加哥等美国大都市为例，深入考察了都市结构的基本元素以及它们在城市中发挥功能的方式，并

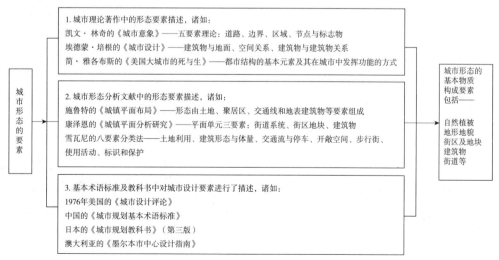

图2-3　城市形态的物质组成要素

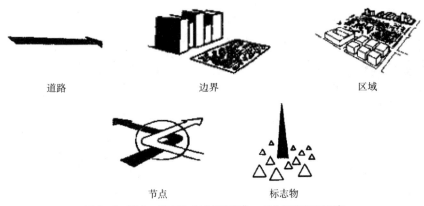

道路　　　　　　　　　　　边界　　　　　　　　　　　区域

节点　　　　　　　　　标志物

图2-4　凯文·林奇的《城市意象》一书中提出的五要素

提出"城市多样性"的理念（Jacobs J., 1961）。这些理论无论从哪个视角，都提出了城市实体空间的物质组成要素，意味着通过对这些相关要素的管控来识别城市，塑造城市形态特征，创造较高品质的城市环境。首先是各要素之间的不同组合关系可呈现出不同的街廓形态类型，诸如不同用地性质构成的街廓平面布局类型、地块与建筑组合的关系、街道界面高宽比和沿街建筑的组合秩序等；其次是各物质要素自身的形式、材质等的变化关系到形态的变化，如地块尺度大小、地块形状的规则与不规则、建筑类型等。

　　第二类，城市形态分析文献中的形态要素描述：1899年，德国地理学家施鲁特（O.Schluter）的《城镇平面布局》中，提出形态是由土地、聚居区、交通线和地表上的建筑物等要素组成，并将物质形态和城镇外观，即"城镇景观"作为研究对象。1960年，康泽恩的城镇平面与格局分析研究认为：城镇平面是街道系统、街区地块与建筑物这三个要素的复合体，这些平面要素复合体在城镇的不同区域里形成不同的组合，每种组合因其所在场地的状况而形成自身的独特性，每种组合使部分或全部区域上所呈现的形态的同质性或整体性成为一个标尺，代表一种不同于其周边地块的平面类型单元（plan-unit）。希尔瓦尼（Shirvani）的八要素分类法至今仍为较多学者采用，他归纳出了八种城市设计构成要素：土地利用、建筑形态与体量、交通流与停车、开敞空间、步行街、使用活动、标识和保护，并对每种要素给以介绍，如土地利用对城市空间环境的影响主要体现在土地利用性质、形态与强度三方面；建筑物是城市环境中的决定性因素，建筑实体对城市环境的影响，关键不在于建筑单体本身，而是建筑物之间的组群关系，城市设计对建筑物的体量、色彩、质地及风格的控制，主要通过城市设计导则的形式实现；城市交通与停车系统构成了城市道路空间骨架，是影响城市视觉意象、功能运转和生态环境的重要物质要素，城市设计需对其视觉连续性与周边形态做出控制与安排；开敞空间、道路停车空间与步行空间一起构成了城市空间体系的基本框架，提高开敞空间质量的关键是把握特性，创造有吸引力的环境；城市标识、标牌是人们认知城市环境，感受城市气氛的重要符号，包括道路指示牌、广告牌、宣传牌、牌匾和灯箱等，是城市环境的重要构成要素。

第三类，基本术语标准及相关教科书中的形态要素描述：1976年，美国的《城市设计评论》（*Urban Design Review*）杂志提出："城市设计活动的目的在于发展一种指导空间形态的政策框架，它是在城市肌理的层面上处理其主要元素之间关系的设计"（丁旭、魏巍，2010）。日本的《城市规划教科书》（第三版）指出城市设计的目的是："将建筑物、建筑与街道、街道与公园等城市构成要素作为相互关联的整体来看待、处理，以创造美观、舒适的城市空间。"2018年，澳大利亚的《墨尔本市中心设计指南》（草案）中，指出该政策和指南的目的都是塑造土地的发展，重点放在设计的关键要素部分，即街道、场所和建筑界面，具有鼓舞人心和生动活泼的特质，尤其是城市公共领域内的建筑界面。中国的《城市规划基本术语标准》指出"对城市体型和空间环境要素所作的整体构思和安排，贯穿于城市规划的全过程"。《深圳市城市设计标准与导则》等城市设计导则中，也是从道路交通、街区、街墙、公共空间、地块、建筑、附属设施等方面进行城市设计控制和形态塑造的规定。因此，从这些相关教科书、设计标准与导则等文献中对城市设计与城市规划研究的要素定义中，我们也可看出，城市物质空间形态的基本组成要素。

综上所述，城市物质形态的基本构成要素包括自然的植被和地形地貌、街区及地块、建筑物、街道等，这些物质要素及其要素间的组合关系，如土地、街道与街区、街廓用地布局、地块划分、建筑物、地块与建筑的关系、街道空间界面等，在历史、文化、宗教、经济、政治等外界因素及其他组织原则的显性或隐性作用影响下，形成了丰富多变的城市形态。其中街廓、地块和建筑等要素的形态特征是城市物质形态的重要方面。

（3）中微观尺度层面的城市街廓物质形态特征控制的关键操作工具

城市街廓形态的形成发展同样受到多方面因素的影响，包括社会行为、政策规定、历史和文化传承等，然而，在宗教、文化、历史等因素的隐性影响之外，政策法规对于城市物质空间的形成是可操作控制的。城市规划与建筑规定控制和影响城市街廓形态特征的关键操作工具主要聚焦于街廓的物质要素及要素间联系的规定与控制参数等方面，如建筑与街道的关系、建筑垂直面与建筑垂直面之间的几何关系、用地比例构成、街廓尺度、地块细分、建筑覆盖率和容积率等地块指标、建筑控制线、建筑体量（建筑高度控制）、距离（建筑退让道路红线距离、建筑物退让河道与绿化用地距离、建筑间距等）、角度（建筑物与街道和建筑物之间所形成的角度）、垂直面（建筑物本身的剖面及立面设计）、水平面（建筑物退让红线后留出的区域）等（丁沃沃，2007）。乔纳森·巴奈特认为美国的区划法在控制建筑高度、场地、占地面积的同时，大多数法规细则是最有效的规划工具（Barnett J.，2011）。卡尔·克罗普夫认为法规控制是法国城市规划系统的一部分，法国规划制度的核心要素是分区规划（zoning plan）、一套规定（regulations）和一个根据规划和规定而管理建筑许可的机制（mechanism），这三方面根植于法国的历史实践中，历史上法规通过规划控制广场、步行街等要素而给城市带来秩序。诸如17世纪的法国皇家广场、孚日广场和太子广场三个项目的规定与建设中，法规控制的关键要素就是建筑控制线、建筑高度和一套古典建筑规定，连同审批规划和发布建设许可的管理体系，再加上创建具有公共空间布局和周围具有私人地块的土地划分，通过对关键要素的控制，指导项目的规划设计和实施管理，最后形成了具有一定秩序感、节奏感，与周围环境协调的空间环境（Kropf K S.，2011）。

2.1.2 城市物质形态发展特征及其与法规控制的关系

相关城市法规控制在城市物质形态的形成与发展中具有很深的关联影响性。19世纪末到20世纪初，工业化时期的快速发展，科技革命与产业革命颠覆了传统的城市形态结构与功能，出现严重的城市功能问题：城市规模急剧膨胀、人口密度剧增且高度集中、采光通风很差、铁路与汽车等交通方式变革导致的道路拥挤等问题的急剧加速状态，最后使得城市面临着地价上涨、疾病蔓延、财富分配极端不均、犯罪剧增等一系列社会问题（Mumford L.，1989），针对日益恶劣的城市居住环境，急需城市设计思想的革新与创新，传统的城市规划理论已难以担当这一变革重任，人们迫切需要新的管理手段对城市这种严重的混乱状态进行治理，因此，1920年出现了分区制（Daniel G. & Parolek K. etc.，2012），试图通过分离土地功能、人口密度及所有互不相容的方面抑制不利部分的发展，赋予城市以充足的阳光、新鲜的空气和开敞的空间，以保持良好的社区和公共空间（韩冬青、方榕，2013）。分区制的初衷是合理的，是基于当时工业化的城市状况提出的，但是区划规定呆板使用的结果却使其自身演化成了一种加速城市无序扩张、影响公共空间质量、导致城市种族人口分离和土地功能分离的病毒，促成这一切发生的因素主要来自两大动力：一是以田园城市为典型的'城市分散并向郊区发展'的城市理念，倡导市中心建设绿化区及向其周边分散建设郊区的措施解决城市中心人口拥挤、采光通风较差等城市问题，以提高居住环境质量，但是这种"分散"策略最后却导致了城市向郊区无计划蔓延与扩张的完全失控，居住风格雷同、商业街区丑陋，以及高速公路建设导致的城市中心拥塞；二是以勒·柯布西耶等为代表的现代功能主义提倡通过技术改造、高层建筑、以机动车通行为核心的新型道路模式，以及1933年的《雅典宪章》倡导的城市功能分区、道路分级、人车分流等规划思想，一定程度上解决了城市的通风采光、交通拥挤、减少建筑密度和增加绿化等健康安全的功能问题。但是，由于其过于强调城市功能分区和城市结构、扩建道路并强化路权、人车分开、极度扩展城市街区尺度，缺少对社会因素和公共空间形象设计的考虑，摒弃传统建筑类型、牺牲传统城市让位给汽车，最后导致城市形式千篇一律，缺乏人情味和地域特色，丧失了居民生活的内聚力等。虽然这些现代主义的乌托邦式城市规划与设计思想希望通过专业手段解决深层次的社会矛盾，但是它们仅靠设计本身不可能从根本上解决所有的社会问题，还需要成熟的社会、文化、政治等整体环境（丁旭、魏巍，2010），这种状况引发了城市设计领域和社会理论家的反思和强烈批判。

　　20世纪60年代以来，以简·雅各布斯为代表的现代城市学者开始从人本主义角度关注城市内涵的提高，从社会、文化、环境、生态等各个角度发展出一系列现代城市设计理论与方法。雅各布斯的《美国大城市的死与生》从政策角度批判了城市更新工程漠视市民的真实需求，破坏了城市的生活环境，并从设计角度批判了勒·柯布西耶的功能主义理论和霍华德的城市疏散理论，认为像曼哈顿、波士顿和费城那些高密度、功能混合、注重街道活动的老社区才是真正有生命力的；克里斯托弗·亚历山大（Christopher）在其著作《城市并非一棵树》和《模式语言》中，批评了按照等级和功能区分造出来的城市形态违背了自然规律，指出那些长期发展形成的城市形态所特有的复杂性和多元性才是维系城市生命力的根源；柯林·罗（Colin Rowe）和弗雷德·科特（Fred Koetter）的《拼贴城市》同样强调城市在历史发展中形成的复杂性与多样性，他们反对乌托邦式的理想构图，认为城市设计不能抹杀城市文脉，应当在原有肌理上不断添加新的元素，由此形成容纳不同时代多元化特征的拼贴式城市；阿莫斯·拉普卜特（Amos Rapoport）的《城市形态的人文因素》则阐述了建筑环境和人类文化之间的关系，指出城市形态是位置、交通网络、土地价值和地形等一系列因素共同作用的结果，因而也是人类文化的具体表现形式。因此，1980年以后新城市主义主张回归传统城市形态反对城市扩散，提出替代传统分区制的方式应着眼于社区尺度和社区开发密度等方面，推动可步行的、混合使用和可持续发展的社区，并建议了一种基于形态的城市设计方法，就是通过一套公共空间标准、建筑外墙线和后退红线等建筑布局标准、建筑高度和建筑宽度等建筑形式标准、临街面建筑类型标准等规定，来塑造城市环境的形态和外貌，为城市多样性和秩序之间的平衡关系提供设计工具（Daniel G. & Parolek K. etc., 2012；Marshall S., 2011）。

南京等中国许多城市形态的发展中主要受经济动力和政策法规控制、传统文化与地域宗教观念、社会心理、历史发展、地理环境、城市职能与规模结构、交通可达性、土地市场机制等因素的影响。在经济动力和宗教、文化、历史等因素隐性影响之外，政策法规控制在中国城市形态的形成与发展中具有很大操作控制作用和关联影响效果。我国从古至今实行政府统一集中管理的制度体制，使得政策法规与规划控制这一影响因素尤其重要。尤其是20世纪80年代以来城市建设空前发展，以商业化趋势为主流的发展取代了工业对城市形态的主导作用，在城市内部出现了大量功能混杂的综合体，80年代以后城市内部有高度分化趋势，城市与地区高度综合的整体化特征日益明显，城市空间形态越来越多样化与复杂化，也出现了城市空间与建筑形态组织无序、平面肌理模糊、缺乏公共空间、缺乏记忆和体验感知的地域特色等迫切需要解决的形态与城市环境质量问题，对于这些城市问题，中华人民共和国成立以来，一般通过城市发展政策、法律和规划加以控制（武进，1990）。尤其改革开放以来，伴随着我国经济体制的转型、城市化快速发展，政策法规控制和规划管理的人为操控力度的加大，相关城市法规控制对中国城市形态的演变产生了非常重要的影响。以南京市为例，传统南京城市平面形态是在农耕经济基础上，历代君王在建城的原则和思想方面都遵循了传统的"礼制"、"井田制"、"天圆地方"和"天人感应"等思想和制度（丁沃沃，2007），城市建设长期以来主要在官方和"政策性"的制约之下发展，城市平面形状、边缘轮廓、天际轮廓形态伴随着经济和相关政策法规等因素的不断变化与调节，也处于不断的游离与变化中。尤其是现代南京城市中心商务区和多中心格局的形成，以高度密集的高层建筑群形式集中构筑了城市天际线，每个高层建筑群都和它所在区域的政策法规运作密切相关。

2.2 国内外对城市法规与城市物质形态关系的相关研究

20世纪80年代以来，城市发展的难题是缺乏具有特色的、密集化的及适居的城市环境（Guaralda M.，2014），通过城市设计对于创造以人为本的城市环境尤为重要，如何使城市设计回归其根本，强调城市公共空间和城市形态的创造，可通过建立一套基于形态设计准则的城市规划与设计方法补救城市环境塑造的难题,但是这种方法并不是它本身的创新,而是深深地根植于城市的历史发展中。20世纪初，本奈沃洛（Benevolo，1980）和芒福德（Mumford，1989）的开创性作品重构了城镇定居点，尤其是他们的城市形态历经几个世纪的改变，之后是罗（Rowe）和考特（Kotter，1978）、罗西（Rossi）和艾森曼（Eisemann，1982）、克罗普夫（1991，1992）、克里尔（Kier，2003），阐释了塑造城市环境的组成部分：建筑师能够通过操纵广场、街道、公共建筑等控制城市设计。这些研究的目的是揭示从传统城市发展的秘密——规划和分区，到塑造城市的秘密规定——空间、混合功用、公共环境以及可步行化的轴承关系。

国外相关研究论著的研究视角、研究方法：近些年，城市法规控制的重要性正式成为一种塑造城市未来的新工具。聚焦于城市法规对城市街廓物质形态控制和影响关系的研究，数量广泛，从我们梳理分析的45个相关研究文献看出，主要在美国、英国、法国、德国、意大利等国进行了重要研究，而国内在这方面的研究较少。国外的 *Urban Coding and Planning*（Marshall S.，2011），*City Rules：How Regulations Affect Urban Form*（Talen E.，2009）以及 *The Code of the City，standards and the hidden language of place making*（Ben-Joseph E.，2005）；*Form-Based Codes—A Guide for Planners，Urban Designers，Municipalities，and Developers*（Daniel G. & Parolek K. etc.,2012）以及 *How Codes Shaped Development in the United States，and Why They Should Be Changed*（Barnett J.，2011）；*Mediterranean urban and building codes：origins，content，impact，and lessons*（Besim S.，2008）；*Form-based planning and liveable urban environments*（Guaralda M.，2014）；*Prescribing the Ideal City：Building Codes and Planning Principles in Beijing*（Guo Q.，2011），*Typological and morphological elements of the concept of urban space*（Krier L.，2003），*The Definition of Built form in Urban Morphology*（Kropf K S.，1993），*A Chronicle of Urban Codes in Pre-Industrial London's Streets and Square*（Green N.，2011）以及 *Coding in the French Planning System：From*

Building Line to Morphological Zoning（Kropf K S.，2011）等 32 个相关研究文献中，在关于从历史传统分区制到现当代基于形态准则对城市形态控制关系的研究辩论中，主要从三个视角：基于地理学视角、基于城市布局、功能使用和城市形态的视角、基于社会结构隐性准则视角，采用规定的调查统计法、历史演绎与设计分析法、案例比较分析法、spacemate 关联图表评价等研究方法，探讨了三个问题：一是城市法规控制和影响城市物质形态的关键操作工具，主要是城市形态物质要素及要素间联系的规定及控制参数等方面，并结合城市规划管理体制，影响到城市街区、地块及三维空间形态等方面；二是控制和影响城市物质形态的城市建筑规定的种类和规定内容；三是城市建筑规定对城市物质形态的控制方法及关联影响效果分析。这些规定控制的目的是解决城市建成环境的空间质量、场所归属感、艺术审美等形态问题，塑造城市物质形态。

国内在城市物质形态控制方面的研究数量较少，且大多是规划控制方面的，对于城市法规与城市形态关系的研究只有《南京城市空间形态及其塑造控制研究》（丁沃沃，2007）、《控制性详细规划中对城市空间形态控制的探究》（曹曙、翁一峰，2006）、《城市设计导则对空间形态的控制研究》（高强，2008）、《低碳生态城市设计——从指标到形态》（顾震弘等，2014）、《城市新区空间形态的设计控制研究》（黄翔，2010）以及《城市中心区控制性详细规划中城市设计的控制要素与指标体系研究》（尤明，2007），这些研究对于城市法规到底如何关联影响城市街廓形态的生成与发展过程，以及关联影响的效果力度还处于探索阶段。我国的相关研究主要包括三方面：

第一，城市规划与建设管理调控的研究，如张建龙等认为，应在控制性详细规划加入更多的城市形态内容，在"控规"编制阶段深化对建筑形体、景观形态、配套设施等的控制，确保开发建设不走样，目前主要是从"现行控规"编制层面在城市形态控制方面的不足加以分析，提出在技术指标、环境容量、城市文化特性引导等方面运用规划指标和城市设计指标二元控制体系的方法加强对城市空间形态的控制。在 2008 年的《城乡规划法》颁布实施后提高了"控规"的法定地位、调整程序、公共属性和新的"控权"要求，但是"现行控规"具有与新法不相适应的地方，如控规编制计划的高调整率、主要以单一地块开发控制为主，缺乏系统性而与整体规划难衔接，控规指标确定缺乏上位依据导致总规到地块开发缺乏总量控制和衔接，控规编制内容过于细致死板而难以适应动态变化管理，忽视公共设施及公众利益，缺乏完善的编制及建设管理依据的法规体系，具有较大的自由裁量权，不分地区差异而雷同的控制模式等方面，导致控规对城市形态的控制失效，反而出现了严重的形态问题，"控规"本身需要调整和修改。

第二，周文生等从"密度分区""高度分区""容积率分区""高层建筑分布"等方面在城市总体设计中进行城市景观优化研究，还有密度、高度限制和地块布局的量化描述等，如陈一新博士的研究"深圳市中心区规划实施中的建筑设计控制，读'法国城市规划中的设计控制'有感"等。

第三，城市法规控制塑造城市形态的研究，比如郭清华在设计的环境中阐释了中国的建筑法规，以中国传统的院落式建筑和宫殿建筑，以周朝城市规划、元大都和明朝禁城为案例，分析研究了建筑法规对建筑尺寸、建筑总面积、构造与材料、建筑构件装饰等建筑细部的控制，总结了传统的街道和城市平面布局的规划原则；丁沃沃主要从地块指标、建筑退让距离、建筑间距、建筑立面及其他方面研究城市法规对城市形态控制的路径和策略；这些研究表明，通过对土地、街区地块划分、建筑物尺度、建筑退让距离、建筑间距等指标的控制，城市法规控制能够直接或间接地影响城市空间形态，反映街道空间轮廓、可视化空间类型等城市空间特征，对于我国城市规划管控与城市物质空间形态的关系研究方面起到了重要作用。

另外，还有一些城市设计导则对空间形态的控制等方面的硕士或博士论文，如同济大学高强的"城市设计导则对空间形态的控制研究"和华南理工大学黄翔的"城市新区空间形态的设计控制研究"，分析了相关规定对城市形态的控制要素和方式，以及国内外著名城市的案例，对于我国城市形态的控制提供了很好的思路，但这些研究分析停留在了形态要素的控制方式层面，而对于相关规定对于城市物质形态的控制和关联影响过程、影响效果，并没有深入研究。

2.2.1　城市物质形态相关的城市建筑规定（city rules）：传统分区制、基于形态设计准则、隐性社会准则

相关研究文献论述中，对城市形态起主要控制作用的"城市建筑规则"包括两方面（图2-5）：

（1）直接影响城市物质形态的规定：传统分区制（zoning）、基于形态的设计准则（form-based codes）、基于社会结构秩序的隐性准则（codes）三种主要规定，影响到了二维的城市土地使用、街区与地块布局、三维的街道形态等方面，本书主要对相关文献中出现的这三类规定进行了梳理总结与图示（图2-23）。

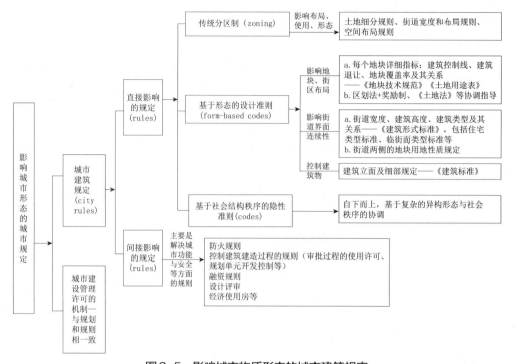

图2-5 影响城市物质形态的城市建筑规定

第一，传统分区制：出现于 20 世纪初，主要以美国区划法为典型，是无法预料结果的一种土地分区规划方法，基于种族、阶层的人口分离和功能分离的土地划分控制，以及基于交通设计的传统规划，区划法的土地细分规定、街道宽度与布局规定、空间安排规定，影响到了城市布局与街区形态（Talen E.，2009）。土地分区制最初目的是为了保护公共健康、安全和公共财产而达到更好的城市，为了阻止失控的城市发展，以及有害的土地使用带来的最坏结果，但是却在作为城市规划与设计工具的陈旧及呆板应用下，导致了不可持续的城市发展，带来了反复出现的城市蔓延、环境与社会难题、种族分离、公共空间拥挤缺乏等城市问题（Ben-Joseph E.，2005）。

第二，基于形态的设计准则（form-based codes）：是 20 世纪 80 年代以来新城市主义提出的城市设计方法，通过一套设计规定控制土地使用、街道界面、地块分布及建筑类型等城市物质形态组成要素，塑造城市环境的形态与外貌（Zukin S.，2009）。基于形态的设计准则比起提供比率和数量，更多的是为城市在秩序与多样性之间的平衡提供了设计工具，为了达到更强的场所感和形态控制感（Guaralda M.，2014）。以美国为例，新城市主义（New Urbanism）提出了新的城市规定，挑战传统的区划条例（zoning ordinances），通过诸如建筑控制线、退让和地块覆盖率、街道宽度、建筑类型和建筑高度、公共空间标准、建筑细部规定等操作规则，创建适居的城市环境（Daniel G. & Parolek K. etc.，2012）。

第三，基于社会结构秩序的隐性准则：是自下而上的、基于社会结构及秩序协调的、没有法规、以教义及社会行为指导的隐性规定，城市形态通过社会使用的原则形成，而不是专业建筑规则。

（2）间接影响城市物质形态的规定：包括立法行为（legislative acts）、防火规定（fire codes）、融资规定（financing rules）、控制建造过程的规定（rule governing the process of building）、设计评审（design review）、以及经济适用房（affordable housing）等。如立法行为是在更大的尺度范围上，创建城市增长边界的行为，能够产生一个特殊的城市布局。

建筑防火规定：在解决建筑防火问题的同时，间接影响到城市公共领域及城市形态，如位于洛杉矶的美国联邦大楼（现已拆除），1920年建造时，为了在大楼前面布置防火逃生措施，同时为了保持外立面连续性，建筑师就在建筑物一侧使用4英尺凹槽。

融资规定：包括筹措资金的规则、政府代理资助的规则等，他们能够影响到获得建造的建筑物的种类、尺寸（规模）、功能，但是他们首先关注的是资金，而不是形态。如税收增额资金区、企业区划、影响费用，都对在其发生发展的地方施以控制影响，这样也渐渐地影响到了场地。

审批控制建造过程的所有规定：会间接地影响到场地，例如，指导变化需要、有条件使用许可、规划单元发展的规则，对一个项目的成本及其他方面有影响，最终影响到建筑形态。但这也是间接影响的效果，他们的主要目的是指导过程和程序，而不是具体种类的布局或形态。再如，这些规则可中和开发商的行为，通过允许他们在较大的场地上有较高的密度，刺激土地集约化，推动特殊区域的发展。

设计评审：在一个项目的评审过程中，所有的各种组织或许考虑权衡、应用他们自己的一套规则。如防火部门使用的街道宽度标准，美国的残疾人法案强制使用停车和坡道标准；规定建造环境的特殊组成部分的规则，诸如人行道条例（规定人行道设计的规则）、犯罪防御空间的要求规定；发展需要获得或遵守一些机构的批准，诸如国家机构的工程督查、野生服务规定、森林服务、交通部。另外，地方的发展也许需要遵守地方绿化规则，或各种自然特征保护规则。还有环境保护条例有影响形态的潜力，一些非常重要的环境规则，如保护湿地的、适于航行发展的、用于濒临灭绝的物种保护的等使用结果是，会对建造形态造成重要的影响。如在波士顿，那些要求保护小块湿地的规则对建造形态有重要的影响，遭到一些开发商的批评，在当前的这些保护湿地规则要求下，将永远无法建造波士顿。

经济适用房规定：对建造环境也有重要的影响，如"谁符合获得补贴的条件"规定，或"是否非居住的使用被包括在内"的规定等都影响到了"什么得到建造，在哪里建造"的问题。经济适用房或许被强制位于一个特定的具体场地，或有一定程度的规模，或包含一定种类的材料，所有这些要依据规则，经常性的规则却戏剧性地具有违法常规的结果，提高了建造经济适用房的成本。

其他方面的设计导则、符合建筑法的评审文件、历史保护条例等，都能够影响到城市形态。

2.2.2 基于地理历史视角的城市建筑规定与城市规划、城市形态的关系

《城市规定与规划》（*Urban Coding and Planning*）（2011）是这方面研究的典型著作，斯蒂芬·马歇尔（Marshall S.）编辑整理并综述了卡尔·克罗普夫、乔纳森·巴奈特（Jonathan Barnett）、格林（Nick Green）等学者对法国、美国、英国以及亚洲、非洲等不同文化和地理区域的城市法规和主要控制指标，以及 10 个不同地理区域的城市控制案例，从历史发展角度分析了主要城市建筑规定对城市规划以及城市空间物质形态的控制效果，探讨了城市法规为不同文化背景下城市规划多样性与秩序之间的平衡关系所起的设计作用，强调了城市法规控制对城市街廓物质形态控制的重要性。他同时也意识到了基于形态准则的问题，尤其是其限制和公式化的方法、简单的基于模式化的设计以及有限的类型范围等。

（1）城市法规规定内容与目的

城市法规一般指城市范围内任何种类的法规，设计规定、建筑规定、布局或区划规定等都被视为一种城市法规，包含了从城市尺度、地方规划到建筑设计细部的描述，从抽象合法的规定到建筑手册中列举的实例的多样性（Marshall S.，2011）。马歇尔提出法规控制城市的关键内容主要聚焦物质组成的规定上，即城市空间构成要素和要素间的联系及相应的控制参数和尺寸的规定等方面（图 2-6）；法规控制的目的是处理采光通风、防火防震、交通等城市健康与安全等功能问题，解决城市肌理特性，处理社会秩序。影响城市形态的主要法规核心是"城市规划和建筑规定"，以及与规划和规定相一致的城市建设管理许可的机制。

（2）城市建筑规定对城市规划和城市形态的控制方法及关联影响效果

如图 2-7 所示，是不同地理区域城市，法规对其形态物质要素的控制方法及影响效果（Marshall S.，2011）。

控制要素		要素之间的联系	控制参数和尺寸	景观材质
地块、土地划分	土地的类型 地块类型 划分为不同类型的居住 防卫和超街廓	从城市局部到集中的联系 土地划分 地块划分 地块的统一	地块尺寸 地块宽度 建筑覆盖率 绿地率 地块比率 可建造的面积 占地百分比	景观美化 街区内部的使用
街道和公共空间	街道布局类型 街道类型 人行道	公共联系 道路和私人所有权	道路或街道的宽度，与建筑高度的关系 广场方位 人行道宽度	步行的舒适性 街道设施 绿化
建筑物	建筑类型 房屋类型	建筑控制线 建筑物布置 与道路、街道或广场相关的地块上的建筑物布局 建筑间距 退线	建筑尺寸 占地面积 建筑面积 建筑物的高度限制和楼层数量限制 建筑高度或建筑层数与街道类型和街道宽度的关系	建筑物的外貌 尺度、质量 特性 建筑原则 光、空气等微气候标准

图2-6　法规控制城市形态的物质要素及要素间的联系

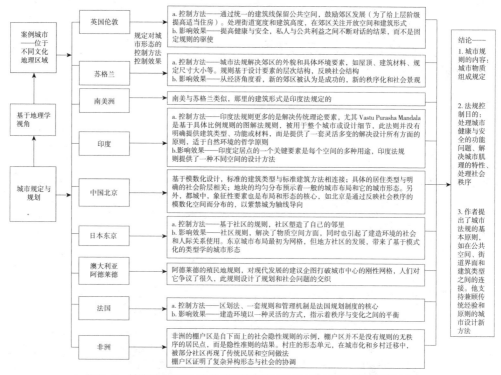

图2-7　城市建筑规定对城市规划和城市形态的控制方法及关联影响效果

2.2.3　基于尺度视角的城市形态特征与法规控制的关系

从宏观到中观的尺度来看，城市街廓物质形态特征主要呈现为城市街廓平面形态、街廓内部的地块建筑群体组合形态，以及街廓界面形态。艾米丽·塔伦

（Emily Talen）、本·约瑟夫（Ben-Joseph）等学者提出了城市建筑规定对城市布局、土地使用、界面形态的控制方法，通过创建一系列布置城镇街道和房屋的顺序与位置、建筑高度、建筑间距、房屋形式、公共空间、土地细分、契约限制、建筑退让距离、建筑控制线等一系列相关规定来解决采光、通风、防火防风等功能问题，却关联影响了城市布局、土地使用与地块建筑布局、界面等形态方面，产生了秩序化或随意紊乱效果的城市布局形态、土地和人口分离及不协调或协调效果的土地使用、参差不齐的街廓界面形态。

2.2.3.1 城市街廓平面布局形态特征与城市建筑规定的关系

（1）城市街廓平面形态特征的呈现形式

克罗普夫在其1993的研究成果《城市心理学中建筑形式的定义》（*The Definition of Built form in Urban Mophology*）一书中，绘制了城市街廓形态的建筑、地块与用地单元的要素图示，丁沃沃、刘铨和冷天等学者在《建筑设计基础》中提出城市物质形态主要由地形地貌、街道／街区、地块、建筑物、绿化场地、设施等基本物质要素在不同的外界条件和组织规则影响下，形成了具有某种空间秩序和丰富多变的城市景观形态，维基百科上对街廓的组成进行了图示（沈萍，2011）（图2-8）。

因此，根据以上文献可归纳出，城市街廓平面形态特征的呈现形式主要为街廓平面用地布局、街廓内地块划分和建筑群体排列秩序三种形式（图2-9）；地块建筑群体形态特征主要呈现为地块内建筑布局的疏密程度、开放场地空间尺度与形状、空间高度轮廓等方面。

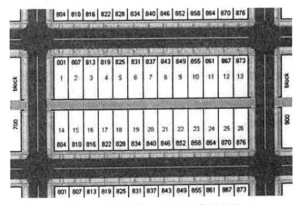

图2-8 维基百科中的"街廓"示意图

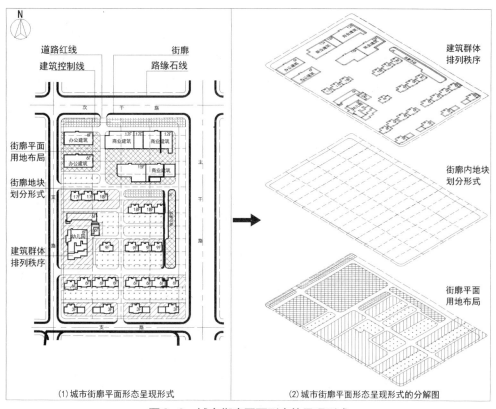

图2-9　城市街廓平面形态的呈现形式

（2）城市平面布局形态特征与城市建筑规定的关系

塔伦的《城市规则》（*City Rules*）（2009）和本·约瑟夫的《城市规定：场所塑造的标准和隐性语言》（*The Code of the City*：*Standards and the Hidden Language of Place Making*）（2005），主要以美国实践为例，通过纵横两个维度，采用规定的调查限定、图示设计和历史演绎、案例比较的方法，从直接和间接影响城市建筑规定的两个方面，在图示相关条文规定内容基础上，分析城市建筑规定对城市布局、土地使用、街道界面等物态形式的控制方法及关联影响效果。

1）纵向维度：城市建筑规定的调研及其规定内容的图示分析

塔伦将城市规定的调查限定在合法强制执行的，主要是由地方政府创建的，影响城市布局、土地使用、三维形态的规定上，包括直接影响和间接影响的城市建筑规定。她提出直接影响城市布局的规定，主要有土地细分规定、街道宽度和布局规定、控制公共设施规定；影响土地使用的规定，主要有区划法、土地细分规定、契约限制（Talen E.，2009）。她对条文规定内容进行了图示分析，证明相关规定的使用会直接或间接影响到城市形态。如图2-10（1）是对芝加哥土地条例的土地细分规定

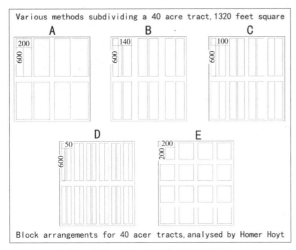

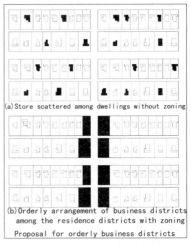

图 2-10　规则内容的图示设计演绎分析

（1）40 英亩土地上，土地细分的不同方法：
40 英亩土地的街区布局
芝加哥土地条例

（2）1916 年纽约商业分区的秩序化提议
上图：无区划法的商店分散布局于居住区中
下图：区划法的商店秩序化布局于居住区中

资料来源：参考文献（Emily Talen., 2011, P42、106、144、39-40）

的图示分析，图 2-10（2）是 1916 年纽约商业分区的秩序化布局分析。

2）横向维度：土地使用规定对城市平面布局形态的控制方法及影响效果

首先，城市布局是二维尺度感的空间结构布局，是地块、街区、和街道的平面布局。塔伦、约瑟夫通过历史演绎，对影响城市布局与土地使用的规定控制进行了分析：第一，古印度时期，布置城镇街道和房屋中规定：首先布局城镇，然后再规划房屋，如果违反了这个规则预示着会带来邪恶；建筑高度要求在同一条街道上的建筑高度应该统一；建筑间距要求任何两个房屋之间的空间应为 4 英尺或 3 英尺等；第二，古希腊时期，控制街道和公共广场的法律规定：神殿必须位于最高点，为了围住它们和清洁的目的，在神殿旁边建造官员和法庭的房屋，私人房屋必须以独一围墙的方式被安排，所有房屋以一种相同的方式面对街道，使整个城市形成统一的房屋形式；第三，古罗马时期，维特鲁威在街道设计标准中，建议建筑高度应与街道宽度和场地相关，为了房间内部有足够的光线和开阔后院，他提到限制建筑靠近公共道路的外墙厚度，企图通过较低墙体的拓宽来阻止现有建筑新层数增加；第四，发展到后来，从文艺复兴时期的公共建筑、街道和私人居住点在控制性平面中的使用，到后来社区通过一系列街道、公共空间、建筑规定创建城市布局，再到 1785 年的土地条例创建了一套土地划分规定，带有农田形式的城市网格布局效果，到最后几乎一直没变的土地细分规定的控制，形成了秩序化的城市形式或紊乱的形态效果（Ben-Joseph E., 2005）。如图 2-11，就是一个

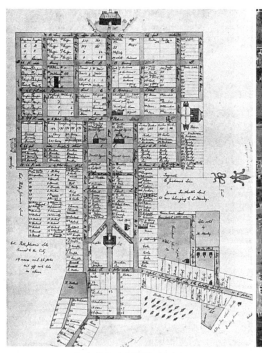 

（1）按规定规划的平面图　　　　　　　　　（2）城市现状图

图2-11　按规定规划的平面图与现实的地图对比

像规则操控城市布局和形态的简单产物。图2-11（1）显示了按照简单规定规划的平面图——街道、公共建筑位置、6英尺的退后，图2-11（2）是城市现状图，两图对比，可看出威廉斯堡市就是通过一系列规则控制的城市（Talen E.，2009）。

　　其次，土地使用方面，是邻里问题，即邻近的空间分布和使用连接，更多的是社会控制问题。塔伦从历史发展角度，分析了区划法、土地细分规定、契约限制使用，最初是为了把有害功能分离出去，保持良好的社区，但是，区划规定被陈旧使用的结果，却是"功能分离"和"人口分离"。一是"人口分离"，是基于种族分离和阶级分离的，开始为了把"低等级"人分离出去，如规定不允许在公寓、复式公寓和单一家庭住宅区之间进行连接。许多城市规划师认为应有相应改革解决单一住户分离问题，整合公寓和单一住户及其他使用之间的邻里联系，使单一住户院落为孩子提供玩耍的场地，通过限制公寓高度获得采光通风。二是"功能分离"，主要为了把居住区从商业和工业区中分离出来，这似乎是进步的，但是功能分离映射了阶级分离。

　　塔伦从批判性的角度，引用雅各布斯等学者评论的引证法，提出城市建筑规定的使用，在城市布局与土地使用方面导致的问题是，从早期简单的区划规定为了满足越来越多的控制、品质、驱除的需要，演变到现在越来越复杂的区划条例，导致区划布局从逻辑到纷乱，从简单到复杂以及数量的上升。图 2-12 分析了区划法，从简单区划制到复杂的细分规定的演变。图 2-13 显示了亚利桑那州凤凰城市条例具有上百种不同的区划种类，证明了 1990 年以来区划法从简单到复杂的演变过程。区划条例的变化引起了三个主要问题：一是场地和规定之间联系的缺失，缺乏城市建筑的空间逻辑性，在"人们居住的地方"和"他们日常生活所需的地方"之间的联系，被不关心布局的城市规定渐渐破坏了（图 2-14）；二是土地细分规定影响到城市的蔓延和分散效果，区划最初为了限制拥挤，但是面临城市的蔓延和分散，规定似乎不再起作用（图 2-15）；三是单一住户邻近商业使用的问题，直接穿越街道的是单一家庭，而现有规定加强了这种布局，阻止了多住户房屋在商业区布局（图 2-16）。

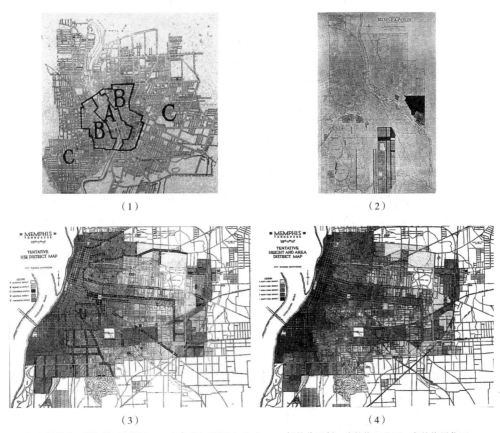

（1）简单的、最初的区划规定，三个高度和面积区；（2）1921 年的分区制，暗的指工业区，亮的指居住区；
（3）（4）早期区划条例的两个地图，一个是功能使用分区、另一个是高度和面积分区。

图 2-12　区划法从简单到复杂的历史使用及其演变分析

资料来源：参考文献（Emily Talen., 2011, P35-36）

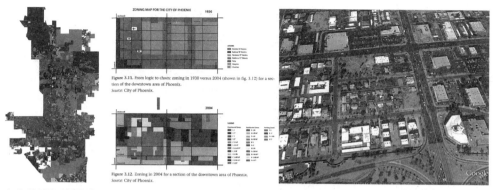

（1）凤凰城区划种类　　　　　　　　　　（2）凤凰城局部，1930~2004 年至现在，分区地图演化

图 2-13　凤凰城区划种类，1930 年以来区划规定从简单到复杂演变过程，及当前区划法的复杂性

资料来源：参考文献（Emily Talen., 2011, P59-60）

（1）单一住户区邻近高速公路　　　　　　（2）大体育场、许多空地，提升了犯罪场地

图 2-14　场地和规则之间联系的缺失，导致缺乏城市建筑的空间逻辑性

资料来源：参考文献（Emily Talen., 2011, P60-61）

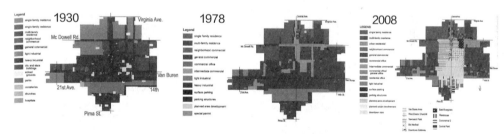

图 2-15　凤凰城市中心区，1930 年、1978 年和 2008 年的分区、空间布局的解散过程

资料来源：参考文献（Emily Talen., 2011, P67-68）

图 2-16　单一住户区布局邻近商业使用，商业使用没有邻里取向

资料来源：参考文献（Emily Talen., 2011, P65）

2.2.3.2　地块建筑组合形态特征与地块指标等规定的关系

荷兰代尔夫特（Delft）大学的珀特和哈普特研究提出的spacemate法，将容积率、建筑覆盖率、开放空间率、平均层数四种指标结合在一起建立了一种评价建筑密度与城市形态之间关联的图表（图2-17），分析不同建筑密度控制范围内所关联的城市形态类型，充分验证了相关法规控制关联影响了城市建筑形态、街道等公共空间，以及用地布局形态等，产生了城市规划的秩序，规定的使用帮助我们塑造了更好的城市区域特质（Pont M. B. & Haup P.，2005）。

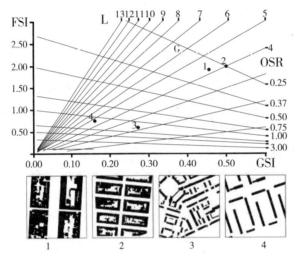

图2-17　spacemate分析法关联评价图表分析法：不同建筑密度指标范围内的街区空间类型

我国的董春方等学者采用"空间伴侣"方法，在厘清建筑密度相关内容和参照指标的基础上，将容积率、建筑覆盖率、场地开放率等多种密度指标结合在一起，形成一种整体性的评价方法，评价分析了建筑密度状态与城市形态的关系，验证了建筑密度指标的多样组合所生产的形态和组织结构形式等城市形态特征（董春方，2012）。

2.2.3.3　城市街廓界面形态特征与相关界面控制规定的关系

城市街廓界面是街道与街廓二者相遇的自然产生，它作为一种中介将街廓外部街道网络与内部不同权属地块联系起来（孙晖、梁江，2005），完成对城市空间物质形态的视觉呈现，突出了街道空间体验的重要性，是人类个体对城市三维空间直接体验感知的重要对象（芦原义信，2006）。与城市街廓界面形态特征主要相关的规定为控制街廓界面秩序的建筑墙面退让道路或用地界线距离、建筑控制线和建筑立面处理等界面控制规定（Talen E.，2009），这些主要规定在城市街廓界面形态的形成与发展中具有很深的关联影响作用，其中建筑退让道路距离规定通过对街道宽度、建筑高度与退让道路距离三者关系的处理，控制城市街道两侧建筑定位，在解决通风采光、防火防震、交通拥挤等城市功能问题的同时，却关联影响到了城市街廓建筑界面形态连续性、围合感、街廓建筑界面前后空间的界定以及城市街道的平面肌理等方面，进而影响了城市街道空间形态的品质和空间环境质量。

界面控制规定在1920年被纳入分区制中，是为了通过处理街道宽度、建筑高度与退后三者关系等手段，抑制不利部分的发展，赋予城市街道以充足的阳光、新鲜的空气和开敞的空间，解决道路交通拥挤与美化市容，但是最后结果却导致了公共空间缺乏等社会问题，其自身演化成了一种影响公共空间及街廓界面质量的弊病，导致这一切发生的促成因素主要来自针对二战后大批量建设的需要及汽车等交通方式的变革，以勒·柯布西耶等为代表的国际现代主义提倡通过技术改造、以机动车通行为核心的新型扩建道路模式，以及1933年的《雅典宪章》倡导的道路分级、人车分流等措施，解决城市拥挤、增加绿化等问题，最后却因为缺乏对公共空间形象设计的考虑，极度扩展城市街区尺度，使得城市缺少居民生活的内聚力。因此，在1950~1960年，针对现代功能主义过于扩建城市道路、极度扩展街廓尺度等思想，引发了城市设计领域及社会理论家们的反思和强烈批判，他们提出现代功能主义缺少对社会因素和公共空间形象的考虑，过于强调功能和城市结构的机械理性，最后导致街道空间千篇一律，缺乏人情味、场所归属感和地域特色（丁旭、魏巍，2010；洪亮平，2002）。20世纪80年代以来，伴随着城市化快速进程中，新城市主义等提出可通过一种基于形态的准则，即通过一套建筑外墙线和后退红线等建筑布局标准、临街面建筑类型标准等规定，来塑造街道空间等城市环境的形态和外貌（Daniel G. & Parolek K. etc.，2012）。

在全球城市化进程中，南京市等中国许多城市也出现街廓尺度巨大、围合感与场所性弱，以及街廓界面参差不齐等形态问题，主要相关的历年城市规划管理实施细则、城市规划管理技术规定等文件中的相关规定，以及城市控制性详细规划层面的建筑退让道路距离、建筑高度与街道宽度关系等界面控制方面的规定，虽然对沿街建筑位置进行了有效的控制，较好地解决了功能问题，但是对街廓界面形态的塑造与控制力度很小，并关联伴随着街廓界面形态的不连续性与建筑界面前后空间混乱使用的界定性弱等问题。因此，许多地方城市引入的城市设计导则中，通过建筑贴线率、建筑高度、界面前后空间铺地等规定对街廊界面形态进行引导与控制，但尚未完全建立相关规定并付诸实施。目前我国在城市街廊界面相关的研究文献中，主要从文化、地域、建筑立面材质与风格、广告招牌等方面阐析其存在的问题及街廊界面改进方法等，但是对于街廊界面连续性、围合感、建筑界面退让的空间形态和建筑组织有序性等方面的法规控制研究甚少，仅有在丁沃沃的《南京市城市空间形态控制与塑造》（2007）、陈锐和王新宇等的硕士论文《城市街廊界面连续性的控制要素研究》（2010）、《街道空间几何边界的管控策略研究》（2010）等文献中，对于街廊界面连续性与贴线率、偏离度的关系、街道几何边界相关规定的管控问题及策略进行了分析与研究，但是缺乏相关规定控制对街廊界面形态特征的关联影响过程及其影响作用的力度等深入研究，而且在《城市街廊界面连续性控制要素研究》中得出，贴线率只能管控到街廊沿街建筑贴道路红线的部分，却反映不到非贴线部分的建筑后退道路等方面。

（1）城市街廊界面的分类及研究限定

《城市街廊界面连续性控制要素研究》（陈锐，2010）和《城市道路景观界面》（任琪，2007）等相关研究文献中对城市街廊界面从两个角度进行了分类：一是从城市街道空间景观界面角度看，它包括街廊建筑界面、景观设施界面、街道路面界面，由于城市街廊界面主要由沿街建筑限定，而与建筑退让道路规定直接相关的也主要是街廊建筑界面。因此，本书的写作主要限定在城市街廊的建筑界面。二是从基本单元原型的角度看，街廊界面包括以单个街廊为基本单元原型的四周几何界面和以街道为基本单元原型的沿街多个街廊的线性几何界面两类（任琪，2007），总结出如图 2-18 和图 2-19 所示的单个街廊为原型的四周几何建筑界面和道路为原型的沿街建筑界面两种线型图。由于线性街道空间是影响人的感知体验的首要因素（斯皮罗·科斯托夫，2017），建筑退让道路距离规定也主要规定的是解决交通拥挤与采光通风等建筑退让道路的位置关系，并且在同一条路段两侧，各个街廊的沿街建筑功能性质、形式、高度与建造年代不同，因此本书中的街廊界面主要限定在沿街多个街廊的线性几何建筑界面。

良好的道路景观应具有连续而明确的街廊界面，街廊界面形态连续性的高低、围合感和完整性是关联衡量城市街道空间整体感、场所感和城市物质环境质量的主要标准（Lynch K., 1981; Bacon E.N., 1976）。街廊界面形态的连续性、明确的层次性、沿街建筑群体组织有序性等形态特征常常被人类作为一种手段应用于创

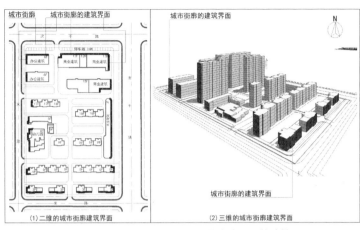

图 2-18 以单个街廊为基本单元的街廊四周的建筑界面

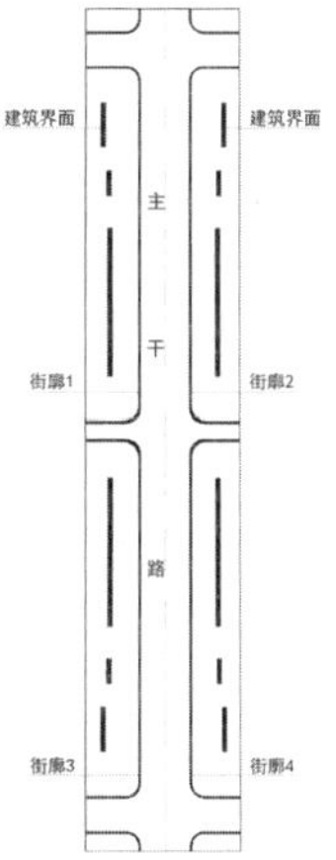

图 2-19 以街道为基本单元的街廊建筑界面线性图

造品质优良的城市街道场所空间，如巴黎香榭丽舍大道以其街道宽度、两侧建筑尺度和立面形式连续统一的形态特征（图 2-20），被认为城市物质环境品质较好的城市；巴塞罗那主要城市道路以统一的街道宽度、一致的建筑高度、街廊建筑界面边线与街道边线的一致性等连续性空间特征保留至今（图 2-21），被公认为街道空间组织有序化、城市物质环境品质较好的城市。城市街廊界面形态的连续性主要以沿街建筑的某种秩序展现在我们眼前，一般指沿街建筑物在 10 米高度以下部分的连续程度和街道的封闭感与围合感（陈锐，2010），表现出包括比例尺度和材料色彩、街廊建筑界面边线与道路边线一致、街廊沿街道路宽度一致、街廊界面高度一致的形态轮廓等空间表征，以及间断与差异等个体感知沿街空间节奏的知觉特征等（任琪，2007），因此街廊界面前后空间的界定、界面秩序与节奏的控制等方面成为影响体验者知觉的关键，鉴于街廊界面形态连续性的法规管控等

图 2-20 南京市中山路街廊界面风貌

图 2-21 巴黎香榭丽舍大道街廊界面风貌

研究越来越受到重视，研究建筑退让道路距离等主要相关规定的使用控制对塑造街廓建筑界面形态秩序感的连续性、围合感、建筑界面前后空间界定等方面的相关性及关联影响作用是本书的焦点所在。

（2）城市街廓界面形态特征与相关界面控制规定的关系

塔伦的《城市规则》中提出，影响街廓界面形态的规则主要有三类：一是建筑线、退后和地块覆盖率；二是街道宽度、建筑类型和建筑高度；三是建筑细部的规定，如建筑立面、窗户尺寸等。另外，形态也被功能要素影响，如防火规定或停车规定。塔伦对主要条文规定内容的图示分析，证明相关规定的使用会直接或间接影响到城市形态。图 2-22 是 1923 年孟菲斯区划条例中的退后规定图示。

界面形态特征的控制方法及影响效果：城市街廓界面形态是关于三维尺度的建造空间形态，塔伦通过历史演绎，分析了街道宽度、建筑高度与街道界面三者关系处理的控制方法。第一，在街道宽度方面，如 1897 年的《斯图加特条例》规定建筑高度限制为街道宽度加上 2 米（6.5 英尺）的规定，20 世纪早期，美国城市建筑高度规定几乎是街道宽度的一个方面，都是为了解决防火通风等公共健康安全、审美、交通流等问题，但间接影响了街道界面形态。第二，在建筑高度方面，如从公元前 15 年的罗马 66 英尺的高度规定，到 18 世纪提高建筑高度的强制性规定；而 1900 年之后，出于对摩天大楼的封闭采光、通风和上升拥挤的鄙视，美国城市开始强制高度的限制，范围从 100~200 英尺等。建筑高度的规定，与街道宽

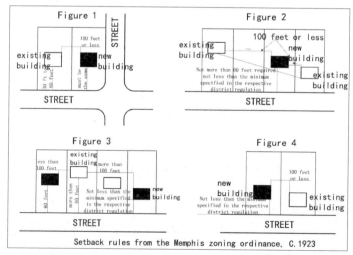

图 2-22　1923 年孟菲斯区划条例的街道界面退后规定

资料来源：参考文献（Emily Talen., 2011）

度紧密相连，在解决通风、采光、拥挤的同时，影响了城市的可视化效果。第三，街道界面方面主要包括公共要素的市场、人行道和绿化，以及私人要素的建筑立面和退后等，其主要聚焦决定建筑墙面的规定，退后、建筑控制线和建筑立面细部规定，影响到了建筑空间和界面质量。因此，影响形态的规定似乎不是有意识的努力，而是其他目的间接结果（Talen E.，2009）。

最后，塔伦指出，区划法似乎不能做好城市形态的控制，好的原则意图不能保证。为了实现更好的城市形态，她建议了一种灵活、宜居、有预料结果的城市规划方法，基于形态的准则。

2.2.4　基于社会隐性准则视角的无法规、教义及社会行为指导的城市形态

是一个自下而上的城市设计准则的形成，基于复杂的异构形态与社会结构和秩序的协调。如以非洲为例，那里的棚户区是一个自下而上的社会隐性准则影响的示例，在撒哈拉沙漠以南的主要城市郊区，村庄的形态单元在城市化和乡村迁移过程中被部分复制，社区往往趋向于再现传统民居和空间的实践做法，尤其是庭院。这种聚落类型反映了一种社会结构，即人类与空间产生相关。因此，棚户区并不是没有规则的无秩序的居民点，他们被认为是隐性准则的结果，基于传统居住的原型（Steyn G.，2011）。非洲的棚户区证明了复杂的异构形态与社会的协调，在某种程度上，其他更加结构化的环境下也是类似的，如伊斯兰地区的城市，在古兰经教义的隐性准则影响下，形成了有尊教意识的复杂秩序排列的街道形态。

2.3　城市街廊形态的空间优化与量化研究

2.3.1　城市街廊建筑形态的空间优化研究

街廊建筑形态是传统建筑学重要的研究与操作对象，主要关注地块建筑、高宽比关系、尺度等共同围合和界定的街廊空间，以及街廊自身的形式、材质等（Camillo S.，1986；芦原义信，2006），但是传统建筑学的基于美学、人的空间体验等形态专业知识并不足以完全指导现代城市空间优质环境的营造。一方面，此研究仍在推进中；另一方面，城市形态与本土传承和场所归属、城市形态与城市

外部空间微气候等之间已确立存在密不可分的关系（Bosselmann P.，1988）。在本土传承与场所归属的空间优化方面，由于不同历史时期不同地域传承在城市空间认知和文化内涵的不同理念，对街廓形态的优化方式可能截然不同，比如霍斯曼（Hosman）在巴黎城市更新中通过开辟宽阔的城市景观大道，结合历史遗存空间节点改善了巴黎老城的人居环境质量（Mead C.，1995）。西特（Sitte）在维也纳更新中却又崇尚欧洲中世纪的不规则路网，以提供变化多样的城市景观；而塞尔达（Cedra）则在巴塞罗那规划设计了支撑宜居生活的城市街区形态。二战后，纽曼（Newman）、林奇（Lynch）、科林·罗（Colin Rowe）、舒尔茨（Schultz）等学者分别从城市公共生活、场所记忆等角度研究了场所营造等空间优化的城市更新管控（Rowe C. & Koetter F.，Norberg–Schulz C.，1980）。

在城市物质空间类型对城市微气候干预程度的相关研究中显示，建筑学的研究关注如何通过调控建筑组合方式等城市空间形态优化通风采光等微环境，也是城市设计研究的目标。"城市冠层"对应的街巷空间结构等街区肌理形态、"街道层峡"对应的街道广场等公共空间几何形态，直接影响到城市微气候质量，是城市设计的优化可控形态（丁沃沃、胡友培等，2012）。城市通风采光等微气候质量的评价包括物理指标，诸如风速、气温、湿度、日辐射等；感知舒适度指标，诸如热舒适度（对应风速、气温和日辐射）、风舒适度、呼吸性能（对应空气龄）（Buccolierir R. & Sandberg M.，2010）。与微气候指标关联的城市形态指标规定主要包括街区层次的地块指标、地块建筑层次的街区整合度和建筑朝向指标、街道层次的街道断面高宽比和贴线率等（丁沃沃、胡友培等，2012），通过形态指标管控可影响到热舒适度、风光环境等的变化（Futcher J. A. & Kershaw T.，2013）。以风环境效应的街道空间形态研究为例：街道断面高宽比（H/W）是一个重要的形态指标，奥克（Oke）发现标准层峡（H/W=1：1）、浅层峡（H/W<0.5）、深层峡（H/W>2）等和风场环境的湍流状况等具有对应关系（Oke T. R.，1988）。后续研究又证实街道空间几何形态的高宽比（H/W）、长宽比（L/W）及街道走向三项指标与优化风环境关系密切（Shishegar N.，2013）。国内少数学者对从街道峡谷到街区层峡的城市形态与风热环境等微气候相关性等方面，进行了实验模型和实证分析等研究。比如，王振等研究证实街巷空间结构、建筑布局等几何形态和城市室外热舒适性直接相关，宽街为东西走向、窄巷为南北走向的街区更能优化改善夏季街区热舒适性环境（王振、李保峰等，2016）；赵涵考量了界面形态中退让距离、宽度、间距等对街道通风环境的影响（赵涵，2012）；俞英选取空气龄为评价标准，总结出街道高宽比、街道连续度等形态指标与空气龄的关系（俞英，2013）。因此，基于本土传承、空间体验、风光等环境的街廊形态空间优化研究也对地块建筑与界面的高度、宽度、长度、高宽比、连续度等规定都提出了要求，这些将在不同层级不同程度约束街廊建筑形态的管控。

2.3.2 城市街廊形态的指标量化研究

将街廊建筑形态进行图示与量化是分析形态特征与规律的重要途径，目前对形态的量化研究主要有基于几何属性、视觉感知等角度的"量"与"形"等问题，通过导则、指标等控制城市空间的有形边界，创造宜人的城市空间质量（丁沃沃，2015）。克里尔最早运用平面图对欧洲传统城市街道、广场的平面几何类型进行了图示与量化分类整理（Krier R. & Rowe C.，1979）；剑桥大学马丁研究中心以欧洲古典城市为范本，建构了城市形态的几何形状参数化模型，以量化的方式表述城市形态问题，通过参数的范围设定控制形态的变化范围（March L.，1972）。在此基础上，希利尔发展了街道空间拓扑模型的空间句法，更为整体地量化表达了街道系统形态特征，后续学者又将该方法与 GIS 平台结合，用来优化城市公共空间的可达性等质量。

2.4 本章小结

综上所述，政策法规影响形态具有普遍性，并成为城市形态生成的重要机制，相关城市建筑规定控制对城市形态具有很深的关联影响。任何一个国家政策直接影响形态，在已经发展的欧美等国中政策历来都影响形态，诸如建筑高度和体量限制、界面指标和建筑类型等规定控制直接影响到形态，而且有些政策不只是条文性的，还有宗教和社会行为等隐性语言性的影响，这些研究还可帮助国家或地方政府对土地或解决问题的诉求。城市建筑规定对形态的具体作用在欧美国家的研究中是一项重要内容且研究成熟，为本书写作建立了理论基础和借鉴方法，国内学者意识到这些研究的重要性，但具体研究待开展。国外聚焦于法规对城市物质形态控制和影响关系的相关研究主要从三个视角开展，基于地理和历史发展视角的城市法规与城市规划的关系、基于尺度视角的城市布局和城市形态与相关法规的关系、基于社会的隐性准则与城市形态的关系，采用调查统计法、历史演绎分析法、案例比较分析法、关联图表评价等研究方法探讨了四方面问题：一是城市法规控制和影响城市街廓物质形态的关键操作工具（图 2-23），主要是城市形态物质要素及要素间联系的规定及控制参数等方面，并结合城市规划管理体制，关联影响到城市街区、地块，以及三维空间形态等方面；二是与城市物质形态相关的城市建筑规定主要包括直接影响的传统分区制、基于形态的准则、隐性准则和其他间接影响的防火、评审等规定；三是城市建筑规定对城市街廓形态的控制方法及关联影响效果；四是城市形态的量化控制与评价、空间优化关键指标的探索。国内在相关研究大多是规划控制方面的，对于相关规定到底如何关联影响城市街廓形态，以及影响的作用效果等研究还处于探索阶段。这些国内外相关研究从城市建筑规定梳理和相关规定控制与城市形态关系的研究思路和研究方法，为本书研究提供了平台和基础。

　　中微观尺度观的街廓平面、地块建筑组合、街廓界面形态三个层级特征，是人们可直接体验和感知城市物质形态的城市肌理单元。相关城市建筑规定主要通过创建一系列相关规定控制解决城市功能问题的同时，关联影响着城市街廓布局、土地使用与地块建筑布局以及界面形态。因此，本章主要对应相关城市建筑规定、三个尺度方面与法规控制的关联性研究，重点梳理和归纳了相关研究的价值理论体系前提、城市街廓物质形态特征控制的关键操作工具、与城市形态相关的城市建筑规定、基于尺度视角的城市平面布局与城市建筑规定、地块建筑组合形态与地块指标、街廓界面形态与界面控制规定等研究方法与思路等。

　　本研究的价值观源于城市物质形态理论方法体系：城市物质形态方面的研究主要始于英国的康泽恩学派和意大利学派，英国康泽恩学派的城市形态理论认为：实践角度的"城市形态"多指对构成城镇或城市风貌的复合城市空间结构的形态的研究，是城镇平面格局、建筑形态构成以及城镇土地利用方式的综合反映；意大利历史学家穆拉特尼从建筑类型学的角度研究城市形态的演化，提出建筑类型与城市建筑的结合形成了城市肌理形态的基本单元。本书是基于两大理论体系对于城市物质形态的平面图示分析、建成形态机制成因的历史还原和历史演绎、案例样本类型特征归类等研究理论和方法的基础之上进行法规控制与形态关联性的研究。

　　城市物质形态的认知尺度和城市街廓形态特征控制的关键操作工具：城市形态包括物质形态和非物质形态，从认知尺度上看，城市物质形态一般表述为

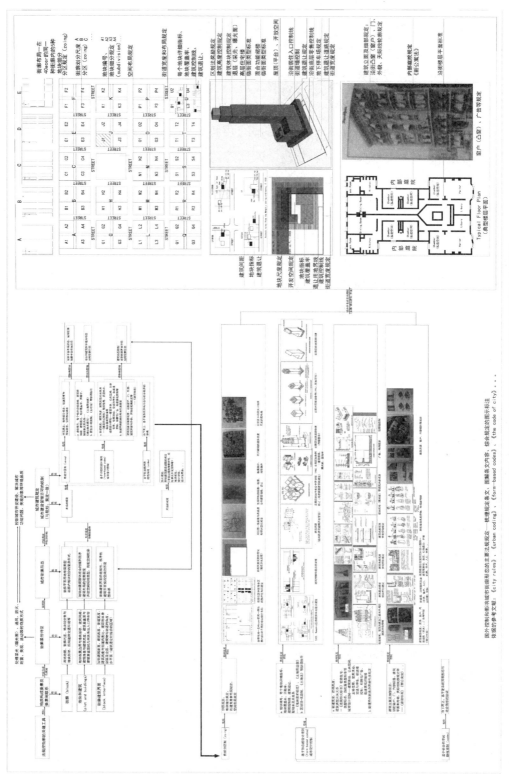

图2-23　国外文献综述中相关法规梳理总结及综合图示

国外控制和影响城市街廓形态的主要法规规定一揽提规定条文、图解条文内容、综合规定图示标注
依据的参考文献：《city rules》、《urban codes》、《form-based codes》、《the code of city》……

宏观尺度的城市平面形状和空间轮廓、中观尺度的街廓形与地块建筑群体布局、微观尺度的街道空间及界面形态。其中街廓、地块和建筑作为城市肌理形态的基本单元，能使我们在人的尺度下直接体验和感知城市物质空间，因此，街廓平面、街廓内的地块建筑组合、街廓界面三个尺度层级的街廓形态特征控制是城市物质形态管控的重要方面。城市街廓主要包括地块、建筑、绿化场地、设施、建筑界面等物质要素，而这些物质要素的几何关系与组织形式等形成了街廓的用地性质、街廓尺度、地块划分数、四周道路环境、地块权属边界与地块形状、建筑间距、建筑高度、开放场地尺度、出入口位置、沿街建筑面宽、建筑高度、建筑高度与街道宽度之比等属性特征，这些属性的变化对应着城市街廓形态特征的变化与发展，通过控制物质要素形成的属性特征，可控制和影响到城市街廓形态。因此，法规控制和影响城市街廓形态特征的关键操作工具主要聚焦街廓的物质要素及要素间联系的规定与控制指标等方面。比如，建用地比例构成、地块划分、地块指标、建筑控制线、建筑限高、建筑退让道路红线距离等。

与城市物质形态相关的城市建筑规定：主要包括直接影响的传统分区制、基于形态的准则、隐性准则；间接影响的防火、融资、审批控制建筑过程、设计评审、经济适用房等规定。

城市平面布局形态与城市建筑规定的关系：相关城市建筑规定通过建立的布置城镇街道和房屋的顺序与位置、建筑高度、建筑间距、房屋形式、公共空间、土地细分、契约限制等一系列相关规定的控制方法，控制城市规划与建设，在解决采光、通风、防火防风等功能问题的同时，关联影响到街道、街廓、地块等城市布局、土地使用等形态的变化，产生了秩序化或随意紊乱效果的城市布局形态、土地和人口分离及不协调或协调效果的土地使用。

地块建筑组合形态特征与地块指标：spacemate法将容积率、建筑覆盖率、开放空间率、平均层数四种指标结合在一起，建立了评价密度指标与城市形态之间的关联图表，分析不同建筑密度控制范围内所关联的城市形态类型，充分验证了相关地块指标控制关联影响了城市建筑形态、公共空间场地、用地布局形态等，因此，关联评价图表法为本书的研究提供了借鉴和实证案例的研究方法，在我们对城市街廓平面形态特征与用地比例与划分指标等规定、地块建筑组合形态特征与地块指标、街廓界面形态特征与退让道路距离等关联性的实证分析中，关联评价图表的建立和分析是本书的主要研究方法之一。

　　街廓界面形态特征与界面控制规定：与城市街廓界面形态直接相关的是建筑退让道路与用地界线距离、建筑控制线和立面处理等界面控制规定。其中建筑退让道路距离规定通过对街道宽度、建筑高度与退让道路距离三者关系的处理，控制城市街道两侧建筑定位，解决功能问题的同时，却关联影响到城市街廓建筑界面形态的连续性、围合感、街廓建筑界面前后空间的界定与城市街道的平面肌理等方面，进而影响了城市街道空间形态的品质和空间环境质量。

第3章 城市街廓形态特征相关的法规条文梳理

3.1 城市法规的分类

目前，国内有关控制城市形态的专门法规非常欠缺，只有近年发布并试行实施的少数城市设计导则文件中的形态控制规定，但目前还未付诸法定地位。另外，在北京、上海、深圳、南京等城市编制了相应的控制性详细规划编制导则等，对于城市街廓与地块建筑形态进行管控。而目前与城市形态相关的规定主要是在国家与地方的城市规划与建设法规，以及相关规范中涉及一些条文，规定内容主要包括：土地使用与土地开发、地块指标、建筑布局、街道界面与建筑立面、绿化广告，建筑防火防震与日照，以及城市规划编制与审批、保护耕地和基本农田、保护生态环境与关注可持续发展、整治市容和与城市环境协调等。

从级别权限看，根据国家、省级和地方城市三个层级，我们梳理出这些相关城市法规的范围主要包括法律、条例、规章与技术规定及相关规范标准四大类，其中各类详细范围和制定颁发单位，如图 3-1 所示。

3.2 城市物质空间形态相关的法规制定与发展

中国城市相关法规的制定，最初是为了解决防火、防震、采光、通风、交通、卫生等城市健康安全的功能问题。比如，1928 年的《南京市退缩房屋放宽街道办法》通过对街道宽度定为六级、各街按要求后退房屋放宽街道、房屋退让街道后损失基地的补偿办法等规定，解决当时拥挤不堪的交通问题；1987 年的《南京市城市建设规划管理暂行规定》第 23 条规定"建筑物之间距离必须符合消防、抗震、采光、通风、卫生等要求"，第 24 条通过对道路、公路两侧建筑后退规划道路红线以及砌筑院墙高度控制等规定，来解决当时的防火防震及交通等问题。

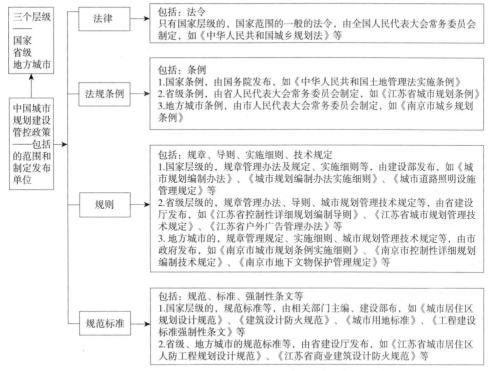

图 3-1 相关城市法规的分类

1990 年以后，从宏观的城市性质、发展规模、城市建设用地布局和功能分区等，到中观、微观的控制性详细规划的城市用地分类与兼容、地块划分规模与界线调整、容积率与建筑密度指标等规定，主要是为了解决城市功能与安全问题。比如，1990 年的《中华人民共和国城市规划法》《城市用地与规划建设用地标准》《土地管理法实施条例》《城市绿化条例》（1992）《城市道路管理条例》（1996）《城镇体系规划编制审批办法》（1994）《城市居住区规划设计规范》《建筑设计防火规范》等法规文件，以及一些省级与地方城市法规文件，如《江苏省城市规划管理技术规定》《南京市城市规划条例》（1990），《南京市城市规划管理实施细则》等，对城市功能问题的解决起到了一定控制成效。但是这些规定在解决城市功能问题同时，却面临着越来越多的街区、地块与建筑布局肌理纷乱、街道界面不连续、建筑群体空间组织无序，以及缺乏场所归属感和记忆的公共空间等形态问题，城市空间环境质量欠佳。相关法规控制应如何应对，近 20 年来，人们对城市建成环境景观的需求开始重视，法规面临着从保证功能到提升空间品质和控制形象的转型，学术界及实践者们展开对城市环境质量、形态控制方面的研究及实践，一些地方城市尝试编制并出台了城市设计准则，如《北京市城市设计导则》（2020）、

《上海市街道设计导则》（2019）、《深圳市城市设计标准与导则》（2018）、《城市设计管理办法》（2017）、《江苏省城市设计编制导则》（2012）、《深圳市城市规划标准与准则条文》（2014）、《福建省城市设计导则》、《城市设计图则》等，对于与城市形态相关的土地单元标准、最小用地单元控制、地块划分、建筑退让与街道宽度和建筑高度关系、沿街建筑界面与风格、建筑布局，建筑设计尺度、材质、色彩、交通组织、公共空间整体性与连续性、户外广告、标识设计等方面进行了设计导则编制，虽内容较为全面，但还处于初步尝试阶段，缺乏相关强制性控制指标。

以南京市为例，根据对南京市历年相关法规资料的收集梳理，以及依据控制性详细规划编制的发展阶段，得出南京市相关城市规划与建设管理规定较早的出现于1928年。从1928年至今，这些地方法规主要包括1928~1977年、1978~1987年、1988~2008年、2009年至今四个发展阶段的规定：1928~1978年计划经济时期，传统详细规划直接"摆房子"的阶段，'控规'还未出现，地方政府主要通过《南京特别市市政府公务局退缩房屋放宽街道暂行办法》（1928）、《南京市建筑管理规则》（1948）、《南京市建筑管理办法实施细则》（1978）等地方法规对土地使用、建筑布局等进行管理和控制；1978~1987年，计划经济向市场经济转型时期，出现了"控规"编制的探索，《南京市城市建设规划管理暂行规定》（1987）等法规虽指导'控规'编制，但还是管控城市开发建设的主要依据，此时的"控规"作用并不明显，主要是以开发控制的抽象指标为核心、一次性对地块功能与开发强度等进行控制；1988~2008年市场经济发展时期，在《城市规划法》（1990）背景下，主要是控制土地出让的相关地方规定，过于偏重开发建设，以单一地块开发控制为主。随着《城市规划法》（1990）、《城市规划编制办法》（1992）、《城市规划编制办法实施细则》（1992）等法规文件的出台，政府和社会认识到市场经济下法制建设的重要性。此阶段地方规定带有"技术"倾向和赋予行政机关很大自由裁量权，强调政府管理社会、体现较强的城乡二元特点的规定，对人文与自然环境的保护强调规定不足，"控规"在整个城市规划与建设管理中地位不明确，与上位总规和下位修规衔接性不足（赵民、乐芸，2009）。对于城市建设与形态等方面控制失效，地方政府及其规划管理部门没有将"控规"作为法律文件执行，其体现的只是部门内部"技术参考文件"的作用，不是规划与建设管理的依据，而政府主要遵循《城市用地分类与规划建设标准》（1990）、《土地管理法》（1999）、《城市居住区规划设计规范》（GB 50180–93）、《江苏省城市规划管理技术规定》（2004）、《南京市城市规划条例实施细则》（1998、

2004）等相关国家与地方法规对对城市规划与开发建设进行管理与控制；四是2009 年以来城市化快速进程中，在新的《城乡规划法》（2008）、《物权法》、《环保法》等背景下指导"控规"编制的改革跨越期。此时的'控规'作为指导城市规划与建设管理的直接依据，具有分解落实总规、引导修规编制的承上启下的关键作用、发挥其刚性控制与弹性引导的作用，针对传统既有"控规"对于城市建设管理的不适应及相关问题，新法赋予了"控规"的法定地位和公共政策属性，重视人文与自然环境保护、城乡统筹发展，提升了控规修编的法定程序（李川，2012；周焱，2012；汪坚强，2009），"控规"具有"控权"特征，出现了单元层次控规和地块层次控规的分层编制、适合地方情况的规划标准与城市设计准则等通则控制的"新控规"编制模式（徐会夫、王大博等，2009）。针对"控规"编制的内容，国家政府主管部门及地方立法机构制订的配套实施性法规和规章是这一时期的主要地方法规，如《江苏省城市控制性详细规划编制导则》（2012）、《江苏省城市规划管理技术规定》（2011）以及《江苏省城市设计导则》（2010）等。

　　因此，对南京城市形态起主要关联影响的是在遵循国家有关规定基础上的，历年地方相关规定管理城市建设、与"控规"等规划控制等共同作用的结果。在南京城市形态相关的用地比例、地块指标和建筑布局等强制性规定中，从单一简单的建设项目用地布局、较大街坊划分尺度等规定，演变到详细复杂的建设用地比例构成、用地分类与兼容、较小规模的地块划分尺度、地块指标上下限值等规定。在指导"控规"编制与实施的同时，以规划控制为手段，是控制和管理南京城市开发建设的主要依据。研究主要分析 1928 年至今，这些相关的国家及地方规定对南京城市街廓形态特征的影响关联性。

3.3　城市街廓形态特征相关的法规条文梳理

3.3.1　梳理标准与梳理方法

　　本书在写作过程中调研了 208 个中国相关城市法规文件，其中主要涉及城市街廓形态要素规定的法规有 119 个（约占 57.2%），并对 119 个法规文件中的 6063 条条文按照对街廓形态要素的规定和规划审批等梳理标准，从相关和不相关条文等方面进行梳理，并分出直接强制、直接引导、间接强制和间接引导四类规定。研究以江苏省南京市为例，根据南京市相关法规资料最早出现的 1928 年，按照南京市相关法规经历的 1928~1977 年、1978~1987 年、1988~2008 年、2009 年至今的四个阶段为时间点，梳理标准以对街廓物质要素组合形成的用地性质、街廓尺度、地块划分数、道路交通、地块权属边界、建筑间距、建筑体量与建筑高度、出入口位置、沿街建筑面宽、建筑高度、建筑高度与街道宽度比等街廓属性特征的相关规定为标准，从国家、省级、地方城市三个层级搜集调研、并梳理了历年主要相关城市规划与建设法规及相关规范等资料，对《中华人民共和国城市规划法》（1990）、《中华人民共和国城乡规划法》（2008）、《中华人民共和国土地管理法》（1990）、《中华人民共和国土地管理法实施细则》（1999）、《城市用地分类与规划建设用地标准》（GBJ 137-90）、《城市规划编制办法实施细则》（2006）、《城市绿线管理办法》（2002）、《江苏省控制性详细规划编制导则》（2012）、《江苏省城市规划管理技术规定》（2011）、《江苏省城市设计编制导则》（2012）、《南京市建筑管理规则》（1935）（1948）、《南京市城市规划条例实施细则》（1995）（1998）（2004）（2007）、《民用建筑设计通则》、《建筑设计防火规范建筑设计防火规范》（GBJ 16-87）、《江苏省商业建筑设计防火规范》（DGJ 32/J67-2008）等 119 个主要法规文件中约 6063 条条文进行了梳理，根据《南京城市规划审批导则》（2005）中对相关规划与建设执行的强制性要点和引导性要点、并根据相关条文规定内容中直接涉及城市街廓要素和审批管理等间接涉及街廓属性要素的条文规定，对 6063 条条文分出直接相关的、间接相关的和不相关的条文，再对相关条文又分为强制性的、引导性的条文，最后使用图示法（Gauthier P.，2006）梳理出四类：直接相关的强制性规定、直接相关的引导性规定、间接相关的强制性规定、间接相关的引导性规定（图 3-2），并统计出各类规定的内容及条文数（见附录一）：第一类直接相关的强制性规定主要包括城市用地规模、用地性质与兼容、用地比例构成、街坊尺度与地块划分规模等用地指标，地块指标，建筑布局及奖罚等规定；第二类直接相关的引导性规定主要包括城市功能布局、街道界面、建筑立面、绿化和广告等城市景观布局的引导性规定，是与城市形态直接相关的主要规定，但缺乏可操作性的量化指标，可实施力度不大；第三类间接相关的强制性规定主要包括城市规划的编制和审批、土地使用权出让转让等规定；第四类间接相关的引导性规定主要包括合理用地、保护耕地农田、与城市环境协调等规定。

3.3.2 相关法规主要条文的规定内容分析

从相关城市规划与建设法规的条文规定内容看出，相关规定与城市街廓属性

与城市街廓物质形态直接相关的城市规划管控法规文件及条款

土地使用规定—用地范围划定及使用、用地使用性质与性质分类与使用性质、绿化规模、街区与地块划分、道路广场绿化规模等规定（共涉及45个文件，245条条文）

	地方（江苏·南京）相关法规规章	国家相关法律法规规章
	14个文件60条	31个文件185条
1928—1978年	4个10条	3个4条
1979—1987年	4个9条	4个8条
1988—2008年	4个10条	21个116条
2009年至今	3个34条	3个58条

建筑位置布局、用地界限零等规定—退线、建筑间距（日照、防火间距）、大线控制、建筑基地机动车出入口等（共涉及32个文件，167条条文）

	地方（江苏·南京）相关法规规章	国家相关法律法规规章
	17个文件94条	15个文件73条
1928—1978年	4个29条	2个6条
1979—1987年	3个7条	1个5条
1988—2008年	4个32条	13个61条
2009年至今	6个26条	3个1条

与城市街廓形态间接相关的城市规划管控法规文件及条款

文物保护、防灾规划编制、防止建设乱占乱用乱行为等规定（共涉及32个文件，71条条文）

	地方（江苏·南京）相关法规规章	国家相关法律法规规章
	14个文件20条	18个文件51条
1928—1978年		3个7条
1979—1987年	1个1条	1个6条
1988—2008年	10个10条	10个19条
2009年至今	3个9条	4个19条

其他用地相关—审批发放等规定—建设用地批准文件、必须申领建设用地许可证和建设工程许可证随建设项目，以规定相应图件、建设工程设计方案批准、按规定建设等规定（共涉及49个文件，375条条文）

	地方（江苏·南京）相关法规规章	国家相关法律法规规章
	16个文件71条	33个文件304条
1928—1978年	2个17条	3个17条
1979—1987年	2个23条	3个9条
1988—2008年	8个43条	26个187条
2009年至今	3个28条	3个11条

与城市物质形态相关的指导性法规文件及条款

土地使用规定、城市功能分区、城市发展布局、道路广场绿化布局、建筑化布局、各类规划及规划成果（图则）的规划设计依据等规定（共涉及49个文件，250条条文）

	地方（江苏·南京）相关法规规章	国家相关法律法规规章
	16个文件66条	33个文件184条
1928—1978年	1个1条	2个2条
1979—1987年	1个1条	4个12条
1988—2008年	8个26条	23个150条
2009年至今	3个38条	4个20条

各类建设等规定—广告、霓虹、灯箱、其他识别物等规定（共涉及23个文件，96条条文）

	地方（江苏·南京）相关法规规章	国家相关法律法规规章
	12个文件63条	11个文件33条
1928—1978年		1个1条
1979—1987年	1个2条	2个6条
1988—2008年	8个29条	8个26条
2009年至今	3个32条	

城市空间景观、或城市设计规定—城市风貌、街道界面、建筑立面、建筑风格等规定（共涉及33个文件，181条条文）

	地方（江苏·南京）相关法规规章	国家相关法律法规规章
	18个文件93条	15个文件88条
1928—1978年	2个1条	2个6条
1979—1987年		2个2条
1988—2008年	11个35条	10个81条
2009年至今	5个57条	2个2条

新区开发与旧区改造、空域保护与地下空间利用、危险房翻建等规定（共涉及26个文件，66条条文）

	地方（江苏·南京）相关法规规章	国家相关法律法规规章
	13个文件35条	13个文件31条
1928—1978年	1个2条	1个2条
1979—1987年	2个11条	2个6条
1988—2008年	4个10条	7个21条
2009年至今	6个12条	2个2条

保护生态环境、天优可持续规划、符合防灾需要、整治城市景、与环境协调、保护用地和基本农田等规定（共涉及26个文件，70条条文）

	地方（江苏·南京）相关法规规章	国家相关法律法规规章
	9个文件31条	17个文件39条
1928—1978年		3个5条
1979—1987年	1个1条	1个1条
1988—2008年	5个24条	12个31条
2009年至今	3个6条	2个2条

其他规定—设计评审、专家论证、征求公众意见、管理工部分的分配、城市各级规划的划动态、管理监督检查等（共涉及72个文件，732条条文）

	地方（江苏·南京）相关法规规章	国家相关法律法规规章
	24个文件301条	48个文件431条
1928—1978年	2个26条	4个32条
1979—1987年	15个16条	15个347条
1988—2008年	3个47条	40个114条
2009年至今	1个114条	2个52条

图3-2 mapping图示：与城市街廓物质形态相关的四类中国城市法规规定内容及条文数

特征之间有着密切的关联性，相关规定在控制解决城市功能、安全等问题的同时，也会从二维平面布局到三维空间作用到街廊本身的功能、用地性质构成、街廊尺度、地块划分数、地块权属边界与地块形状、建筑间距、出入口位置、建筑退让位置、建筑高度与街道宽度等属性特征的变化，进而关联影响到城市街廊平面、街廊内地块建筑群体组合、街廊界面等形态特征的生成与发展。

因此，本书主要从梳理出的四类条文规定方面，通过图解设计演绎，分别阐析各类相关条文的规定内容。

（1）与城市街廊形态特征直接相关的强制性规定，主要有四个方面：

a. 用地指标等方面的强制性规定：通过用地范围划定、用地规模、用地性质与兼容标准、土地单元、用地比例构成、街坊尺度与地块划分规模、农用地及耕地保护、农用地及耕地转为非建设用地、闲置地等的强制性规定，来对城市建设土地使用进行管控，这些与城市街廊平面用地功能等属性相关，关联到城市街廊平面形态特征的变化。比如《城市用地分类与规划建设用地标准》2011 版中第 3.3、4.2~4.4 条及 1990 版中第 2.0.1、2.0.5、4.3.1 条、《城市居住区规划设计规范》（GB 50180-93）第 3.0.2 条对城市建设用地分类、规划人均城市建设用地及人均单项用地面积标准、用地比例、居住区用地构成比例等进行了详细规定（图 3-3）。《江苏省控制性详细规划编制导则》2006 版第 5、6 条，2012 版第 2.1~2.4、3.1~3.3、4.1、6.2~6.4 条、《江苏省城市规划管理技术规定》（2011）第 2.1、2.2、3.6 条在遵守国家用地分类标准的基础上，对用地分类与兼容进一步进行规定，同时对城市用地基本单元、地块划分与规模、建筑基地出入口等进行了较为详细的规定（图 3-4）。根据这些法规条文的规定内容，可初步看出这些规定在管控用地规模及地块划分的同时，与街廊平面形态特征关联密切。

b. 土地开发强度控制的地块指标规定：美国采用区划法并结合其他法律等立法指导下对城市土地开发进行控制，地方政府将所管辖的土地细分为不同的地块，详细确定每个地块的用地性质和有条件允许混合使用的用途，同时引入城市设计思想，确定土地开发中物质形态方面的建筑及环境容量控制指标，如容积率、旷地率、建筑密度、建筑高度和退缩等，并通过一系列规定对其他形态要素进行控制（Daniel G. & Parolek K. etc., 2012）。香港以城市规划和城市立法相结合的原则对土地开发进行控制，采用法定图则和非法定图则的地区图则，主要对容积率、覆盖率、建筑高度和开放空间等进行控制（同济大学等，2011）。

中国主要通过建筑基地的最小面积、容积率、建筑密度、绿化率等强制性规

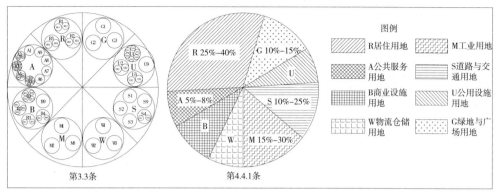

（1）《城市用地分类与规划建设用地标准》（2011）第3.3、4.4.1条规定：
第3.3条—城市规划建设用地分类：8大类，35中类，42小类；
第4.4.1条—规划建设用地结构：各类用地所占城市总建设用地比例。
在执行《城市用地分类与规划建设标准》的基础上，根据地方实际情况，进一步分至最小类。《江苏省控制性详细规划编制导则》（2012）第4.1条，《江苏省城市规划技术规定》（2011）第2.1条，用地分类规定。

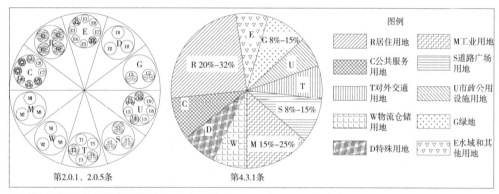

（2）《城市用地分类与规划建设用地标准》（1990）第2.0.1、2.0.5、4.3.1条规定：
第2.0.1、2.0.5条—城市建设用地分类：0大类，46中类，73小类；
第4.3.1条—规划建设用地结构：各类用地所占城市总建设用地比例。
在执行《城市用地分类与规划建设标准》的基础上，根据地方实际情况，进一步分至最小类。《江苏省控制性详细规划编制导则》（2006）第4.1条，《江苏省城市规划技术规定》（2004）第2.1条，用地分类规定。

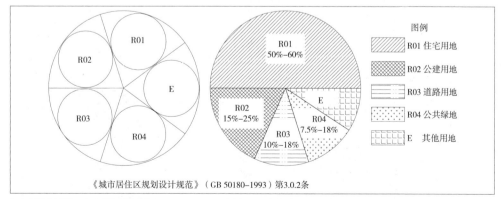

（3）《城市居住区规划设计规范》（GB 50180–1993）第3.0.2条规定—居住区用地构成和各项用地所占比例。居住区用地包括：住宅用地、公建用地、道路用地、公共绿地、其他用地。

图3-3　图解城市用地分类与比例构成相关条文

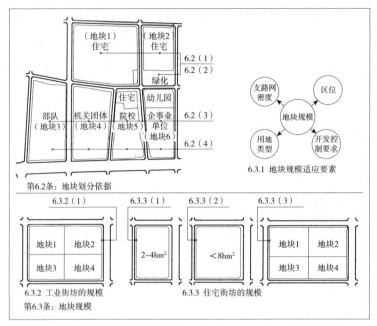

（1）《江苏省控制性详细规划编制导则》（2012），第6.2、6.3条—地块划分规定：

6.2（1）用地性质宜明确单一功能，适应混合用地开发需求。

6.2（2）地块内可包含相互兼容的用地性质。

6.2（3）规划保留和新建的，相对完整的，宜单独化块。

6.2（4）地块划分与土地使用权属边界和基层行政管辖界线相协调。

6.3.2（1）工业街坊＜12hm²，可细分为多个地块。

6.3.3（1）旧区、公交优先区，宜2-4公顷。

6.3.3（2）其他地区住宅街坊，一般不超过8公顷。

6.3.3（3）一般以完整住宅街坊为规划地块，也可细分多个地块。

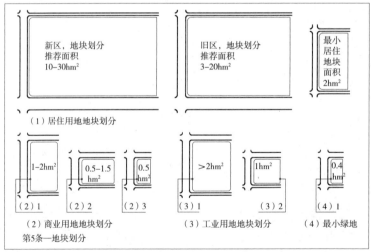

（2）《江苏省控制性详细规划编制导则》（2006），第5条—地块划分规定：

（2）1 新区，地块推荐面积1-2hm²。

（2）2 旧区，地块推荐面积0.5-1.5hm²。

（2）3 最小商业地块面积0.5hm²。

（3）1 新区：地块＞2hm²，旧城区原则上不增加工业用地。

（3）2 最小工业地块面积1hm²。

（4）1 最小绿地地块面积0.4hm²。

图3-4　图解地块划分条文

定，对土地开发强度进行控制，这些与地块用地性质、建筑间距等属性相关，关联到地块建筑群体的组合形态特征。比如，《江苏省控制性详细规划编制导则》（2011）第7.3、7.4条、《江苏省城市规划管理技术规定》（2011）第2.3、2.4、3.4、3.5条以及《南京市控制性详细规划编制技术规定》（NJGBBB 01–2005）第2.3、3.3条，对容积率和建筑密度等指标的控制方式、上下限指标、计算方式等进行了规定（图3–5）。在这些规定中，对土地开发有些类似于美国的土地开发控制，但在地块细分及指标控制方面还不是非常成熟，中国还缺乏对每个地块使用性质、地块几何形状与建筑关系、地块细分等相关量化指标规定。根据这些地块指标规定，

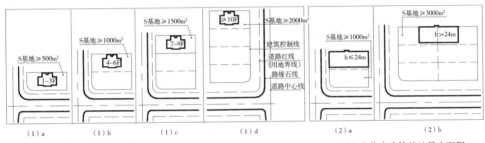

（1）住宅建筑基地最小面积　　　　　　（2）非住宅建筑基地最小面积

（1）a 低层住宅；（1）b 多层住宅；（1）c 小高层住宅；（1）d 高层住宅。（2）a 低多层非住宅；（2）b 高层非住宅。
注：S 基地：指用于某一项目建设或某一基地范围的地块面积。依据《江苏省城市规划管理技术规定》附录七。
第 2.3.1 条：城市各类建筑基地最小面积下限规定

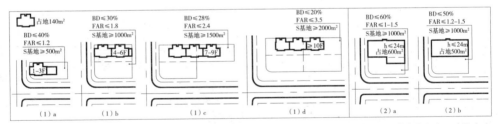

（1）住宅建筑基地最小面积下限、容积率（FAR）和　　　　（2）工业建筑容积率、建筑密度
　　　建筑密度（BD）上限指标规定　　　　　　　　　　　　　　　　上限规定
（1）a 低层住宅；（1）b 多层住宅；（1）c 小高层住宅；（1）d 高层住宅。　　（2）a 低层工业；（2）b 多层工业

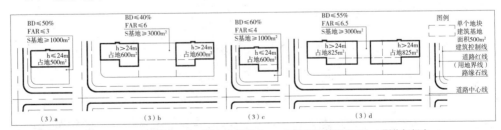

（3）公共建筑基地最小面积下限、容积率（FAR）和建筑密度（BD）上限指标规定
（3）a 低层办公；（3）b 多层办公；（3）c 多层商业；（3）d 高层商业。

《江苏省城市规划技术规定》（2011）2.3.3、2.3.4、2.3.5条：一城市各类建筑基地的容积率、建筑密度指标规定
以南京市旧区建筑项目基地为例，南京位于Ⅲ类气候区，以单块建筑基地计算

图3–5（1）《江苏省城市规划技术规定》（2011）第2.3条：城市各类建筑基地容积率和
建筑密度上限规定

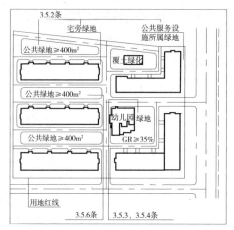

3.5.2 条：居住区内绿地 = 公共绿地 + 宅旁绿地 + 配套公建绿地 + 道路绿地。
居住区绿地率（GR）≥ 30%；旧区改建的绿地率≥ 25%。
3.5.3、3.5.4 条：幼儿园 \ 托儿所 \ 中小学 \ 医院 \ 疗养院 \ 老年居住等建设用地的
绿地率≥ 35%，旧区改建的绿地率≥ 30%。
3.5.6 条：居住小区内每块公共绿地面积≥ 400m²。

图 3-5（2）《江苏省城市规划技术规定》（2011）第 3.5 条：城市各类建筑基地绿化率规定

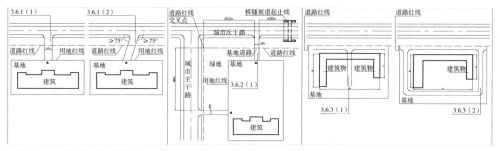

3.6.1 条：基地出入口与城市道路相交布置 3.6.2 条：基地出入口与道路交叉口距离 3.6.3 条：穿过沿街建筑物的消防车道

3.6.1（1）基地道路出入口通道与城市道路尽量正交布置。
3.6.1（2）基地道路出入口通道与城市道路斜交时≥ 75°。
3.6.2（1）基地位于两条以上道路交叉口，出入口宜设置在级别较低的道路上。
3.6.3（1）a > 150m 或 a+b+c ≥ 220m 时，应设置穿过建筑物的消防车道。
3.6.3（2）当设置穿过建筑物的消防车道确有困难时，应设置环形消防车道。

图 3-5（3）《江苏省城市规划技术规定》（2011）第 3.6 条：建筑基地出入口规定

图 3-5　图解《江苏省城市规划技术规定》（2011）第 2.3、3.5、3.6 条地块指标规定

可初步看出，地块指标在直接控制土地开发强度规模的同时，与地块建筑群体布局形态之间具有很大的关联性。

c. 建筑布局与退让指标等强制性规定：通过对建筑日照间距、建筑退让用地界线距离、建筑退让道路距离、建筑高度与街道宽度及退让的关系、六线控制等规定，以及建筑防火间距和建筑消防车道等规范的相关强制性规定，来达到对建筑位置布局进行管控的目的，这些与街廓界地块用地性质、建筑间距、基地出入口、建筑高度与街道宽度等属性相关，关联到了地块建筑群体组合形态特征。

比如对居住建筑日照间距的规定，除了《城市居住区规划设计规范》（GB 50180-93）外，在省级和地方城市法规中，对住宅建筑日照间距系数、住宅建筑山墙间最小间距、住宅建筑与非住宅建筑南北侧布置最小间距、各类非住宅建筑最小间距等有详细规定。另外，还有对低层住宅、多层住宅、小高层住宅与相邻住宅间距的规定。如《南京市城市规划条例实施细则》（2007）第42、43、44条（图3-6和图3-7）和《江苏省城市规划管理技术规定》第3.2条等，对建筑间距与建筑退让道路红线距离、建筑退让用地界线等有较为详细的规定。

根据我们对历年南京市相关城市法规资料的梳理统计，最早从1928年就已经对建筑退让道路距离具有较为详细的规定，从1928年至今，大致经历了三个主要阶段，1928~1977年，不退让，沿道路基线建设；1978~1987年，统一沿道路红线

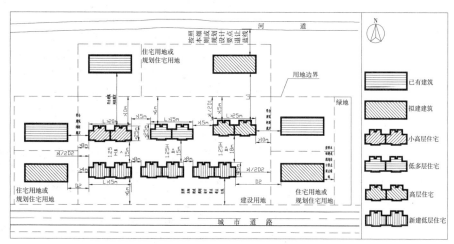

图3-6（1）　新建低层住宅建筑间距和退让用地界线规定

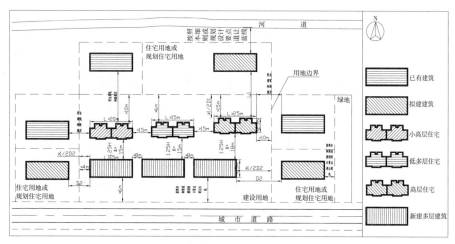

图3-6（2）　新建多层建筑间距和退让用地界线规定

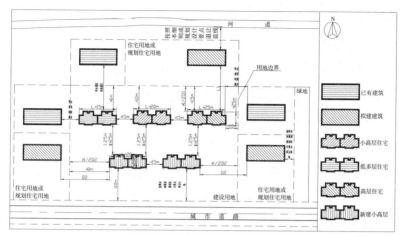

图 3-6（3）　新建小高层住宅间距和退让用地界线规定

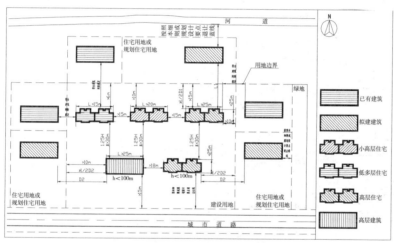

图 3-6（4）　新建高层建筑（h < 100m）间距和退让用地界线规定

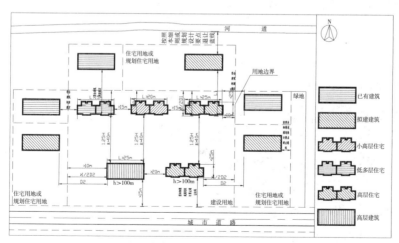

图 3-6（5）　新建高层建筑（h > 100m）间距和退让用地界线规定

图 3-6　图解《南京市城市规划条例实施细则》（2007）第 42-44 条：
建筑间距、退让道路红线和用地边界规定

退让；1995 年至今，不同高度的建筑不同退让。因此，我们设定在同一条街宽为40 米的道路上、两侧布置相同长和宽的建筑的情况下，对南京市历年相关建筑退让道路距离的条文规定进行了图解设计演绎（图 3-8），图解显示城市道路两侧不

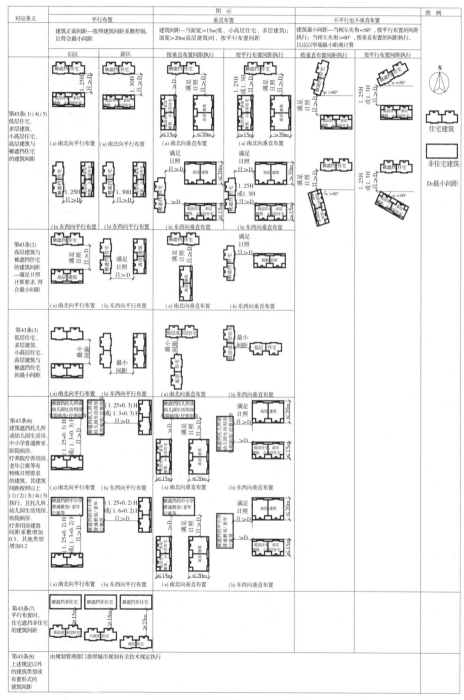

图 3-7（1）　图解建筑最小间距规定

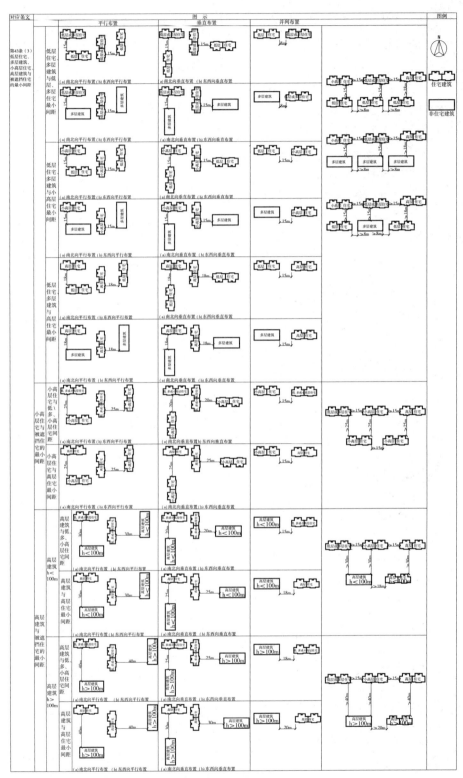

图 3-7（2） 图解住宅建筑最小间距规定

图 3-7　图解《南京市城市规划条例实施细则》（2007）第 43 条：建筑最小间距规定

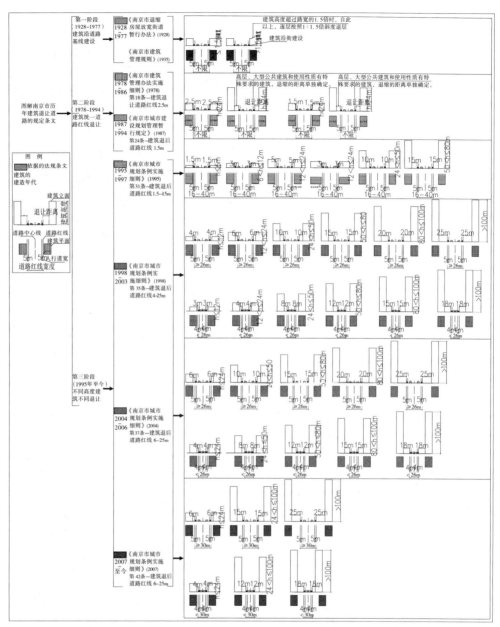

图3-8 图解南京市历年建筑退让道路规定条文

同年代建造的建筑因其不同高度，退让城市道路距离不一致，不同高度的建筑站在同一条街道上显得街道界面参差不齐，可初步看出，建筑退让道路距离等规定，在控制沿街建筑位置的同时，也直接的与城市街廓界面及建筑群体布局形态相关。

d. 违法建设奖罚方面的强制性规定：主要是对违反相关土地使用、地块与建筑布局而建设房屋及设施、破坏或损毁建筑物及广告设施、占用各类土地非法建设等行为，进行奖励或惩罚的规定。如《中华人民共和国城乡规划法》（2008）第64-66、68条、《江苏省城乡规划条例》第59-60条、《南京市城乡规划条例》（2012）第59-60条以及《南京市城市规划条例实施细则》（2007）第79-80条中规定，"对未取得建设工程规划许可证进行建设，未按照建设工程规划许可证确定的内容进行建设，或者利用失效的建设工程规划许可证进行建设的，责令停止建设。其中对于无法采取改正措施消除影响的情形，如违反城市总体规划及分区规划确定的用地性质使用土地的、占用规划道路路幅范围的、违反建筑间距和建筑退让城市道路红线及用地边界规定的、擅自改变城市主要道路和广场两侧重要公共建筑立面的及其他严重影响城市规划实施的建设工程，由规划管理部门按照有关法律法规责令停止建设，限期拆除，不能拆除的，没收违法建筑物、构筑物或者其他设施等实物，或没收违法收入并处以建设工程造价5%（百分之五）以上10%（百分之十）以下的罚款等。"

通过对街廊形态特征直接的相关条文规定内容分析，可看出这些主要关于解决城市功能方面的强制性规定对城市土地使用及开发强度、建筑位置等具有直接管控的作用，而同时也与城市街廊平面形态特征、地块建筑群体形态特征及街廊界面形态特征之间具有密切的关联性。

（2）与城市街廊形态特征直接相关的引导性规定，主要有以下四方面：

a. 土地使用方面的引导性规定，主要是对城市功能分区、城市发展布局与城市性质等规定，引导城市土地使用方面的管控。如《中华人民共和国城乡规划法》（2008）第29条、《江苏省城乡规划条例》第6、25条，规定了在城镇建设和发展中，应优先安排供水、排水、供电、供气、道路、通信、广播电视等基础设施以及学校、卫生院、文化站、幼儿园、福利院等公共服务设施建设；制定和实施城乡规划，应遵循城乡统筹、合理布局、节约土地，协调城乡空间布局，改善人居环境和生态环境等。

b. 城市空间景观、城市设计方面的引导性规定，主要是对城市风貌、街道界面、建筑立面、建筑风格等规定，指导城市风貌、街道空间景观的管控。如《南京市城市规划实施细则》（2007）第56、59条规定，"须严格控制城市主要道路两侧的住宅建设，确需建设的，应当处理好沿街建筑立面，必须与周围环境相协调，不得影响城市景观；严格控制为满足建筑间距退让要求在多层建筑或者小高层住宅北侧屋面设置单向退层"。《江苏省控制性详细规划编制导则》第8章、《江苏省城市规划管理技术规定》（2012）第5.1-5.3节，对界面控制、开放空间组织、建筑控制、城市景观规划、城市道路两侧建筑景观等提出引导性规定。

c. 广告、围墙、灯柱、其他标识物等方面的引导性规定。如《南京市城市规划实施细则》（2007）第58条，对户外广告和招牌标志设施的位置、比例、外形、风格、尺度等方面提出了指导性规定。

d. 新区开发与旧区改建、空域保护与地下空间利用等其他规定，如《中华人民共和国城乡规划法》（2008）第30、31条，提出"城市新区的开发和建设，应当合理确定建设规模和时序，充分利用现有市政基础设施和公共服务设施。""旧城区的改建，应当保护历史文化遗产和传统风貌，合理确定拆迁和建设规模"等引导性规定。

以上四方面引导性规定，在引导城市土地使用布局、城市风貌与街道景观、广告围墙等方面管控的同时，也会关联到城市街廓布局形态、地块及建筑群体空间布局、街道界面形态特征等，它们虽为最重要的城市建筑空间形态要求，但缺乏可量化的指标。

（3）与城市街廓形态特征间接相关的强制性规定：

a. 建筑防火、防震等行业规范相关条文规定：通过对单体建筑防火分区、安全疏散出口、防火避难通道、建筑抗震结构形式等的强制性规定，来解决建筑健康与安全问题，但也会间接地与城市建筑群体平面形态特征相关。如《建筑设计防火规范》第5.3.1条，对不同耐火等级建筑的允许建筑高度或层数、防火分区最大允许建筑面积进行了规定，从规定中看出，当建筑层数越多时，防火分区越多，建筑面积越大，这样建筑体量也越大，进而影响了单体建筑所在的建筑场地及建筑群体布局形态。

b. 土地使用权出让转让合同的规划设计条件规定：主要是对建设项目用地红线范围、用地性质、土地开发量等的管控，却间接地与地块建筑组合形态特征相关。如《城市国有土地使用权出让转让规划管理办法》第5-7条规定，"城市国有土地使用权出让、转让合同必须附具城市规划行政主管部门提出的规划设计条件及附图，并且出让方和受让方不得擅自变更；规划设计条件应当包括：地块面积，土地使用性质，容积率，建筑密度，建筑高度，停车泊位，主要出入口，绿地比例，须配置公共设施、工程设施，建筑界线，开发期限以及其他要求"，据此规定，须严格按照规划设计条件地块出让转让并开发，达到管控土地使用的目的。

c. 城市规划编制和审批方面的强制性规定，主要通过对审批核发奖罚、建设项目必须申领建设用地许可证和建设工程许可证、提交相应图件、建设工程设计方案报批、禁止乱涂乱砍乱挖行为等规定，来进行城市规划制定与实施操作等的管控。如审批过程中的有些规定，为了刺激土地集约化，可中和开发商的行为，通过允许他们在较大场地上有较高的密度，来推动特定区域的发展，同时影响到项目的成本及其他方面，最终影响到建筑形态。

以上间接的强制性规定，在解决建筑功能问题、进行城市规划制定与实施操作的同时，也会与城市街廊形态特征相关。

（4）与城市街廊形态特征间接相关的引导性规定：

主要是关于土地使用权出让转让程序规则、设计评审与专家论证、征求公众意见、整治市容和与城市环境协调、合理使用土地、保护耕地和基本农田、保护生态环境、关注可持续发展等方面的引导性规定。如《南京市市容管理条例》（1998）第21条规定'机场、车站、港口、码头、影剧院、歌舞厅、体育场馆、公园景点、贸易市场等公共场所，应当保持容貌整洁'。这些间接影响的规定，虽然缺乏相关量化指标，但是也或多或少的与城市街廊物质形态特征相关。

（5）各类城市法规中在城市街廊形态方面规定的欠缺：

通过对相关法规条文的梳理，可以看出还有许多法规条文规定中缺乏城市建筑形态方面的规定，使得建筑单体各行其是、城市建筑群体空间组织散乱的状态处于无法可依，缺乏审批评审、秩序管理等问题。比如：

a.缺乏对建筑物退让道路红线区域管理的规定。如南京老城中山路上退让不一的建筑，所留下的退让道路红线后形成的区域成为问题，其目前没有相关法规管理，现状较乱，即使在对外开放的红线区内，由于人行道和退让区的权属不同，开发过程不同，相同的街道空间也经常被铺地或者其他手段分割成不连续的空间。

b.规划设计方案审批与评审等评选程序中缺乏相关法规条文的规定，也是导致建设项目无法落实的主要原因。首先，在规划管理审批过程中，大部分专家评审、项目审批中过度关注建筑退让、建筑交通和形体等方面，很少将城市界面、建筑群体关系等城市空间组织列为重点考察内容，对控制要求、配套要求等强制性规定给予较高关注，而对引导性要求关注不够，可操作性不强。在《南京市规划局规划管理审批工作导则》（2005）中，内容涵盖了从项目选址到项目审批的全部环节，其中最主要的是规划审批和专家评审，是对设计方案进行评估、对规划设计要点内容的回应。导则中对规划设计要点分为三部分：控制性要求、配套要求、引导性要求，如表1。根据《南京城市空间形态及其塑造控制研究》（2007）中对南京市规划局93份方案审查和53份专家评审方面的案卷调查统计结果看出，专家评审中对交通和形体问题关注最多，而对城市界面、群体关系等问题关注最少；项目审批中关注问题最多的是建筑退让、交通和建筑形体等，同样在城市界面、群体关系等方面的关注较少。无论是专家还是规划管理人员，对控制要求和配套要求等给予了很高的关注，但对引导性要求涉及较少。正如导则中第6.7条规定：建筑设计方案审查应以"要点"为主要依据，重点审核控制性内容，对引导性内容不应做硬性要求。而引导性要求恰恰是对城市建筑群体空间形态最相关的规定，但却缺乏可量化的指标，就无法将处理好城市群体空间形态落到实处。其次，没有关于上报图纸的规定，方案审查中，绝大多数方案只有项目必须的单体图纸，很少提交建筑群体空间形态等图纸，缺乏对方案的城市群体空间的把握，削弱了规划审批和专家评审的严肃性。

《南京市规划局规划管理审批工作导则》（2005）中的建设工程规划设要点规定　表1

控制性要求	引导性要求	配套要求 （包括公共配套和市政配套要求）
（1）建设用地规划用地性质； （2）建筑类别和用地性质兼容性； （3）建筑覆盖率； （4）建筑容积率； （5）绿地率； （6）建筑高度； （7）建筑间距； （8）建筑退让； （9）机动车出入口开设位置规定； （10）特别控制要求（如非文物保护单位的重要历史文化资源、名人故居、近现代优秀建筑、古井、视线走廊、机场净空控制要求等）	（1）总平面布局（含交通组织）； （2）城市空间组织（建筑群体空间、景观控制、开敞空间组织等）； （3）环境改善； （4）沿街界面关系； （5）建筑风格、材料、色彩； （6）地下空间利用； （7）公共空间安全、舒适、无障碍设计等； （8）广告与建筑标识物； （9）管线布置； （10）雨污排水方向； （11）污水处理体系和近远期衔接； （12）燃气调压箱、箱式变等设施布置	公共配套要求： （1）社会公益设施。教育、文化、体育、医疗卫生、环卫设施、社区服务等； （2）城市基础设施。排水泵站、变电站、公交首末站、消防站等； （3）附属配套设施。停车设施、配电、设备用房等。 市政配套要求： （1）管线综合设计包含内容及相关附属设施； （2）排水体制及对污、废水的预（处理）方法； （3）河道、水面等水系处理办法等； （4）市政供应的场地接口、管线衔接、管线间距； （5）地上杆线、地下管线处理方式

　　c.各层级法规条文之间的衔接没有相关规定。法规文件除了应具备准确性与可操作性外，也应注重各级管理之间的衔接。以南京城市规划建设管理法规框架为例，控制性详细规划、修建性详细规划和建筑单体设计之间的控制衔接不够紧密。比如南京市新街口某建筑项目，在《南京老城控制性详细规划》、《新街口核心区环境改造规划》和此建筑单体项目设计建设之间缺乏衔接，在《南京老城控制性详细规划》中：对此建筑项目地块的要求是：高层建筑须满足限高要求，其建筑体量及建筑形象需重点处理，与城市空间及景观相互协调，保留老建筑，而对地块没有明确开发量。在《新街口核心区环境改造规划分析》中：对此建筑项目改造地块的要求是：统一开发电厂、小学、戏院、市场等零碎用地

地块，形成中高档的商务配套区；对街区内景观较差的保留建筑进行出新，玄武区地块的建筑容量宜控制在 3.5 以下，此规划要求跟控制性详细规划中保留老建筑的规定相左。而在此建筑单体项目设计方案的修改过程中，从 1992 年的容积率为 8、2002 年的容积率为 4 和建筑密度为 40%，到 2003 年考虑新街口地区整体环境出发的容积率为 6、建筑密度为 35%，最后到 2005 年的容积率提高到不超过 6.5，看出此方案的最终确定是多年经济利益与城市环境不断协调的结果，与前面《新街口核心区环境改造规划》中提到的开发办法和改造模式完全不同。因此，城市各层级规划、城市设计和指导实际项目建设尚有较大距离，设计人员编制规划时缺少对地块及地块相关问题深入研究，存在各种规划无法与单体建筑衔接，使建筑师在进行单体设计时，没有较高参考价值的规划作指导，每个单体只能立足于自己的空间形态及开发利益考虑，最终出现城市建筑群体空间散乱的状态。

3.3.3 梳理统计结果

通过对城市街廓形态规定相关的法规条文梳理得出：首先，主要涉及形态规定的 119 个法规文件共有 6063 条文，这些条文中与街廓形态要素相关的规定条文有 2724 条（占 44.9%），其中直接相关的条文有 1040 条（占 17.2%），间接相关的条文有 1684 条（占 27.7%）；与形态几乎不相关的有 3339 条（约占 55.1%）。其次，通过对街廓形态相关的 2724 条分四类进行梳理统计，其结果见图 3-9。这些梳理的相关法规条文中不包括城市设计导则规定条文，因为还未付诸法定地位。

通过形态相关规定条文梳理和总结还得出：中国相关城市法规中具有可操作性的、对街廓形态起到控制和关联影响作用的规定条文是非常少的，仅占 18.1%，

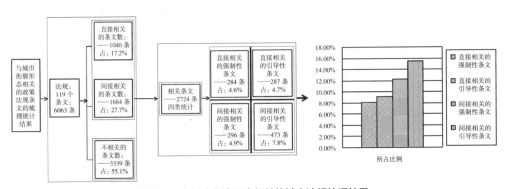

图3-9　与城市街廓形态相关的城市法规梳理结果

只有对街廓用地使用比例、地块划分、建筑高度和建筑采光防水间距、沿街建筑高度和街道宽度等街廓形态属性要素的规定，而对地块形状、地块权属边界、开放公共空间尺度、建筑类型标准、建筑控制线和界面秩序、沿街建筑高度与街宽比等形态属性要素并没有规定。目前对城市街廓形态特征最具有直接控制和影响作用主要是第一和第三类直接和间接相关的强制性规定条文中的指标规定，包括：1）用地指标：用地单元标准、用地比例构成、街坊尺度与地块划分规模等；2）地块指标：容积率、建筑密度、建筑高度、绿化率等；3）建筑布局指标：建筑日照和防火间距、建筑退让用地界线、基地出入口距离等；4）界面控制指标：建筑退让道路距离、建筑控制线、建筑高度与街道宽度、高度分区等。这些规定条文较少，主要包括在国家相关规范、省级及地方城市的规划管理技术规定、实施细则以及相关规范中；而与城市街廓形态要素最直接相关的引导性条文却缺乏量化指标规定，反而可操控性较弱。其中国家层面的相关法规条文基本都是指导性的，对于硬性的控制指标规定，都是被注明应当参照相应的地方规定执行。南京市相关地方规定主要包括城市规划管理条例与实施细则、技术规定、规范等，主要是依据国家相关法规及地方实际而编制的、是指导地方"控规"编制和城市开发建设的直接依据。

3.4　本章小结

本书在写作中调研的208个有关我国城市规划与建设的法律条例、规章技术规定与规范标准等法规文件中，主要涉及街廓形态要素规定的法规文件有119个，约占57.2%；以江苏省南京市为例，从国家、省级和市三层级对119个文件中的6063条文进行了梳理得出，与形态相关的条文有2724条，并按照对形态要素规定和规划审批等标准分出四类，其中直接强制性条文约占18.1%、直接引导性条文约占20.1%、间接强制性条文约占27.2%、间接引导性条文约占34.6%。第一类直接相关的强制性规定主要包括城市用地规模、用地性质与兼容、用地比例构成、街区尺度与地块划分等用地指标、地块指标、建筑布局及奖罚等规定；第二类直接相关的引导性规定主要包括城市功能布局、街道界面、建筑立面、绿化和广告等城市景观布局的引导性规定，是与城市形态直接相关的主要规定，但缺乏可操作性的量化指标，可实施力度不大；第三类间接相关的强制性规定主要包括城市规划的编制和审批、土地使用权出让转让等规定；第四类间接相关的引导性规定主要包括合理用地、保护耕地农田、与城市环境协调等规定。

通过对与形态相关的 2724 条条文梳理和总结还得出：我国相关城市法规中具有可操作性的、对街廓形态起到直接控制和关联影响作用的规定条文很少，仅占 18.1%，主要是第一和第三类直接和间接相关的强制性指标规定。通过对用地使用比例、地块开发量和建筑位置等的控制，与城市街廓形态关系密切，而对地块形状与权属边界、建筑类型标准、建筑控制线和界面秩序等形态属性要素都还没有规定。而与形态直接相关的城市发展布局与功能分区、城市风貌、建筑风格、广告、围墙等引导性条文，约占 20.1%，是最为重要的街廓空间形态要求。间接管控的其他防火防震、土地使用权出让转让合同规划设计条件、城市规划编制和审批中各类证件及图件要求等强制性条文，约占 27.2%，主要解决城市安全、城市规划操作实施方面的控制规定，与地块及建筑群体组织形态、街廓界面形态关系密切；间接相关的设计评审与专家论证、整治市容和与城市环境协调等引导性条文，约占 34.6%，虽然缺乏量化规定，但也或多或少的影响到了城市街廓物质形态。目前探索试行的城市设计导则虽然有利于城市街廓形态的空间品质塑造与管控，但是由于还未付诸法定地位，很多情况下无法操作落实，因此本书梳理的形态相关规定中不包括城市设计导则的规定条文。

另外，通过相关条文规定的梳理得出，还有很多法规条文中缺乏对城市建筑形态方面的规定，如缺乏建筑物退让道路红线后的区域管理的规定、规划设计方案审批评审等评选程序中缺乏相关法规条文的规定，以及各层级法规条文之间的衔接没有相关规定等，使得建筑单体各行其是、城市建筑群体空间组织散乱的状态处于无法可依，缺乏审批评审、秩序管理等问题。

第4章　南京城市街廓形态特征研究案例

南京都城历史悠久，城市街廓在用地功能、尺度大小、地块划分数、地块权属边界与形状、建筑间距、沿街建筑高度与街道宽度的高宽比、周边道路环境等属性特征方面的变化非常多样，对应到城市街廓平面用地布局类型、地块建筑群体组合秩序与密集程度、街廓界面连续性等形态特征方面复杂而多样。尤其南京老城区街廓形态从历史发展至今，主要受到经济发展动力和政策法规控制、传统文化与地域观念、历史、地理环境、城市职能与规模结构、交通可达性、土地市场机制等因素的影响。在经济动力和文化、地理、历史等因素隐性影响之外，政策法规在其城市街廓形态特征的形成与发展中具有很大操作控制作用和关联影响效果。因此，本书选取南京市作为案例城市，聚焦相关法规，主要在南京老城区范围内选取街廓案例样本，从街廓平面、地块建筑群体组合、街廓建筑界面三个尺度层级方面（图4-1）。通过对大量的街廓样本属性调研观察与分析总结，以及根据梳理的涉及街廓属性的主要指标规定，在历史情境中还原相关指标控制对南京城市街廓建成形态特征生成与发展的关联作用，并根据各属性特征进行样本分类，为街廓形态特征与法规作用的关联性实证分析打好基础。

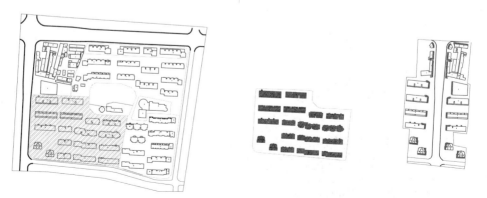

（1）城市街廓平面尺度的切片　　　（2）地块建筑群体尺度的切片　　（3）街廓建筑界面尺度的切片

图4-1　研究中城市街廓物质形态研究的三个尺度层级的切片选取示意

4.1 基于法规控制的南京城市形态的历史发展——南京为案例的论证

相关政策法规控制在南京城市建成形态的生成与发展中，具有很深的关联影响性，由于我国从古至今实行政府统一集中管理的体制，使得政策法规与规划控制这一影响因素尤其重要。南京城市建设长期以来主要在官方和"政策性"控制之下发展，政策法规因素对南京城市形态的重大影响主要从两条渠道产生作用：一是在政治体制指导下制订的城市建设方针政策，并且通过相关规定和城市规划控制对城市形态产生直接影响，二是在政治思想支配下的意识形态、文化观念和生活方式对城市形态产生间接影响。面对南京城市街廓内建筑层数由低层演变为中高层、建筑容积率由低到高、用地功能性质从居住变为商业、街廓尺度过大发展到尺度适当、地块划分尺度从规模粗放到划分较细、建筑群体组合形态逐步发展到复杂多元的状态、大小尺度和用地功能布局等形态特征和城市空间环境的变化，政策法规控制和规划管理的影响作用更为重要，通过城市规划编制与实施、控制城市用地划分、地块开发强度与建筑位置布局等环节，来解决城市功能问题的同时，作用导致街廓属性的变化，关联影响了城市街廓物质形态特征，进而关联影响了南京城市的精神外貌、社区感和认知等非物质形态方面。

工业化之前，传统南京城市平面形态是在农耕经济和社会发展的基础上，历代君王在建城的原则和思想方面都遵循了传统的"礼制"、"井田制"、"天圆地方"和"天人感应"等思想和制度，使得传统南京城市形态在街廓形状、大小尺度、用地功能与周边交通等平面属性和建筑群体空间组合类型等形态特征较为简单和单一、分工明确。首先，城市平面轮廓线依托自然山水形成封闭的城墙和不规则的城市布局形态，老城区街廓平面形成"前街后坊"、居住与手工业和商业合一的简单组合形态特征；城市空间天际轮廓线由于建筑技术单一和建设条件限制，城市建筑在高度上较统一，城市中建筑群组合的空间形态及轮廓线和它依附的自然山水轮廓线态势一致（丁沃沃等，2007）。其次，城市街廓形状简单规整，尤其是居住为主的街廓用地布局形态功能单一，街坊整齐而有规律，商店大多布置在道路旁，并具有分阶层分街坊居住的特点，一般商人和手工业者集中居住在手工业和商业活动集中的地区，而城市官僚、地主和其他闲散阶级，大多居住在靠近零售商业中心和行政中心等较为集中的较高标准居住街坊区，街坊尺度大，如南京的山西路、西康路、宁海路一带为高标准居住街坊区（武进，1990），居住街坊一般有次级道路和支路所包围，街坊被胡同划分，道路交通分工明确；工业化以前的南京老城商业区由于竞争条件比较单纯，商业区用地规模和尺度较为简单适中，南京夫子庙等商业区形成聚集的区域状商业中心，位于道路枢纽和河道交汇处，南京金融业主要集中在新街口一带，形成专业性商业街。最后，工业化之前的南京老城中心区按功能分，主要有中心零售商业区和中心商务区两部分，这两部分在空间上完全分离，其分离空间距离较大，中心商务区在新街口，集中了大量的商务管理机构，而中心零售区主要在三山街，在空间上偏离市中心而趋向于通往城市主要腹地的对外交通枢纽处。

19世纪末，近代工业在沿海、长江中下游地区的一些城市以一定的社会化分工和专业化协作为经济特征，资本与劳动力分离、工人和市场分离，使得城市形态发生了相应的变化。此时的南京市在生产、销售和居住等功能空间上相互分离，城市内部出现大量集中布置的工业区、零售批发区和中心商业区，专门化的功能分区代替了传统的"前街后坊"、居住与手工业和商业合一的空间形态；中华人民共和国成立以来，伴随着现代城市更为复杂的劳动分工和多样化、专业化协作的现代经济活动特征，城市形态呈现出多样化的发展，城市形态发生了重大变化。工业化以后，南京市居住区仍然采用街坊形式，但与传统街坊形态不同，街坊面积很大，大多采用封闭对称的周边式布局形式，在街坊中间设有贸易集市和小广场形式的生活空间，部分居住区建设由企业修建，区位上靠近生产单位，形成如医院、幼儿园、学校和商业的服务居住综合体。由于中华人民共和国成立后强调居住建设平等均衡发展的原则，居住区没有了明显的阶级分层和居住特权，城市居住具有很强的稳定和紧密组织的社会单位，但缺乏居民在不同社区中选择居住地点，城市生活的周期变化与住房变化不相关，而是主要与某时期的城市建设政策法规和规模密切相关；伴随着经济的发展，南京商业街区的尺度规模变大，南京市夫子庙等片状商业中心规模不断增大，功能变为商业、旅游、零售等多样化的商业区。而一些专业性商业街被拆或迁移，发展为大多数是功能复杂而多样的综合性商业街。南京老城新街口中心商务区集中了全市主要的银行、大公司和商店，以一流的建筑质量和规模占据市中心，其形态与周围地区形成强烈的对比，也是南京市地价最高的核心地区之一。

现代南京城在市场经济快速发展中，经济发展因素替代了自然环境，城市的功能和结构日趋多样化。南京城市本身规模不断扩大，古城墙的界限被打破，分别向南、北、西三个方向发展，城市外围地带不断变更为市区。首先，城市平面形状与边缘轮廓形态伴随着经济和相关政策法规等因素的不断变化与调节，也处于不断的游离与变化中，在老城区逐步形成了规则的道路网布局和用地布局形态；

城市空间轮廓形态伴随着城市功能的复杂发展、建筑技术不断创新和经济利益的高度集聚，带来了南京现代城市中心商务区的形成，同时又以高密度的高层建筑群集中构筑了城市天际线，这也决定了城市空间形态制高点的决策。其次，街廓用地使用性质的变化很大，由简单的居住用地变化为复杂的居住与其他用地混合，或从居住变为商业用地，或工业变为居住用地；街廓内的地块开发强度逐步变大，且根据不同功能需求变得详细而多样，容积率发生了由低到高的转化，甚至出现突破规定比率的变化；街廓尺度与地块划分变得复杂而多样，用地肌理形态由单一规整演变为复杂而纷乱。再次，伴随着城市尺度扩大，南京出现了多中心的格局，每一个中心出现了密集的高层建筑群，每个高层建筑群都和它所在区域的经济发展、政策法规运作、土地价格和道路交通连线等密切相关。

20世纪80年代以来，伴随着市场经济转型和城市建设的空前发展，以商业化趋势为主流的发展取代了工业对城市形态的主导作用，在南京城市内部出现了大量功能混杂的综合体，80年代以后城市内部有高度分化趋势，城市与地区高度综合的整体化特征日益明显，城市空间形态越来越多样化与复杂化，也出现了城市空间与建筑形态组织无序、平面肌理模糊等迫切需要解决的形态问题，中华人民共和国成立以来这些相关城市问题，一般通过城市发展政策、法律和规划加以控制（郑莘、林琳，2002），尤其是改革开放以来，在隐性因素不以人的意志为转移的影响之外，伴随着我国城市化快速发展，政策法规控制和规划管理的人为操控力度加大。1978年以后，南京市逐步完善制订了相关控制性详细规划编制导则、城市规划管理技术规定、城市建筑管理办法、城市规划实施细则等城市法规文件中的用地单元规模与用地比例构成、街坊规模、建筑间距、防火防震、建筑退让道路距离等指标规定，在控制城市规划与城市建设过程、解决城市功能问题的同时，对南京城市形态的演变，起到了非常重要的关联影响作用。

4.2 街廓案例样本的选取与形态属性特征分类

4.2.1 街廓样本的选取

本书对于街廓案例样本的选取原则及方法，采用沿街街廓及年代区段选取法。根据搜集到的自1928年以来的南京市历年地方规定和办法，以及相应年份的建筑地块规划红线审批图、南京市地块拍卖年份图等资料，选取南京市主次干路两侧主要街廊及其相邻街廊案例样本，通过对样本用地功能、四周道路级别、街廊尺度、地块划分数、地块权属边界与地块形状、建筑间距、建筑高度、沿街建筑高度与街道宽度等属性特征的大量调研观察与分析总结，以及根据梳理的涉及街廊属性的相关主要指标规定，基于街廊属性特征进行样本归类，并在历史情境中还原相关指标控制对南京城市街廊建成形态特征生成与发展的关联作用。

第一步，按照不同街廊用地功能及主次干路交通级别，沿南京市主次干路，选择位于道路两侧较为复杂、涉及法规数量较多的公共建筑为主、居住为主等性质的街廊及其相邻形态特征的街廊案例样本共 165 个，其中居住为主的街廊约 75 个，公建为主的街廊约 90 个（图 4-2）。

第二步，在每个街廊案例内部，选取相应居住或公共建筑功能为主的地块建筑切片样本。

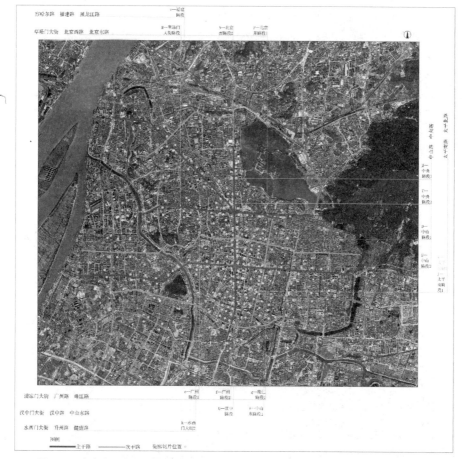

图4-2　南京市沿主次干路两侧的居住功能为主街廊和公建功能为主的街廊影像位置图

第三步，选取沿街建筑建造年代较为久远、变化较大的 13 条道路路段及其两侧的街廓建筑界面特征案例切片，包括城市 9 条主干路段和 4 条次干路段。

4.2.2 历史情境还原的，基于指标控制作用的街廓样本属性分类及其建成形态特征

（1）基于街廓样本属性特征调研观察与分析总结，在历史情境中还原相关指标控制作用对应的形态特征

南京市城市街廓具有用地功能布局、街廓尺度、地块形状、周围道路交通环境等属性方面的多样化特征，对应关联着复杂的街廓平面布局类型、地块建筑组合秩序和疏密度、街廓建筑界面连续性与围合感等形态特征。街廓用地功能属性有以居住为主或公建为主的单一功能，有居住、公建或小型工业等混合功能布局、军区或学校或医院等单位大院用地布局等多样化特征；街廓尺度有从面积较小的500 平方米、规模超过 5 公顷的及其他面积规模的多样化尺度特征，包括尺度巨大的单位院落所占的街廓、大型公共建筑所占地块，尺度较大的居住或公建街廓、尺度较小的占地紧凑而层数较高的公共建筑街廓；地块形状包括规整的居住为主的四边形、公建为主或公建与居住等功能混合布局的不规则的非矩形地块；地块建筑层数分别具有低层、中高层、高层和超高层的建筑群体或混合布局属性与密集程度不一的特征；街廓的周围道路环境具有主干路围合、次干路、主次干路支路、次干路和支路，以及支路围合的多样化交通特征。这些多样化的街廓属性特征与相关用地指标、地块指标、建筑布局指标、建筑退让距离指标等控制作用对应着很大的相关性，进而关联到相应的街廓形态特征的变化。

1）不同用地功能属性对应关联着地块划分简单、复杂及多样化的形态特征：主要包括两类，单一功能和地块划分规整简单的居住或公建街廓、混合功能布局的地块划分复杂多样的街廓。

对应的相关主要指标规定是各年代段的用地比例构成、地块划分规模等直接相关的用地指标、违法用地建设规定、间接相关的土地使用权出让转让合同条件等强制性规定，以及城市功能分区、道路广场绿化用地布局、合理节约用地等引导性规定。

第一，单一功能、地块划分较少且形状较为规整的居住街廓：如图 4-3（1）所示的街廓，是用地功能为居住建筑地块为主的街廓案例，这一类街廓主要位于南京市老城区的沿街街廓或相邻片区内部的位置、南京老城边缘区或新城区，如影像图 4-2 所示，对应着平面用地布局为简单规整的形态特征。

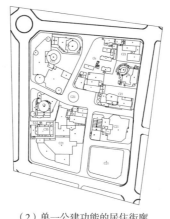

（1）单一居住功能的居住街廓　　　　（2）单一公建功能的居住街廓　　　　（3）混合功能的街廓

图4-3　南京市三种用地功能形态特征的街廓

第二，单一功能、地块划分较少且形状较为规整的公建街廓：如图 4-3（2）所示的街廓，是用地功能为公共建筑地块为主的街廓案例，这一类街廓主要是位于南京市中心区、商务区等片区的沿街街廓或相邻街廓，如影像图 4-2 所示，对应着街廓平面用地布局、地块形状与权属边界布局肌理、建筑性质等为复杂而多样化的形态特征。

第三，混合功能、地块划分较多且用地功能复杂多元的街廓：如图 4-3（3）所示的街廓，是用地功能为居住、公共建筑或工业等其他功能的地块建筑混合组合的街廓，这一类街廓主要位于南京市中心区、商务区或老城边缘区等的沿街街廓或相邻街廓，如影像图 4-2 中所示，对应着街廓平面用地布局、地块形状与权属边界布局肌理、建筑组合秩序、沿街建筑性质等仍然为多样而复杂的形态特征。

2）街廓尺度大小不一的多样化特征：根据《江苏省城市规划编制导则》中对街坊尺度的居住区为 0.5 公顷到 8 公顷的规定，研究中取平均值约 5 公顷为大小分类界线，南京市街廓尺度主要包括街廓面积规模超过 5 公顷的大尺度、超过 8 公顷的超大尺度街廓、5 公顷以下的小尺度街廓。

对应的相关指标规定主要是街坊划分尺度等用地指标规定。

如图 4-4 所示，是大尺度和小尺度的街廓案例，其中南京市内的面积规模超过 5 公顷的大尺度街廓主要是高校、医院、单位大院等所占用的一整个街廓，街廓内各种用地性质的地块划分数较少，或没有地块划分而是占用一整个街廓。

3）街廓内地块形状多样化的特征：主要包括规则形状的地块、不规则形状的地块两大类。

第一，规则形状的街廓：如图 4-4（1）所示，南京市这一类规则形状的街廓

（1）规则形，大尺度的街廓　　（2）不规则形，大尺度的街廓　　（3）规则形，小尺度的街廓　　（4）不规则形，
小尺度的街廓

图4-4　南京市不同形状、尺度的多样化形态特征的街廓

主要是居住建筑用地性质所在的地块、沿街的由主次干路或支路围合而成的地块，对应着街廓平面布局形态特征单一规整。

第二，不规则形状的街廓：如图4-4（2）所示，南京市这一类不规则形状的地块主要是公共建筑地块或居住和公建、工业等其他建筑性质混合布局的地块、街廓主要由主次干路和支路河道等围合而成，对应着街廓平面布局、地块与建筑组合肌理等形态特征较为复杂纷乱而多样化。

4）地块内开放场地尺度不一的多样化特征：主要包括不带开放空地的建筑密集布局的地块、带开放场地的建筑密集布局的地块、建筑按日照和防火间距规定要求的距离、疏密度布局较适居的地块三类。

对应的相关规定条文主要是各年代段的容积率、建筑密度（覆盖率）、建筑日照和防火间距、建筑退让用地界线距离等直接相关的地块指标和建筑布局指标，以及违法建设等强制性规定；土地使用权出让转让合同条件等间接相关的强制性规定；土地使用与建筑布局的原则等引导性规定。

第一，不带开放空地的建筑密集布局的地块：如图4-5（1）所示的地块案例，南京街廓中的这一类地块几乎没有开放公共空间场地，主要是低层的老旧密集的居住建筑地块、低多层的居住建筑或公共建筑地块，主要位于南京老城南部等边缘区或新城区。

第二，带开放场地的建筑密集布局的地块：如图4-5（2）所示的地块案例，南京市这一类地块带有一定面积规模的开放公共空间场地，公共场地在地块中心部位或沿街入口部位，主要包括单位大院所在地块、学校或医院所在地块、多高层居住建筑地块或多层公共建筑地块、1~3个多高层大型公共建筑所占地块等类别。

第三，建筑间距疏密度布局适居的地块：如图4-5（3）所示的地块案例，南京这一类地块具有较大规模的公共开放空间，公共场地在地块中心部位或沿街入

（1）建筑密集布局的地块　（2）带开放场地的建筑密集布局的地块　　（3）建筑稀疏布局的地块

图4-5　南京市街廓内的建筑群体疏密布局的多样化形态特征地块

口部位或地块建筑四周部位，主要包括高层和超高层的点式居住建筑所在地块，或高层和超高层1~2个大型公建所在地块等类别。

5）不同级别道路围合的街廓界面特征：主要包括主干路围合、次干路围合、支路围合、主次干路围合、次干路支路围合、主次干路及支路围合的街廓界面等。沿街建筑规划建造年代历经1928年至今的不同年代，并有不同建筑性质和边界权属的多样化属性特征，建筑性质包括从老城市中心的公共建筑为主，或公共建筑与居住建筑混合布局为主向老城边缘区的居住建筑为主，或居住建筑与其他建筑性质混合布局为主的建筑界面，其中主干路两侧沿街主要为公共建筑为主的街廓，在沿街街廓相邻的城市内部的非沿街街廓主要包括居住为主的街廓、居住与公共建筑为主，或历史建筑分布的街廓。比如中山路段、中央路等主干路段两侧街廓沿街建筑有很大一大部分是在1995年以前建造的多层公共建筑或居住建筑，靠近新街口市中心的沿街街廓中有建造年代不一的、以1~3个大型公共建筑所占的街廓；而主干路北京西路段的沿街街廓则大部分是学校等单位院落所在街廓，沿街建筑大部分是在1996年以后建造的多高层公共建筑，也有少数的街廓沿街建筑是在1995年以前建造的低多层建筑；另外，次干路太平南路段是民国历史街区，路段两侧街廓沿街建筑大多建造在1900年以前，但是由于历史保护等原因，但建筑退让道路距离都较大。

对应的相关指标规定主要是建筑退让道路距离、建筑退让用地界线距离、建筑日照和防火间距等建筑退让距离指标的强制性规定，以及建筑立面与建筑风格、广告标识物等引导性规定。

因此，针对南京都城城市街廓平面用地功能、街廓尺度、地块划分数、地块形状与地块权属边界、建筑间距、周围道路交通环境、沿街建筑高度与街道宽度之比等属性特征的多样性与复杂性，选取南京市作为案例城市，根据对应的相关指标规定，从街廓平面形态、地块建筑群体组合形态、街廓建筑界面形态三个尺度层级方面，实证分析相关法规规定与城市形态特征的关联性，是有代表性、必要且可行的。

（2）对应指标控制作用的属性特征的街廓样本分类

本章根据对街廓样本属性特征的观察调研与分析总结，以及对应相关《居住区规划设计规范》、《城市用地分类标准》、《江苏省城市规划技术管理规定》、《江苏省控制性详细规划编制导则》、《南京城市规划管理实施细则》等法规文件中涉及街廓平面、地块建筑组合、街廓界面等方面属性的指标规定，即用地比例构成、地块划分规模等用地指标，容积率、建筑密度（覆盖率）、建筑高度等地块指标，建筑日照和防火间距等建筑布局指标，建筑退让道路、用地界线与河道距离等退让指标规定 [图 4-6（1）]，结合街廓用地功能、街廓尺度、地块形状、周围主次干路交通级别等属性特征，对所选样本进行分类，并从街廓平面、地块建筑群体组合、街廓建筑界面三个尺度层级，分别在历史情境中还原指标控制对街廓建成形态特征的关联性作用，为研究的第 5、6、7 章的相关法规与城市街廓形态特征关联性分析打好基础。

1）在街廓平面层面，用地性质、街廓尺度与形状、街廓地块划分数、四周围合的道路级别交通等属性，不同程度上受到街廓划分单元标准、用地比例构成与地块划分规模等用地指标、容积率和建筑覆盖率等地块指标、日照和防火间距等建筑布局指标等相关规定的控制和影响，最后关联影响到了平面用地布局类型、布局肌理的地块划分复杂程度等街廓平面形态特征。

2）在地块建筑布局层面，地块权属边界与地块形状、建筑间距、建筑体量与建筑高度、开放场地尺度、出入口位置等属性，主要受到容积率与建筑高度和建筑密度等地块指标、建筑布局指标等规定的控制，最后关联影响了建筑组合的密集程度、排列秩序、开放场地布局类型和高低空间轮廓等地块建筑组合形态特征。

3）在街廓界面形态层面，沿街建筑面宽、建筑高度、建筑高度与街道宽度之比等属性特征受到建筑退让道路与河道等距离、建筑控制线、建筑高度与街道宽度等规定控制作用，最后关联影响了街廓建筑界面的连续性、秩序性与围合感等界面形态特征。

基于对应指标控制作用的街廓样本属性特征分类：

首先，根据用地比例构成规定，结合不同街廓样本用地功能及主次干路交通属性进行分类：根据《居住区规划设计规范》、《城市用地分类标准》、地方城市规划管理技术规定或实施细则等法规文件中对居住、公建等用地比例构成的规定，筛选出道路两侧矛盾较多、较为复杂、涉及法规数量较多、建造在不同年代的单一居住功能街廓、居住为主并与其他用地混合功能的街廓（居住占60%以上）、单一公共建筑功能的街廓、公共建筑为主并与其他用地混合功能（公建占60%以上）的街廓样本切片约165个，其中选取的纯居住地块组成或以居住地块为主的街廓75个，选取的纯公建地块组成或以公建地块为主的街廓90个[图4-6（2）]。

其次，进一步根据街坊尺度与地块划分规模规定、按照尺度大小，分别对筛选的居住为主的街廓、公共建筑为主的街廓进行归类（图4-6）：南京市这些街廓、街廓尺度从巨大的5公顷以上到较小的500平方米的尺度大小不一，根据《江苏省控制性详细规划编制导则》等法规文件中对居住与公建街坊尺度在0.5~8公顷范围的规定，以及地块划分规模规定等，本书的研究以5公顷为尺度分界点，分别对居住街廓和公建街廓分出超过8公顷的超大尺度、大尺度的面积超过5公顷的街廓以及小尺度的面积在5公顷及以下的街廓，并对所选案例切片从大到小的尺度进行排列。

再次，继续按照形状，分别对筛选的居住为主的街廓、公共建筑为主的街廓进行归类（图4-6）：分别归类图示出规则形状的街廓和不规则形状的街廓。

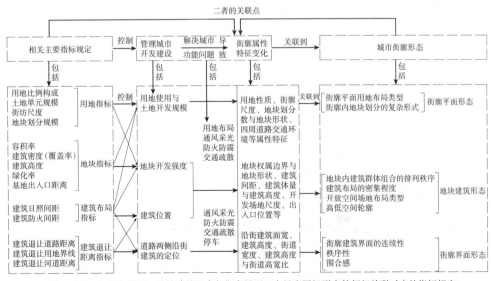

图4-6（1）　与街廓平面、地块建筑组合与街廓界面三个尺度层级形态特征相关联对应的指标规定

图　例

单一居住功能的、规则形的、大尺度（>5公顷）街廓

单一居住功能的、规则形的、小尺度（≤5公顷）街廓

居住为主并与其他混合功能的、规则的、大尺度（>5公顷）街廓

居住为主并与其他混合功能的、规则的、小尺度（≤5公顷）街廓

单一公建功能的、规则形的、大尺度（>5公顷）街廓

单一公建功能的、规则形的、小尺度（≤5公顷）街廓

公建为主并与其他混合功能的、规则的、大尺度（>5公顷）街廓

公建为主并与其他混合功能的、规则的、小尺度（≤5公顷）街廓

单一居住功能的、不规则形的、大尺度（>5公顷）街廓

单一居住功能的、不规则形的、小尺度（≤5公顷）街廓

居住为主与其他混合功能、不规则的、大尺度（>5公顷）街廓

居住为主与其他混合功能、不规则的、小尺度（≤5公顷）街廓

单一公建功能的、不规则形的、大尺度（>5公顷）街廓

单一公建功能的、不规则形的、小尺度（≤5公顷）街廓

公建为主与其他混合功能、不规则的、大尺度（>5公顷）街廓

公建为主与其他混合功能、不规则的、小尺度（≤5公顷）街廓

注释——街廓选取依据的条文规定：历年的《居住区规划设计规范》、《城市用地分类标准》、《江苏省城市规划技术管理规定》、《江苏省控制性详细规划编制导则》、《南京城市规划管理实施细则》等法规文件中：
1）用地比例构成、街坊尺度、地块划分规模等用地指标规定；
2）容积率、建筑密度（覆盖率）、建筑高度等地块指标规定；
3）建筑日照和防火间距等建筑布局指标规定；建筑退让道路、用地界线与河道距离等退让指标。

结合街廓用地功能、街廓尺度大小、地块形状、周围主次干路交通环境等形态属性特征分类。

图 4-6（2） 南京市街廓形态特征案例样本形态属性分类

图 4-6（3）　75 个单一居住功能、居住为主混合功能的街廓案例

图4-6（4） 90个单一公建功能、公建为主混合功能的街廓案例

图4-6 南京市街廓形态特征案例选取

4.2.3 选取的6个街区案例样本属性及其平面形态特征

　　根据用地指标、结合规划审批的年代区段，街区尺度、用地功能选取街区案例：对应各年代段的《居住区规划设计规范》、《城市用地分类标准》、《江苏省城市规划技术管理规定》、《江苏省控制性详细规划编制导则》等法规文件中的用地比例构成、街坊尺度、地块划分规模等用地指标规定，为了分析这些相关规定对南京城市街廓平面形态特征的关联性，因此研究选取了6个尺度较大的与规定比例尺度对应的街区，这6个街区分别是由多个街廓或由一个较大街廓组成的，规划审批年代从1928年至今和规划建造于1956年、1987年、1990年、1997年、

1999年、2004年等不同年代区段，街区尺度从12公顷到1.9公顷，用地功能包括单一居住用地功能的、公建用地功能的、居住和公建等用地功能混合的街区。并根据研究搜集到的2007年电子地图，图示出每个街区切片的平面布局现状图（图4-7），作为分析城市街廓平面形态特征和用地指标关联性研究的案例切片。

根据6个街区1956年、1987年、1990年、1997年、1999年以及2004年的规划用地红线审批图与2005年、2009年、2014年等历史影像图、2007年电子地图的对比来看（图4-8），从街廓平面用地布局变化中，可看到各个街区内从用地功能与性质、街区尺度大小与地块划分、街廓形状、建筑密度等平面用地属性和相应形态特征方面有较大变化：一是用地规模与街区尺度的变化：从历史发展至现在，这些街区地块内的建筑层数由低层演变为中高层与高层、容积率也发生了由低到高的转化，街区尺度变大；二是用地使用功能性质的变化：用地性质有的由简单的居住用地变化为居住与

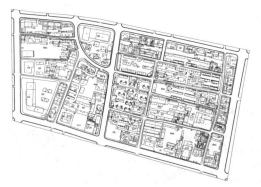

a）2007年韩家巷街区平面电子地图现状由D5\D7\D18\D19\H21\H22\H23\H24\g3街廓组成规划审批于1997年，街区尺度5.8公顷

b）2007年居安里街区平面电子地图现状由D5\D7\D18\D19\H21\H22\H23\H24\g3街廓组成规划审批于1956年，街区尺度2.2公顷

（1）单一居住功能的街区，规则形的，大尺度和小尺度两种

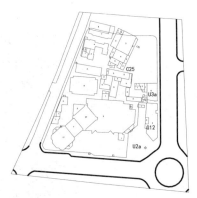
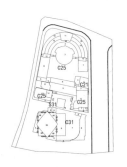

c）2007年邮政支局西侧街廓平面电子地图现状E12街廓规划审批于1999年，街区尺度5.1公顷

d）2007年胜利电影院西侧街廓平面电子地图现状E10街廓规划审批于1987年，街廓尺度1.9公顷

（2）混合功能的街区，不规则形的，大尺度和小尺度两种

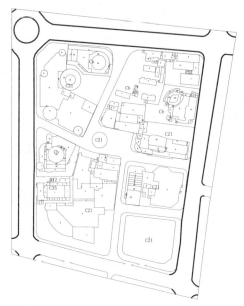

（e）2007年新百和中央商场街区平面电子地图现状由　　　　　（f）2007年鼓楼医院街廊平面电子地图现状 D1
F2\V7\V8 街廊组成规划审批于1990年，街区尺度13公顷　　　　　街廊规划审批于2004年，街区尺度 7 公顷

（3）单一公共建筑功能的街区，不规则形的，大尺度和小尺度

图4-7　所选取的6个街区案例切片的2007年街廊平面电子地图现状

（1）1997年规划　　　　（2）2005年影像图　　　　（3）2009年影像图　　　　（4）2014年影像图
审批图

图4-8（1）　韩家巷街区形态的历史演变图
对应的相关年份的规定：《南京市城市规划条例实施细则》（1995）

（1）1956年规划审批图　　　　（2）2005年影像图　　　　（3）2009年影像图　　　　（4）2014年影像图

图4-8（2）　居安里所在街区平面形态的历史变化图
对应的相关年份的规定：《南京市建筑管理暂行办法》（1956）

（1）1987年规划审批图　　（2）2005年影像图　　（3）2009年影像图　　（4）2014年影像图

图4-8（3）　胜利电影院西侧街区平面形态的历史变化图
对应的相关年份的规定：《南京市建筑管理办法实施细则》（1978）

（1）1990年规划审批图　　（2）2005年影像图　　（3）2009年影像图　　（4）2014年影像图

图4-8（4）　新百和中央商场街区平面形态的历史变化图
对应的相关年份的规定：《南京市城市建设暂行规定》（1987）

（1）1999年规划审批图　　（2）2005年影像图　　（3）2009年影像图　　（4）2014年影像图

图4-8（5）　邮政支局西侧街区平面形态的历史变化图
对应的相关年份的规定：《南京市城市规划条例实施细则》（1995、1998）

（1）2004年规划审
批图　　（2）2005年影像图　　（3）2009年影像图　　（4）2014年影像图

图4-8（6）　鼓楼医院街区平面形态的历史变化图
对应的相关年份的规定：《南京市城市规划条例实施细则》（2004）

图4-8　6个街区从规划审批当地至2014年的平面用地布局形态变化图

其他用地混合、有的从居住变为商业用地，有的从工业变为居住用地；三是地块划分的变化：从尺度巨大的地块划分到地块划分越来越细且尺度越小，地块形状大多由规整的四边形演变为不规则的非矩形地块；四是用地布局形态特征的变化：用地肌理形态由单一规整演变为复杂而多样化，居住建筑为主的街区用地形态较清晰有序，而公共建筑为主的街区用地肌理形态变得越发纷乱、肌理形态模糊不清晰。

4.3 对应地块指标等规定的地块案例样本的属性分类及其形态特征

4.3.1 地块建筑样本属性特征的分类

对应《江苏省城市规划管理技术规定》、《江苏省控制性详细规划编制导则》以及《南京市城市规划管理实施细则》等法规文件中对容积率、建筑密度（覆盖率）、建筑高度限制等地块指标和建筑日照防火间距等建筑布局指标的规定，研究对选出的 165 个街廓样本，分别在 75 个居住为主街廓和 90 个公建为主街廓中的每一个街廓内部，各自选择居住建筑地块和公共建筑地块切片，即相应的选出 75 个居住建筑地块和 90 个公共建筑地块。分别对这些居住地块和公建地块，在单一功能和混合功能、规则形和非规则形、大尺度和小尺度等街廓属性归类的基础上，然后按照低层、多层、高层和超高层等属性特征进行归类，作为第 6 章地块建筑群体组合形态与地块指标关联性研究的案例（图 4-9、图 4-10）。

4.3.2 居住地块样本切片的建筑群体组合形态特征

根据研究对 75 个居住建筑地块切片的梳理得出，南京市城市街廓内的居住建筑地块切片的形态特征主要体现为建筑疏密布局、建筑排列秩序与开放场地类型等方面：住宅建筑群体排列秩序总体呈现出整齐而有序的肌理形态，其中多层居住建筑为主的地块切片，居住建筑群体部分组合形态较为整齐有秩序；老城区大部分多层、高层和超高层居住建筑为主的地块，或是居住与公共建筑等混合布局的地块，建筑群体布局形态较为密集，居住建筑群体部分组合形态较为整齐有秩序，公共建筑部分组合形态较为复杂多样且纷乱无序；高层和超高层独立式居住建筑为主的地块大都位于老城边缘区和新城区，建筑群体组合形态排列整齐、

52-X17　68-S12　54-d5　76-w7　75-w8　74-r2　69-S14　77-J5　40-n17
　　　　　　　　　　　　　　　　　　　低多层并有较大空地　低层为主的地块　多层、高层与超高层混合地块
（1）单一居住功能的、规则形的、大尺度（>5公顷）街廓内部

62-L16　42-H18　16-F21　72-k5　27-U16　32-K10　21-N17　41-H15　15-F16　20-N16　60-G3　43-H21　36-m1 446-H1 245-H1 149-K2
　　　　　　　　　　　　　　　　　　　　　　　　　　　　　　　低多层并有较大空地　多层、高层与超高层混合地块
（2）单一居住功能的、规则形的、小尺度（≤5公顷）街廓内部

71-d2　53-X15
多层为主的地块
（3）单一居住功能的、不规则形的、大尺度（>5公顷）街廓内部

37-m16　5-C15　58-D16　67-T1　22-N26　24-N13　57-G7　35-m9　34-H10　61-L12　59-G9
　　　　多层为主的地块　　　　　　　　　　低层为主的地块　多层、高层与超高层混合地块　高层与超高层混合地块
（4）单一居住功能的、不规则形的、小尺度（≤5公顷）街廓内部

9-D3　10-D5　19-F23
多层为主的地块　多层、高层与超高层混合地块
（5）居住为主并与其他混合功能的、规则的、大尺度（>5公顷）街廓内部

73-k6　7-C6　79-O13　50-K9　4-C22 5-N22 48-K16　18-F14　23-N7　2-B2
多层为主的地块　　　　　　　　　　　　　　　多层、高层与超高层混合地块
（6）居住为主并与其他混合功能的、规则的、小尺度（≤5公顷）街廓内部

28-U4　3-B4　80-O15　66-T4　70-d1　13-E17　51-O10
多层为主的地块　低层并有较大空地块　　　　　多层、高层与超高层混合地块
（7）居住为主与其他混合功能、不规则的、大尺度（>5公顷）街廓内部

26-U18　17-F11　1-B5　30-a8　29-a2　6-C7　14-E20　78-J6　39-n7　44-H2　31-a9　64-L8　63-L7
　　　　　　　　　多层为主的地块　　　　　　　　　　多层、高层与超高层混合地块　　　　高层与超高层混合地块
（8）居住为主与其他混合功能、不规则的、小尺度（≤5公顷）街廓内部

图4-9　75个居住建筑地块形态特征案例切片

有秩序，地块内建筑布局较为稀疏，有开放公共空间场地；老城边缘区、新城区低层居住建筑（1~3层）为主的地块几乎被建筑全部占地。

4.3.3　公建地块样本切片的建筑群体组合形态特征

根据对90个公建地块切片的梳理得出，南京市城市街廓内的公建地块切片的形态特征体现为疏密布局、建筑排列秩序与开放场地类型等方面：1）公共建

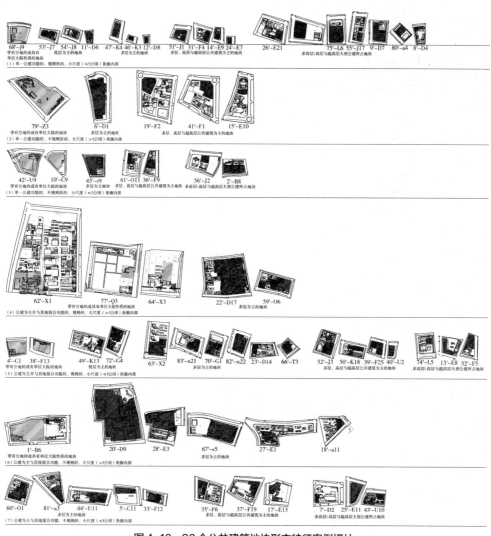

图4-10 90个公共建筑地块形态特征案例切片

筑群体排列秩序总体呈现出多样而复杂、模糊无序的肌理形态，其中老城区公共建筑地块大部分是多层、高层和超高层的公共建筑为主，或是1~3个多层、高层和超高层并带裙房的公共建筑占用一整个地块，或多层、高层和超高层公共建筑与居住等建筑群体集中混合布局的地块，公建前后留有开放的公共空间场地，作为停车场或绿化广场等，地块内建筑群体布局密集，平面形态肌理较为多样和纷乱，多层、高层的建筑高度变化也较大；2）老城区的高层和超高层公共建筑地块，建筑高度变化大，建筑群体组合呈现分离、无序和多元的形态特征；3）多层公共建筑为主、或公共与居住建筑混合布局的地块、或由1~3个多高层大型公共建筑占用一整个地块的切片，在南京老城区、老城边缘区和新城区都有所分布，大部分地块内公共建筑布局形态较为密集，各个地块内还分别留有开放场地，这些场地有的是空地、有的是医院、学校等内部大院场地、有的是未建的空地，但建筑群体组合秩序形态特征较为纷乱而无序，多高层大型公共建筑占用一整个地块的，主要由1~3个大型的多层或高层图书展览、宾馆、体育馆、剧场等公共建筑占用一整个地块；4）老城区、新城区低多层公共建筑为主的地块，地块内建筑布局较为密集且占地较大，地块划分和权属边界区分复杂、建筑群体组合形态特征秩序较为杂乱、不整齐；5）老城区、老城边缘区低多层单位大院性质的公共建筑地块，有较大开放空地，大都是军区大院、学校、图书展览中心、医院和饭店等各单位地块公共建筑群体占用一个地块，或是公共建筑与广场地块，或者有较大开放空地的地块。

4.4 对应界面控制指标的路段及其两侧街廊界面样本的形态属性分类

4.4.1 路段及其两侧街廊建筑界面样本的属性分类

街廊建筑界面属性包括街道宽度、建筑高度、建筑高度与街宽之比、建筑立面与风格、临街面道路级别等方面，对应《南京市城市规划管理实施细则》等法规文件中对建筑退让道路距离等指标的规定。根据搜集到的自1928年以来的《南京市城市规划管理实施细则》等历年地方规章及办法中的建筑退让道路距离规定、相应年份的建筑地块的规划红线审批图，以及南京市地块拍卖年份图等资料，结合围合的主次干路道路等级等属性，研究选取了沿街建筑建造年代历经1928年至今不同年代的、建筑功能多样的、层高与退让道路距离不一的道路路段13条，分类为中央路、中山路、草场门大桥—北京西路、北京西路、北京东路、汉中路、中山东路、中山北路等9条主干路段，以及太平北路、太平南路、广州路、珠江路等4条次干路段及其两侧街廊建筑界面案例切片，为验证城市街廊界面形态特征与建筑退让道路距离等规定的关联性分析打好基础。其中各个路段长度的选取依据，是根据克利夫·芒福汀提出的人所感知到的街道连续不间断的长度上限值为1500米，以及城市设计中人能够充分欣赏到其所处环境视觉质量的挑战尺度800米（克利夫·芒福汀，2004），选取我们研究道路的长度范围在800~1500米以内。

归类步骤为：

首先，对每条路段进行编号，并在南京市影像地图中标注出其位置（图4-11）。
各条路段的编号如下：

9条主干路段

B—中央路段1

C—中央路段2

D—中山路段1

E—中山路段2

M—草场门大街路段

N—北京西路段

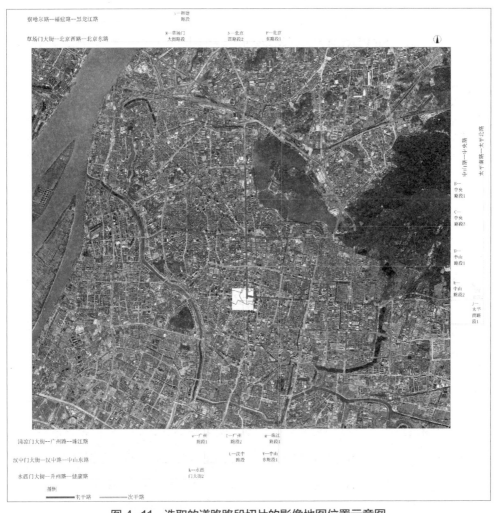

图4-11　选取的道路路段切片的影像地图位置示意图

P—北京东路段

U—汉中路段

V—中山东路段

4条次干路段：

K—太平北路段

J—太平南路段

f—广州路段

g—珠江路段

其次，由于本书研究主要限定在城市街廓的建筑界面，以及以街道为基本单元原型的沿街街廓建筑界面，进行建筑界面形态特征与相关建筑退让道路距离等规定的关联性验证分析。因此，本章首先图示现状沿街建筑高度、建筑的建造年代和建筑退让道路距离的线性界面图，然后对每条路段两侧的每个街廓、每个沿街建筑分别进行编号，为第7章城市街廓界面形态特征与建筑退让规定关联性实证研究打好基础。以南京中山路段2为例，1）图示出每条路段两侧街廓的道路红线范围不同权属铺地、建筑外貌等形态现状图 [图 4-12（1）]；2）抽象图示出此路段两侧的沿街建筑高度、建筑的建造年代、建筑退让道路距离等现状线性平面图；3）对路段两侧的13个沿街街廓以大写字母进行编号，对道路两侧的17个沿街建筑以阿拉伯数字进行编号；为后面第7章的建筑退让道路距离现状与法规模型比较分析做好准备 [图 4-12（2）]。

以同样的方式，对其他12条路段两侧的街廓界面图示其现状平面图、抽象线性界面图进行编号，如图 4-13 所示。

4.4.2　路段两侧街廓建筑界面的形态特征

街廓建筑界面形态特征包括建筑界面的连续性、围合感、建筑界面前退让道路红线区域的不同权属铺地界定、建筑立面与类型等形态特征，与之关联对应的街廓建筑界面属性包括街道宽度、建筑高度、建筑高度与街宽之比、临街面道路级别等方面，这些属性特征的变化直接与《南京市城市规划管理实施细则》等法规文件中建筑退让道路距离等指标规定相关。为了验证城市街廓界面的形态特征与建筑退让道路距离等规定的关联性，我们首先需要分析出每条路段两侧廓建筑界面的现状形态特征，并为后面分析验证二者的关联性打好基础。

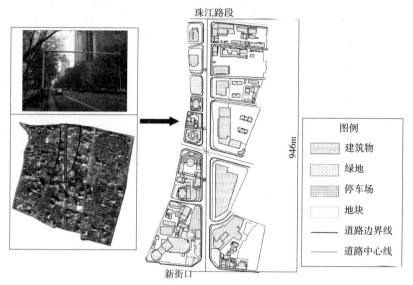

（1）南京 E—中山路段 2 两侧的街廊建筑外貌形态现状

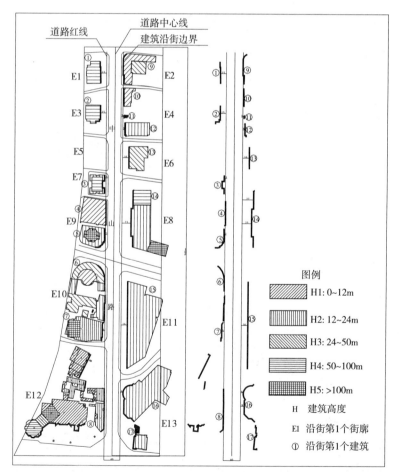

（2）南京 E—中山路段 2 两侧的沿街建筑界面退让道路秩序的形态现状

图 4-12　南京 E—中山路段 2 两侧的街廊建筑界面编号及退让道路秩序的形态现状

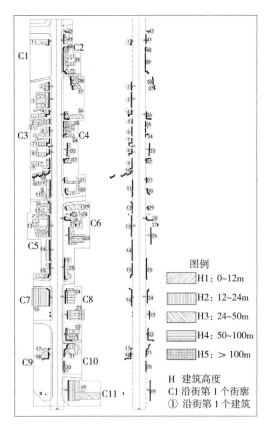

（1）C—中央路段2

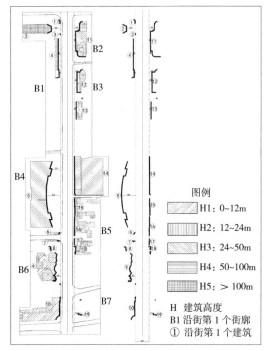

（2）B—中央路段1

图4-13（1） 其他12条路段两侧的街廓建筑界面编号及退让道路秩序的形态现状

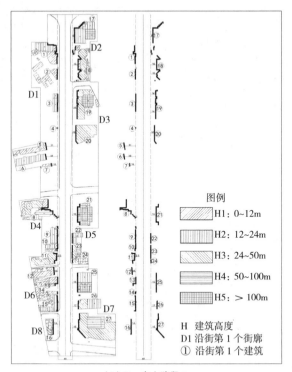

（3）D—中山路段 1

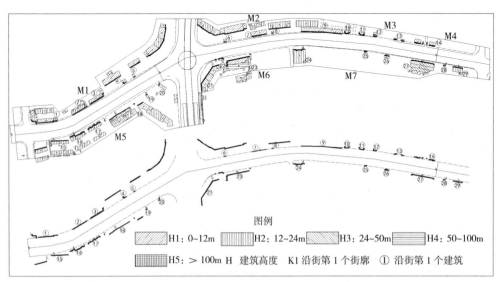

（4）M—草场门大街

图 4-13（2） 其他 12 条路段两侧的街廓建筑界面编号及退让道路秩序的形态现状

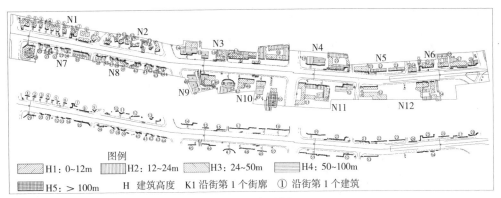

（5）N—北京西路段

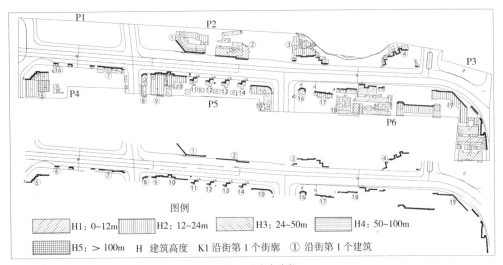

（6）P—北京东路段

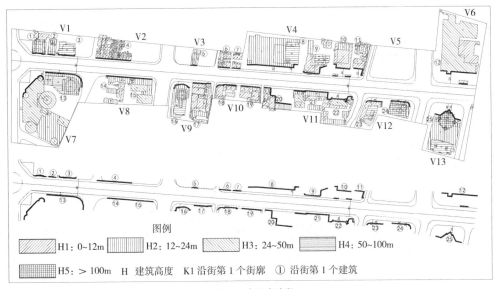

（7）V—中山东路段

图4-13（3） 其他12条路段两侧的街廊建筑界面编号及退让道路秩序的形态现状

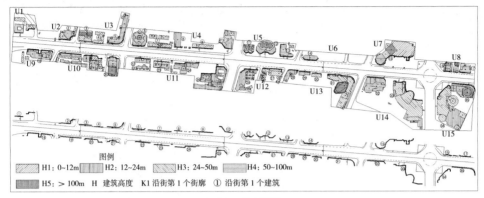

（8）U—汉中路段

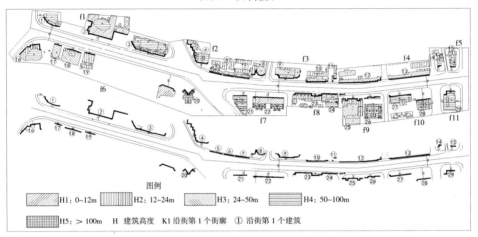

（9）f—广州路段

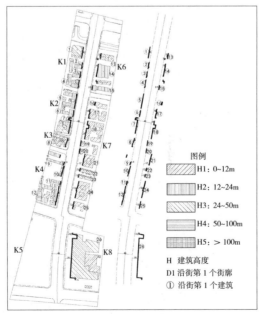

（10）K—太平北路段

图 4-13（4） 其他 12 条路段两侧的街廊建筑界面编号及退让道路秩序的形态现状

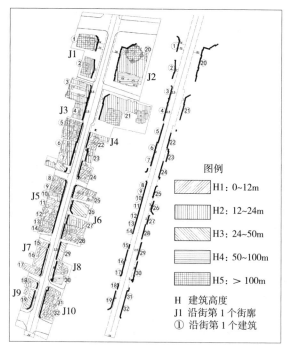

（11）J—太平南路

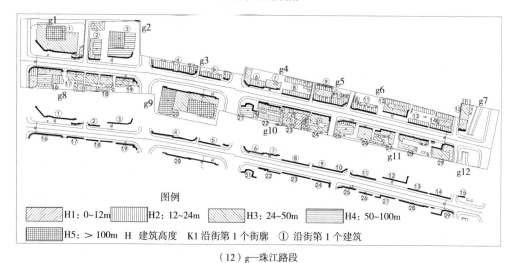

（12）g—珠江路段

图4-13　其他12条路段两侧的街廓建筑界面编号及退让道路秩序的形态现状

从中山路段两侧沿街建筑退让现状图中，可看出此路段两侧建筑界面形态呈现出参差不齐、不连续的特征，同一条道路上不同建造年代的建筑退让道路的距离不同。每个沿街街廓的建筑界面类型不统一且路段两侧有的街廓沿街建筑包括不同的公共建筑与居住建筑类型，有的街廓沿街建筑有多层、高层和超高层建筑混合布局，形成高低变化不一的街廓建筑界面形态特征。

以同样的方法，再调研分析得出其他 12 条路段两侧的街廓建筑界面大都呈现参差不齐、不连续的形态特征，道路上不同建造年代的建筑退让道路不同的距离。但是对于太平南路等路段是民国历史街区，沿街建筑退让道路距离较大且较为连续有序，建筑界面风格与类型带有浓厚的历史文化特色；有的路段沿街建筑大部分是 1990 年以前建造的（尤其是居住建筑），退让距离随机性较大，有些贴道路线建设的建筑界面形态连续有序，而有些没有与道路平行布置，且簇状建筑较多，建筑界面大都不连续。

4.5 本章小结

城市街廓包括街廓平面的用地布局类型与地块划分肌理形态、地块建筑布局的疏密程度和组合排列秩序、街廓建筑界面的连续性与秩序感等形态特征。与这些形态特征直接对应关联的是街廓本身的属性特征，即街廓用地功能、街廓尺度、交通环境、地块划分数、地块权属边界与地块形状、建筑布局间距、建筑高度与街道宽度之比等属性特征的变化，而这些街廓属性特征与相关指标控制对应着很大的相关性。南京都城历史发展悠久，尤其南京老城区街廓形态从历史发展至今，在经济发展动力和文化、历史等因素隐性影响之外，政策法规控制在城市街廓形态的形成与发展中具有很大操作控制作用和关联影响效果。因此，本书选取南京市为案例城市，主要在南京老城区范围内选取街廓案例样本，选取沿街建筑建造年代久远和建筑界面多样复杂的 13 条主次干路段及路段两侧的沿街街廓样本，按照建造年代区段选取的方法，对应 1928年以来南京历年相关建筑退让道路、地块红线审批图和地块拍卖图等规定，选取了路段两侧较复杂和涉及规定管控较多的街廓样本 165 个（包括居住为主的街廓 75 个，公建街廓 90 个），以及每个街廓内部相应的居住地块和公建地块，同时选取了 13 条路段两侧沿街建筑的界面案例，作为街廓平面形态与用地规定、地块建筑形态与地块指标、街廓界面形态与建筑退让规定的关联性研究基础。

对应相关《居住区规划设计规范》、《城市用地分类标准》、《江苏省城市规划技术管理规定》、《江苏省控制性详细规划编制导则》以及《南京城市规划管理实施细则》等法规中的用地指标，地块指标，建筑间距指标、界面控制指标等规定，结合街廓用地功能、街廓尺度、地块形状、周围主次干路交通级别等属性特征，从街廓平面、地块建筑组合、街廓建筑界面三个尺度方面，通过对街廓样本建成形态特征的大量考察调研与分析，总结出街廓样本身的属性特征，按照用地功能、尺度、形状等属性特征进行了归类；并在历史情境中还原了街廓样本的建成形态特征。

最后得出结论：南京市城市街廓属性多样而复杂，街廓用地功能呈现出居住为主或公建为主的单一功能、居住和公建或工业等混合功能的多样化特征；街廓从小尺度的 500 平方米到超过 5 公顷的大尺度以及超大尺度等多种特征，包括尺度巨大的单位院落街廓、大型公共建筑街廓，尺度较大的居住或公建街廓、小尺度街廓等；街廓内的地块形状有居住为主的规整四边形地块、公建为主或混合布局的不规则多边形地块等；地块建筑层数从低层、中高层、高层到超高层等，构成了高低不一、密集不一的建筑空间轮廓；街廓由主干路、次干路或主次干路支路围合等特征。

这些多样化的街廓本身属性特征与相关用地指标、地块指标、建筑布局指标、建筑退让距离指标有着很大的相关性（图 8-1），直接对应关联到街廓平面、地块建筑群体组合、街廓建筑界面的形态特征的变化。

1）街廓平面层面，用地性质、街廓尺度与形状、街廓地块划分数和地块形状、四周道路级别等属性特征，不同程度上受到相关《居住区规划设计规范》、《城市用地分类标准》、《江苏省城市规划技术管理规定》、《江苏省控制性详细规划编制导则》、《南京城市规划管理实施细则》等法规中的用地单元划分、主次干路、支路及河道等围合界线、用地性质构成比例、街坊尺度、地块划分规模等用地指标规定，以及间接相关的土地使用权出让转让合同条件等强制性规定的控制和影响作用，从而导致街廓属性的变化，对应关联影响到了平面用地布局类型、地块划分肌理等街廓平面形态的形成与发展。南京城市街廓平面用地形态特征由单一规整演变为复杂而多样，地块划分数由少变多，地块细化的用地构成和权属边界组合等复杂度越大，这些形态特征与用地比例构成、街坊尺度、地块划分规模等用地指标的规定控制相关。因此，根据用地指标等规定，本章首先筛选出南京市主次干路两侧矛盾较多、较为复杂、涉及法规数量较多、建造在不同年代的单一居住功能街廓、居住为主并与其他用地混合功能的街廓（居住占 60% 以上）、单一公共建筑功能的街廓、公共建筑为主并与其他用地混合功能（公建占 60% 以上）的街廓特征案例样本约 165 个，包括 75 个居住为主街廓和 90 个公建为主街廓，然后再按照尺度大小、形状规则与不规则，分别对筛选的居住为主的街廓、公共建筑为主的街廓进行归类，作为本书第 5 章分析城市街廓平面形态和用地指标关联性研究做好基础工作。

2）地块建筑布局层面，地块权属边界与地块形状、建筑间距、建筑高度、开放场地尺度、出入口位置等属性特征，主要受到《江苏省城市规划管理技术规定》、

《江苏省控制性详细规划编制导则》《南京市城市规划管理实施细则》等法规文件中的容积率与建筑高度和建筑密度等地块指标、建筑布局指标等规定的控制，最后关联影响了建筑组合的密集程度、排列秩序、开放场地布局类型和高低空间轮廓等地块建筑组合形态特征。因此，根据地块指标、建筑布局指标的上下限规定，本书在选出的 75 个居住为主街廓和 90 个公建为主街廓中的每一个街廓内部，各自对应选择居住地块和公共建筑地块切片，即选出 75 个居住地块和 90 个公共地块，通过调研考察和分析得出居住地块的建筑群体排列秩序总体呈现出整齐而有序、建筑布局疏密度适当的肌理形态特征；公建地块的建筑群体秩序总体呈现出纷乱而模糊无序的肌理形态特征。然后分别对这些居住地块和公建地块，再按照低层、多层、高层和超高层进行归类，作为第 6 章地块建筑群体组合形态与地块指标关联性研究的基础。

3）街廓界面形态层面，沿街建筑面宽、建筑高度、建筑高度与街道宽度之比等属性特征受到建筑退让道路距离、建筑控制线等规定的控制作用，最后关联影响了街廓建筑界面的连续性、秩序性与围合感等界面形态特征。南京市 13 条主次路段两侧的沿街建筑界面形态呈现出参差不齐、不连续的特征，在同一条道路上不同建造年代的建筑退让道路不同的距离、有的街廓建筑界面形态呈现为功能不一、高度变化不统一的建筑界面类型，有的历史街区路段两侧街廓建筑界面又呈现连续统一、带有浓厚历史文化特色的建筑立面等特征，这些形态特征与建筑退让道路距离等指标规定控制相关。所以根据 1928 年以来的历年《南京市城市规划管理实施细则》等地方法规文件中的建筑退让道路等规定、相应年份的建筑地块的规划红线审批图，以及南京市地块拍卖年份图等资料，研究选取了沿街建筑建造年代不同、建筑功能不一、层高与退让道路距离不一的主次干路路段 13 条，包括 9 条主干路段、4 条次干路段两侧的街廓建筑界面案例切片，为第 7 章验证城市街廓界面形态与建筑退让道路距离等规定的关联性分析打好基础。

另外，地块形状的规整或不规则程度，虽然与相关地块指标等规定相关性不大，但形状的变化也是影响到建筑群体组合排列秩序及结合地形变化的主要因素之一。规整形状的公共建筑地块切片，其建筑排列形式结合地形是规整的，通过统计分析，南京市主要包括一字型、矩形、菱形等排列形式的地块建筑布局形态特征，主要是由次干路、支路围合的街廓内的地块较多；不规则形状的地块切片，其建筑排列形式随着地形布置的，南京市主要包括不规则多边形、曲线型、不规则带有曲线弧度形状的地块建筑平面形态，主要以南京老城中心区、沿中山路等主要干路的街廓内地块为主。

第5章　城市街廓平面形态特征与用地指标等规定的关联性

城市街廓平面形态特征主要包括街廓平面用地布局类型、地块细分的复杂形式和建筑群体排列秩序等特征方面（Kropf K S.，1993），与之直接对应着街廓平面本身属性特征，即街廓用地功能、街廓尺度、地块划分数与地块形状、街廓四周围合道路级别等属性，当街廓本身属性特征发展变化时，会关联影响到街廓平面形态特征的生成与变化。在我国，对城市街廓平面属性起直接控制和影响作用的是用地使用规定，比如《江苏省城市规划管理技术规定》（2011）中的用地使用规定，主要包括城市用地分类与兼容性、用地性质比例构成、土地单元、街坊尺度与地块划分规模等用地指标与地块指标规定方面，其制订初衷是为了解决采光通风、防火防震、交通等城市功能与安全问题，它是人们操控城市街廓平面用地使用、地块划分和开发量、建筑布局的主要因素。相关用地指标等规定与城市街廓平面形态特征之间有紧密的关联性，二者主要关联点在于街廓属性特征的变化，相关指标通过用地构成比例、街坊尺度与地块划分面积、容积率、建筑密度（覆盖率）等上下限值的规定来控制用地使用规模、地块开发强度的同时，导致了关联点"街廓属性特征"的变化，进而关联影响到街廓平面用地布局类型、地块划分的复杂形式和建筑群体排列秩序等形态特征方面的变化。

通过对《中华人民共和国土地管理法》（2004）、《中华人民共和国土地管理法实施细则》（1999）、《城市国有土地使用权出让转让规划管理办法》（1993）、《城市居住区规划设计规范》（GB 50180-93）、《城市规划编制办法》（2006）、《城市绿线管理办法》（2002）、《城市绿化规划建设指标规定》（1994）、《江苏省城市规划管理技术规定》（2011）以及《南京市城市规划实施细则》（2007）等国家、江苏省、南京市三个层级涉及土地使用规定的119个法规文件的6063条条文的调研。本章使用图示法（Gauthier P.，2006）梳理出与城市街廓平面用地、地块建筑布局相关的用地规定条文，主要包括四个方面：第一是用地规模与兼容、用地性质的比例构成、土地单元与地块划分、地块指标、非法占用土地建设奖罚等直接相关的强制性规定；第二是城市用地布局与功能分区等直接相关的引导性规定；

第三是城市规划与审批、土地使用权出让转让合同中的规划设计条件等间接相关的强制性规定；第四是相关程序规则、与环境协调等间接引导性规定。各类规定条文数及所占比重的梳理结果，如图5-1和图5-2所示。

从梳理结果看，与街廓形态相关的用地规定条文有1340条，其中直接强制性用地条文约284条（占21.2%）、直接引导性用地条文约287条（占21.4%）、间接强制性用地条文约296条（占22.1%）、间接引导性条文约476条（占35.3%）。相关土地使用规定中对城市街廓平面属性特征最具有控制和影响作用，以及实施可操控性强的主要是第一类用地性质的比例构成与地块划分等用地指标、容积率和建筑密度等地块指标，以及第三类间接相关的强制性规定等。但是这些强制性条文数量却较少，直接相关的强制性条文仅占4.6%，间接强制性条文约占4.9%，且主要包括在江苏省城市规划管理技术规定、南京市城市规划实施细则等法规文件中，其他大部分是第二和第四类引导性条文。因此，本章主要分析直接相关的用地性质比例构成与地块划分等用地指标规定、间接相关的土地使用权出让转让合同规划设计条件等强制性规定控制，与南京城市街廓平面形态的关联影响关系，而地块指标主要是控制城市街廓内的地块建筑开发强度的，其与地块建筑群体组合形态的关联性分析，本书主要在第6章阐释。

下面以南京市为例，主要从理论的法规模型建立与关联评价图表创建、案例实证分析两方面，来验证相关用地指标与城市街廓平面形态的关联性。

强制性规定	引导性规定
1. 用地范围划定及使用、用地分类与兼容、用地规模、街区与地块划分、道路广场绿化规模等规定（涉及38个文件，223条条文）	1. 城市功能分区、城市布局与性质、广场绿化布局等规定（涉及44个文件，228条条文）
2. 地块指标——容积率、建筑密度、建筑高度、绿化率、建筑间距和退让等规定；（涉及5个文件，12条条文）	2. 新区开发与旧区改建、地下空间利用、危房翻建等规定（涉及21个文件，59条条文）
3. 占用各类土地非法建设的奖罚规定等规定（涉及45个文件，126条条文）	

与城市街廓形态直接相关的土地使用规定内容及条文数

与城市街廓形态间接相关的土地使用规定内容及条文数

1. 土地使用权出让转让合同的规划设计条件、附图和用地范围、配套设施及管线埋设、防灾安全建设等规定 （涉及23个文件，122条条文）	1. 土地使用权出让转让程序规则等规定（涉及20个文件，70条条文）
2. 建筑用地批准文件、必须申领建设用地许可证和建设工程许可证的建设项目、及提交相应图件等规定（涉及42个文件，174条条文）	2. 保护生态环境、城市规划编制审批与选址等各部门工作分配、报批程序、监督检查等（涉及72个文件，403条条文）

图5-1 mapping图示：与城市街廓平面形态相关的土地使用规定内容及条文数

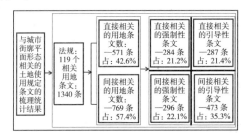

图5-2 与城市街廓平面形态相关的土地使用规定条文梳理结果

5.1 法规理论模型和关联评价图表建立的关联性理论分析

5.1.1 城市街廊平面形态特征与相关用地指标的关联法规理论模型创建

城市街廊平面形态特征主要包括街廊平面用地布局类型、街廊内地块细分的复杂形式和建筑群体排列秩序等方面，而街廊平面形态的形成与发展关联对应着街廊平面本身属性，即用功能、街廊尺度、地块划分数与地块形状、街廊四周道路交通环境等属性的变化，当街廊本身属性特征发展变化时，会关联影响到街廊平面形态特征的生成与变化。为了从理论上分析城市街廊平面形态特征与用地性质的比例构成、地块划分等用地指标的相关性，根据规定，本书从以下两个方面设计演绎了符合各用地指标的街廊平面用地形态的法规理论模型。

（1）根据《江苏省控制性详细规划编制导则》（2012）第6条、《城市居住区规划设计规范》（1993）第3条以及《城市用地分类与规划建设用地标准》（2011）第4条等对城市规划建设用地性质的构成比例、居住区用地性质构成比例、地块划分规模等用地指标的规定，设计演绎了与这些用地指标规定变化相关联的街廊平面形态变化的法规理论模型。根据本书第四章案例切片调研选取的分析得出，居住为主的街廊用地的地块划分较为规整有序，因此本章中用地构成比例的理论法规模型和下述的关联评价图表、案例实证验证中，主要以居住用地构成比例为分析的标准参数。

第一种：在同一街廊内，当居住用地面积（RLA）比例不变时，与地块划分数（PN）变化相关联的地块细分复杂度（NRPN）形态指标变化的法规模型。如图5-3所示，以街廊内居住用地面积所占比例为50%不变为例，其他非居住用地比例为50%，在地块划分数分别为10个、20个、30个、40个、50个的同一面积的街廊内，地块细分复杂度分别为0.2、0.4、0.6、0.8、1，其他依次类推。

其中"地块细分复杂度"，由于目前相关法规中缺乏衡量街廊平面用地布局中的地块划分肌理形态、地块用地功能划分布局等形态要素的量化指标，因此本章引入了"地块细分复杂度"指标，它表示单位居住用地内地块细分的复杂程度，其计算式如下：

地块划分复杂度（NRPN）=地块数划分数（PN）÷居住用地所占面积比例（RLA）

从设计演绎的法规模型得出：相关用地指标规定与城市街廊平面形态具有相关性，用地指标规定能够有效控制到街廊内用地性质和用地规模的使用，却同时

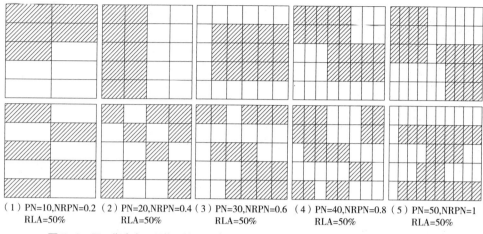

（1）PN=10,NRPN=0.2　（2）PN=20,NRPN=0.4　（3）PN=30,NRPN=0.6　（4）PN=40,NRPN=0.8　（5）PN=50,NRPN=1
　　RLA=50%　　　　　　　　RLA=50%　　　　　　　　RLA=50%　　　　　　　　RLA=50%　　　　　　　　RLA=50%

图5-3　同一街廓内，居住用地面积（RLA）占50%不变时，与地块划分数（PN）
变化相关联的街廓地块划分复杂度（NRPN）等平面形态类型模型

会作用导致街廓平面用地功能和地块划分数量等属性变化，进而会关联影响到街廓平面布局形态特征，关联出多种变化的街廓平面用地形态类型。在同一街廓内，当居住用地面积比例不变时，其他非居住用地比例也不变，随着街廓内地块划分数量的增多，则关联影响到街廓内地块用地功能细分形式的复杂度越大，用地平面形态变得越发纷乱且不规整，但是在同样居住用地面积比例和同样地块数的街廓内，却可以设计演化出多种街廓平面用地布局形态的变化类型，这又说明用地性质比例构成与地块划分等指标规定，虽然控制到了街廓内用地比例构成和用地划分规模的开发使用，却反而关联影响出多种变化的街廓平面形态类型，也就是说，当用地比例构成与地块划分规定的越详细越细致，反而地块细分的程度越复杂，街廓用地平面形态类型的变化越多样。比如，在居住用地占50%的同一街廓内，地块划分数由10个增加到50个，则地块复杂度由0.2增加到1，关联影响到街廓内的用地平面形态由简单规整趋向于地块细分形式越复杂且规整性较低的变化，而在居住用地比例为50%、居住地块数为10的同样两个街廓内，设计演绎出两种类型的街廓平面用地形态，甚至还可演绎出更多形态类型。

　　第二种：在同一街廓内，当地块划分数（PN）不变时，与居住用地面积（RLA）比例变化相关联的地块细分复杂度（NRPN）形态变化的法规模型。如图5-4所示，以街廓内地块划分数为10个不变为例，在居住用地面积比例分别为20%、40%、60%、80%、90%的同一面积的街廓内，地块复杂度分别为0.5、0.25、0.17、0.125、0.11，其他依次类推。

　　从设计演绎的法规模型得出：相关用地指标规定与城市街廓平面形态具有相

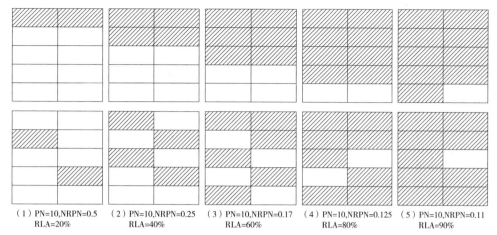

（1）PN=10,NRPN=0.5　（2）PN=10,NRPN=0.25　（3）PN=10,NRPN=0.17　（4）PN=10,NRPN=0.125　（5）PN=10,NRPN=0.11
　RLA=20%　　　　　　　RLA=40%　　　　　　　RLA=60%　　　　　　　RLA=80%　　　　　　　RLA=90%

图 5-4　同一街廓内，地块划分数（PN）为 10 个不变时，与居住用地面积（RLA）
变化相关联的街廓地块划分复杂度（NRPN）等平面形态类型模型

关性，用地指标规定能够有效控制到街廓内用地比例的划分和用地规模的开发使用，却关联影响到街廓平面布局形态特征，反而关联出多种街廓平面用地形态的类型。在同一街廓内，当地块划分数不变时，随着街廓内居住用地面积比例的增多，其他非居住用地比例降低，则关联影响到街廓内地块细分的复杂度越小，用地平面布局形态变得越简单且规整，但是在地块数和居住用地面积比例相同的情况下，却可以设计演化出多种变化的街廓平面用地布局形态类型，这说明相关用地性质比例构成与地块规模划分规定，虽然控制到了街廓内用地比例的划分和用地规模的开发使用，却反而关联影响出多种用地布局和地块划分的街廓平面形态类型，也就是说当用地功能比例约单一简单，地块划分的复杂程度越低，街廓平面形态越规整有序。如在地块划分为 10 个的同一街廓内，居住用地面积比例由 10% 增加到 50%，则非居住用地比例由 90% 降低至 50%，则地块复杂度由 1 降低到 0.2，关联影响到街廓内的用地平面形态由复杂且规整性较低趋向于简单规整的变化，而在居住地块数为 10 个、居住用地比例为 30% 的相同两个街廓内，设计演绎出两种类型的街廓平面用地形态，甚至还有更多类型。

（2）为了进一步验证，如图 5-5，根据相关用地规模与比例构成、用地性质与兼容、地块规模划分等规定，在对城市街廓土地功能使用控制的同时，关联影响了城市街廓平面用地形态。根据《城市居住区规划设计规范》（GB 50180-93）第 3.0.2 条和《江苏省控制性详细规划编制导则》（2012）第 6 条等条文对基本控制单元、居住用地分类与用地性质构成比例、街坊尺度与地块划分等的规定，我们在设定的面积约 3 公顷、用地性质以居住为主、兼商业办公的街廓切片上，设计演绎

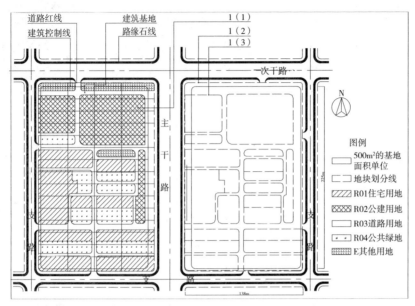

注解：理论模型关联对应的规定
1 土地使用规定
1（1）建设用地性质使用分类与兼容、规划建设用地比例规定；
1（2）街坊规模规定：旧城区住宅街坊尺度 2-4 公顷；
1（3）地块划分规定：街坊细分为若干个地块。
依据的法规条文：
1（1）：《城市居住区规划设计规范》（GB 50180-1993）第 3.0.2 条；
1（2）、1（3）：《江省控制性详细规划编制导则》（2012），第 6 条。

图5-5 符合用地指标等规定的城市街廓平面用地形态的综合法规理论模型

了居住用地比例占 50%、公建用地占 18%、道路用地占 10%、公共绿地占 12%、其他用地占 10% 的符合用地指标规定的街廓平面布局形态的综合关联法规理论模型。

最后，从综合理论模型理论分析得出结论：用地性质构成比例、街坊尺度与地块划分等用地指标规定与城市街廓平面用地布局形态相关联，用地指标在有效控制用地规模、街坊尺度与地块划分规模的同时，使用地功能布局发生了较大变化，关联影响了城市街廓平面用地形态的地块功能细分形式的复杂程度与规整性。综合模型中，由于各类用地性质的比例构成，关联影响到街廓用地平面布局的形态，对应居住用地占 50% 的街廓用地布局，其平面布局形态较为简单规整。

5.1.2 城市街廓平面形态特征与用地指标的关联评价图表的建立

本章采用关联评价图表建立的方法，将居住用地面积、地块划分数、地块细分复杂度等 3 种指标结合在一起建立了一种评价相关用地指标规定范围所对应的街廓平面用地形态类型的关联图表（图 5-6）。其中用地性质构成比例中取居住用地面积比例作为参数的原因，是由于用地面积是规划规定中所占比率较大的且根

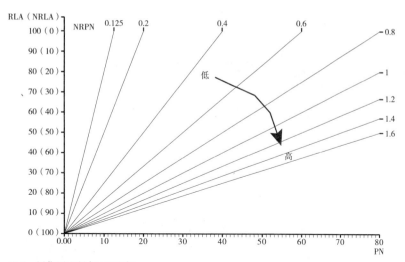

RLA—居住用地所占面积比例
PN—地块数
NRPN—地块划分复杂度 = 地块数 / 居住用地所占面积比例

图5-6　关联评价图表—用地指标规定与城市街廓平面形态的关联评价图表

据本书第 4 章案例切片调研选取的分析得出，一般居住用地的地块划分较为规整有序。因此，本关联图表中采用居住用地构成比例为纵轴标准参数。

评价关联图表的建立过程为：对应法规理论模型的建立过程，在同一街廓内，当居住用地面积（RLA）比例不变的情况下，随着地块划分数（PN）变化相关联的地块细分复杂度（NRPN），或者当地块划分数（PN）不变时，随着居住用地面积（RLA）变化相关联的地块细分复杂度，绘制对应的地块功能细分形式的复杂度变化线图表，分析与居住用地面积、地块划分数变化相关联的街廓平面用地布局形态的复杂程度与规整性。比如街廓内居住用地面积所占比例为 50% 不变为例，在地块划分数分别为 10 个、20 个、30 个、40 个、50 个的同一面积的街廓内，地块复杂度分别为 0.2、0.4、0.6、0.8、1，然后绘制 0.2、0.4、0.6、0.8、1 的关联图表线，其他依次类推。

从关联图表理论上得出结论：用地性质构成比例、街坊尺度与地块划分等用地指标规定与城市街廓平面用地布局形态相关，从图表看出，当居住用地面积越大、地块数越少、用地性质构成越单一时，则地块细分形式的复杂度越小，表示街廓平面用地布局形态越简单规整；当居住用地面积减小、其他公建等非居住用比例增大、用地性质混合构成越多样、地块细分数越多时，地块功能细分形式的复杂度越大，表示街廓用地形态越复杂纷乱。比如街廓由居住用地比例为 90%、地块划分数为 10 变化到居住用地比例为 50%、地块划分数为 40 时，地块划分复杂度由 0.11 变化为 0.8，关联影响到了街廓平面用地形态由简单规整向复杂不规整变化。

5.2 城市街廓平面形态特征与用地指标等规定的关联性实证分析

5.2.1 街廓平面形态特征与用地比例及地块划分等直接强制性规定的关联实证分析

实证第一步：

根据第 4 章对选取的 6 个分别规划审批于 1956 年、1987 年、1990 年、1997 年、1999 年、2004 年的街区案例切片的平面属性及其对应的平面用地布局形态特征分析，最后得到各个街区平面现状从 1956~2014 年的发展变化特征是用地规模与性质、地块划分、建筑密度等方面有较大变化：一是用地规模从历史发展至现在，这些街区地块内的建筑层数由低层演变为中高层与高层、用地开发规模的容积率发生了由低到高的转化；二是用地使用性质由简单的居住用地变化为居住与其他用地混合，或者从居住变为商业用地，或者从工业变为居住用地；三是地块划分从尺度巨大的地块划分到地块划分越来越细且尺度越小，地块形状大多由规整的四边形演变为不规则的非矩形地块；四是用地布局的肌理形态由单一规整演变为复杂多样而纷乱，居住建筑为主的街区用地布局的肌理形态较清晰有序，而公共建筑为主的街区用地肌理形态变得越发复杂多样。那么相关历年来土地规定在这些街区用地形态演变中是如何关联影响的呢。

实证第二步：

根据搜集到的各个街区当年规划用地红线审批图和 2007 年南京市电子地图，分别绘制了各街区用地审批当年、2007 年的用地比例构成和地块划分的平面变化图（图 5-7），研究相关居住用地比例、街坊尺度和地块划分规模等指标的历年变化与对应的各现状数据演变的吻合度。以规划用地红线审批于 1997 年的韩家巷街区的 1997 年和 2007 年的用地比例和地块划分图为例 [图 5-7（1）]，根据《城市居住区规划设计规范》（GB 50180-93）第 3.0.2 条 "在居住区中居住用地面积应占 60%、公建用地应占 15%–25%" 的规定，韩家巷街区的用地构成比例演变中，从 1997 年居住用地达 90% 以上、不符合规定，到 2007 年居住用地比例减少至 50.4%、其他公建等非居住用地增多、用地性质变得多样化且各项用地比例基本符合规定，说明此街区用地构成从 1997 年之前没有严格按照相关规定建设，演变到 2007 年逐渐按照相关规定开发建设图 5-7（2）。根据《江苏省

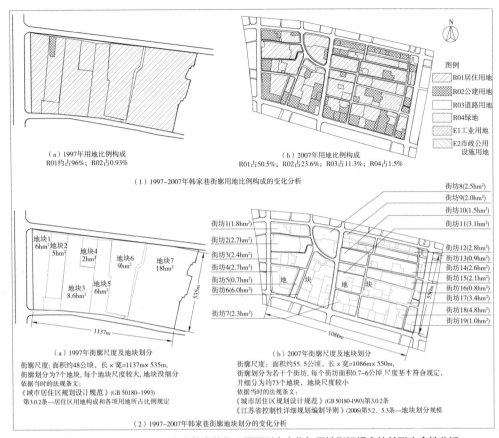

（a）1997年用地比例构成
R01约占96%；R02占0.93%

（b）2007年用地比例构成
R01占50.5%；R02占23.6%；R03占11.3%；R04占1.5%

（1）1997-2007年韩家巷街廊用地比例构成的变化分析

图例
R01居住用地
R02公建用地
R03道路用地
R04绿地
E1工业用地
E2市政公用设施用地

（a）1997年街廊尺度及地块划分

街廊尺度：面积约48公顷，长×宽=1137m×535m，
街廊划分为7个地块，每个地块尺度较大，地块没细分
依据当时的法规条文：
《城市居住区规划设计规范》（GB 50180-1993）
第3.0.2条—居住区用地构成和各项用地所占比例规定

（b）2007年街廊尺度及地块划分

街廊尺度：面积约55.5公顷，长×宽=1086m×550m，
街廊划分为若干个街坊，每个街坊面积0.7-6公顷,尺度基本符合规定，
并细分为73个地块，地块尺度较小
依据当时的法规条文：
《城市居住区规划设计规范》（GB 50180-1993）第3.0.2条
《江苏省控制性详细规划编制导则》（2006）第5.2、5.3条—地块划分规模

（2）1997-2007年韩家巷街廊地块划分的变化分析

图5-7　1997-2007年南京市韩家巷街区平面形态变化与用地指标规定的关联吻合性分析

控制性详细规划编制导则》（2006）第6条"旧城区住宅街坊规模一般为2~4公顷、不超过8公顷"的规定，韩家巷街区的地块划分变化中，从1997年之前划分为7个地块且每个地块尺度较大无细分，演变到2007年被划分为若干个街坊、每个街坊面积在0.7-6公顷，较符合规定，且这些街坊又被细分至约73个地块，这说明法规对街坊尺度及地块划分规模从1997欠缺规定，到2007年已有相关条文规定，并且地块划分从1997年划分粗放，演变至2007年基本按照相关规定进行划分建设。但是这两个演变分析图中，我们却看到此街区平面用地功能从单一化向多样化发展，土地使用中绿化、公共空间等用地较为缺乏，街区布局形态由简单集中趋向为分离杂乱的状态。

以韩家巷街区同样的分析方法，本节对其他5个街区也进行了实验验证（图5-8~图5-12）。

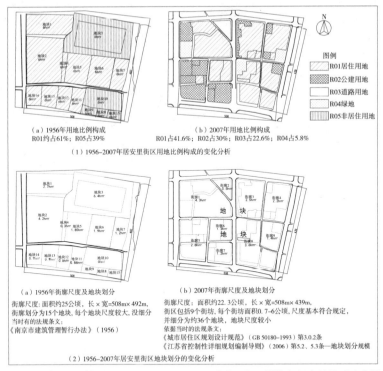

图 5-8　1956-2007 年南京市居安里街区平面形态变化与用地指标规定的关联吻合性分析

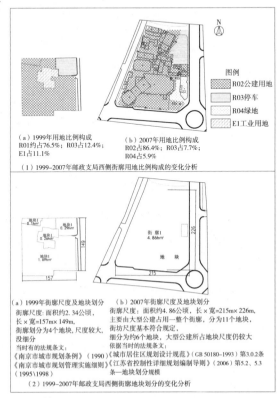

图 5-9　1999-2007 年南京市邮政支局西侧街廓平面形态变化与用地指标规定的关联吻合性分析

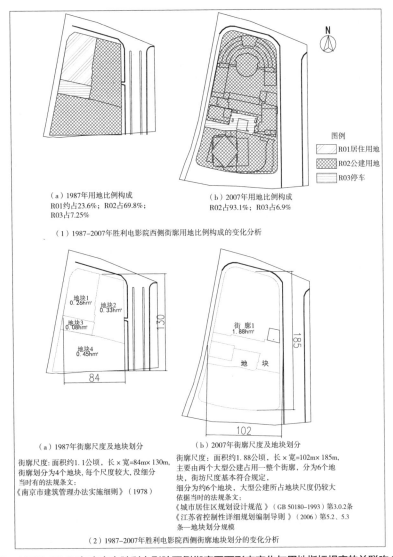

（a）1987年用地比例构成
R01约占23.6%；R02占69.8%；
R03占7.25%

（b）2007年用地比例构成
R02占93.1%；R03占6.9%

图例
☐ R01居住用地
☐ R02公建用地
☐ R03停车

（1）1987-2007年胜利电影院西侧街廓用地比例构成的变化分析

（a）1987年街廓尺度及地块划分

街廓尺度：面积约1.1公顷，长×宽=84m×130m，
街廓划分为4个地块，每个尺度较大，没细分
当时有的法规条文：
《南京市建筑管理办法实施细则》（1978）

（b）2007年街廓尺度及地块划分

街廓尺度：面积约1.88公顷，长×宽=102m×185m，
主要由两个大型公建占用一整个街廓，分为6个地
块，街坊尺度基本符合规定，
细分为约6个地块，大型公建所占地块尺度仍较大
依据当时的法规条文：
《城市居住区规划设计规范》（GB 50180-1993）第3.0.2条
《江苏省控制性详细规划编制导则》（2006）第5.2、5.3
条—地块划分规模

（2）1987-2007年胜利电影院西侧街廓地块划分的变化分析

图5-10 1987-2007年南京市胜利电影院西侧街廓平面形态变化与用地指标规定的关联吻合性分析

　　最后实验结论为：6个街区平面用地形态变化与用地指标规划变化相关联，各街区案例从规划审批当年几乎没有相关规定、居住用地面积比例高、地块划分数少变化到2007年的居住用地比例降低、其他非居住用地比例增多、符合用地性质构成比例与地块划分规模规定的用地平面布局的过程，地块细分复杂度由低到高的变化，关联影响到街区平面用地形态由简单规整向复杂纷乱的转变。如划用地红线审批于1997年的韩家巷街区，由1997年的居住用地达90%以上、不符合规定、划分为7个地块数、用地性质单一化，变化到2007年的居住用地比例减少至50.4%、其他公建等非居住用地增多、基本符合规定、用地性质多样化的过程，导

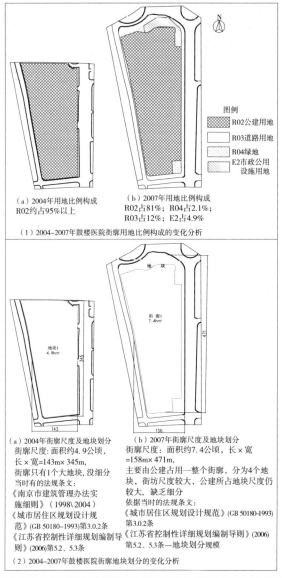

（a）2004年用地比例构成
R02约占95%以上

（b）2007年用地比例构成
R02占81%；R04占2.1%；
R03占12%；E2占4.9%

图例
R02公建用地
R03道路用地
R04绿地
E2市政公用
设施用地

（1）2004-2007年鼓楼医院街廓用地比例构成的变化分析

（a）2004年街廓尺度及地块划分
街廓尺度：面积约4.9公顷，
长×宽=143m×345m，
街廓只有1个大地块，没细分
当时有的法规条文：
《南京市建筑管理办法实
施细则》（1998\2004）
《城市居住区规划设计规
范》(GB 50180-1993)第3.0.2条
《江苏省控制性详细规划编制导
则》(2006)第5.2、5.3条

（b）2007年街廓尺度及地块划分
街廓尺度：面积约7.4公顷，长×宽
=158m×471m，
主要由公建占用一整个街廓，分为4个地
块，街坊尺度较大，公建所占地块尺度仍
较大，缺乏细分
依据当时的法规条文：
《城市居住区规划设计规范》(GB 50180-1993)
第3.0.2条
《江苏省控制性详细规划编制导则》(2006)
第5.2、5.3条—地块划分规模

（2）2004-2007年鼓楼医院街廓地块划分的变化分析

图5-11 2004-2007年鼓楼医院街廓平面形态变化与用地指标规定的关联吻合性分析

致街区平面用地功能从单一化向多样化发展，土地使用中绿化、公共空间等用地较为缺乏，关联影响到街区平面用地布局形态街区布局形态由简单集中且规整趋向于多种布局形式且分离杂乱的状态。

实证第三步：

为了进一步验证用地指标与街廓平面形态的相关性及关联影响过程，采用关联评价图表分析的方法，此处首先分别统计并计算出6个街区规划审批当年和

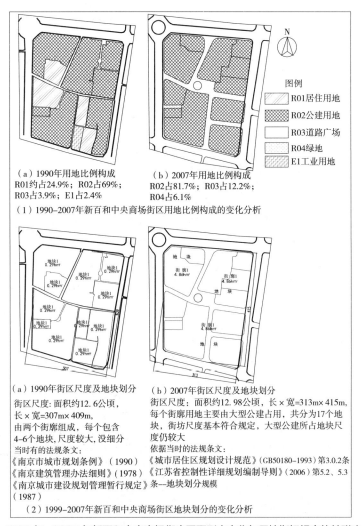

（a）1990年用地比例构成
R01约占24.9%；R02占69%；
R03占3.9%；E1占2.4%

（b）2007年用地比例构成
R02占81.7%；R03占12.2%；
R04占6.1%

（1）1990-2007年新百和中央商场街区用地比例构成的变化分析

（a）1990年街区尺度及地块划分
街区尺度：面积约12.6公顷，
长×宽=307m×409m，
由两个街廓组成，每个包含
4-6个地块，尺度较大，没细分
当时有的法规条文：
《南京市城市规划条例》（1990）
《南京建筑管理办法细则》（1978）
《南京城市建设规划管理暂行规定》
（1987）

（b）2007年街区尺度及地块划分
街区尺度：面积12.98公顷，长×宽=313m×415m，
每个街廓用地主要由大型公建占用，共分为17个地
块，街坊尺度基本符合规定，大型公建所占地块尺
度仍较大
依据当时的法规条文：
《城市居住区规划设计规范》（GB50180-1993）第3.0.2条
《江苏省控制性详细规划编制导则》（2006）第5.2、5.3
条——地块划分规模

（2）1999-2007年新百和中央商场街区地块划分的变化分析

图5-12 1990年~2007年新百和中央商场街廓平面形态变化与用地指标规定的关联吻合性分析

2007年各自的居住用地面积、地块划分数、用地开放率等现状数据（见附录二），
然后根据统计的指标，以点的形式标注到关联图表中（图5-13），分析这些街区
平面形态变化与相关用地指标的关联性。如韩家巷街区的规划审批的1997年标注
点为a，2007年标注点为a'，然后连接a-a'，可看出韩家巷街区地块细分复杂度
的变化线，其他5个街区以同样的方法标入关联评价图表中。

最后关联评价图表验证结论为：在关联图表中6个街区的数据变化线与评价图
走势基本吻合，说明这些街区的土地使用随着人们生活需求和市场需要的变化，历
年相关条文规定也发生变化，用地比例构成与地块划分规模逐步按照相关规定进行
建设，但是相关用地指标在对街区用地使用与开发建设强度逐渐控制有效的同时，

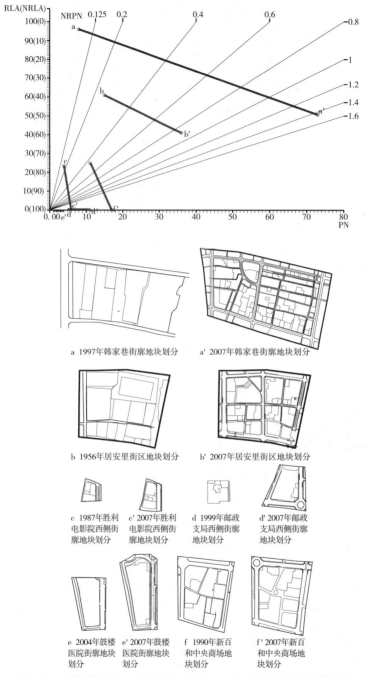

图 5-13 关联评价图表—城市街廊平面形态与用地指标规定的关联性分析

却也导致街廊属性的变化，即用地功能从用地性质单一到复杂多样的变化、街廊的地块划分从地块数较少且划分尺度大到地块数增多且细分尺度变小、地块形状大部分由规则演变为不规则的多边形，进而关联影响到地块细分复杂度由低到高的转变，且严重缺乏绿化与广场等公共空间，街区平面肌理形态、地块划分肌理形态等特征从简单规整变得复杂、多样且越发纷乱。

5.2.2　城市街廓平面形态与土地使用权出让转让等间接强制性规定的关联性分析

（1）土地使用权出让转让合同的规划设计条件等相关规定的关联性：

土地使用权出让转让合同的规划设计条件等规定，通过对建设项目用地红线范围、用地性质、土地开发量等控制的同时，却也关联影响到城市街廓平面用地性质与功能布局的变化以及地块及建筑布局形态。如《城市国有土地使用权出让转让规划管理办法》第5~7条规定：城市国有土地使用权出让、转让合同必须附具城市规划部门提出的规划设计条件及附图，并且出让方和受让方不得擅自变更。规划设计条件应当包括：地块面积、土地使用性质、容积率、建筑密度、建筑高度、停车泊位、主要出入口、绿地比例，必须配置公共设施、工程设施、建筑界线，开发期限以及其他要求。据此规定，必须严格按照规划设计条件对地块出让转让并开发，如上述案例分析所示，可达到控制土地使用的目的。但正是在此规定的强制贯彻执行下，与会导致城市街廓用地性质和用地规模等属性的变化，从而也会关联影响到城市街廓平面形态特征。

（2）城市规划编制和审批方面的审核奖罚、建设项目申领建设用地和建设工程许可证、提交图件、建设工程设计方案报批等规定的关联性：

城市规划编制和审批等方面的硬性规定，主要通过对审批核发奖罚、建设项目必须申领建设用地许可证和建设工程许可证、提交相应图件、建设工程设计方案报批、禁止乱涂乱砍乱挖行为等规定，来进行城市规划制定与实施操作等的控制，但同时也会关联影响到城市街廓用地平面布局、地块划分形式和布局肌理等形态的变化。比如审批过程中的有些规定，为了刺激土地集约化，可中和开发商的行为，通过允许他们在较大场地上有较高的密度，来推动特点区域的发展，同时影响到项目的成本及其他方面，最终影响到城市街廓内部开放场地类型、平面功能用地布局等形态特征的变化。

（3）各类奖罚与规划成果等硬性规定的关联性：

相关法规条文通过"禁止破坏或损毁的各类建设行为、禁止占用各类土地非法建设等奖罚规定"等强制性规定，能够有效地控制城市土地的合理开发与节约利用，同时会导致城市土地功能分区的变化，进而也会间接的关联影响城市街廓平面用地形态的变化。

（4）设计评审与专家论证、征求公众意见、整治市容和与城市环境协调等间接引导性规定的关联性：

设计评审与专家论证、征求公众意见、整治市容和与城市环境协调、合理使用土地、保护耕地和基本农田、保护生态环境、关注可持续发展等方面的引导性规定，虽然缺乏相关量化指标，控制和影响形态的力度不大，但是也或多或少地与城市街廓物质形态的形成相关联。比如，《南京市市容管理条例》（1998）法规第21条规定"机场、车站、港口、码头、影剧院、歌舞厅、体育场馆、公园景点、贸易市场等公共场所，应当保持容貌整洁"。这些间接影响的规定，虽然缺乏相关量化的操作指标，但也通过引导主要公共场所的容貌整治等引导性规定，对城市街廓形态的容貌与外观质量有或多或少的关联影响作用。

5.3　本章小结

城市街廓平面形态特征主要呈现出街廓平面用地布局类型、地块细分复杂形式、建筑群体排列秩序和布局疏密度等方面，直接对应着用地功能、地块划分数、地块权属边界与地块形状、四周道路级别等街廓平面自身属性。而最直接控制和影响城市街廓平面属性的是用地性质比例构成、街坊尺度与地块划分规模等用地指标。这些相关用地指标与城市街廓平面形态具有关联性，二者主要关联点在于街廓属性的变化，通过对用地指标限值的规定，能够有效控制到街廓用地性质使用和开发规模，解决城市功能问题，但同时导致了关联点"街廓平面属性"的变化，进而关联影响到用地布局类型、地块划分的复杂形式等街廓平面形态特征的变化，关联出多种变化的城市街廓平面形态类型。为了适应市场经济、社会和人们生活等变化，随着历年相关用地指标规定的变化，用地比例构成与地块划分逐步按照指标规定进行建设，指标对街廓用地使用与开发强度等控制有效，但也导致街廓用地属性的变化，诸如用地性质由单一到复杂、地块划分从粗放大尺度到小尺度且细分数增多、地块形状由规则到不规则的演变，进而关联影响到地块细分复杂度由低到高的变化，这些变化使得城市街廓，尤其是公共建筑地块为主的街廓形态形成模糊无序的肌理形态特征，并伴随着城市土地使用功能多样、分离、公共空间缺乏等城市形态问题。城市规划与审批、土地使用权出让转让合同规划设计条件等间接相关的强制性规定，对街廓规划与建设实施控制有效，但间接的也影响到了城市街廓平面形态。其他直接或间接相关的城市布局、功能分区等引导性规定，虽与城市街廓平面形态密切相关，但缺乏可操作性的量化指标，实施力度不大。

从理论分析和实证验证两方面研究得出如下结论：

首先，形态法规模型和关联评价图表理论分析的结论为：用地指标与街廓平面形态相关联，指标在有效控制街廓用地比例和用地规模的同时，主要导致用地功能和地块划分数等街廓属性要素发生变化，进而关联影响了街廓平面的布局肌理、地块细分形式的复杂程度、建筑组合秩序与开敞空间等形态特征，关联出多种变化的街廓平面形态类型。如在同一街廓内，在居住用地、非居住用地比例不变的情况下，伴随着历年地块划分规模规定从大到小的管控变化，导致街廓用地布局从单一形式到多种组合形式、地块细分数由少到多、地块划分面积由大到小等街廓属性的变化，使得地块细分形式的复杂度越大，关联影响到用地平面形态由简单规整变得纷乱且不规整，但是在居住用地面积比例和地块数相同的街廓内，却可以设计出多种用地布局形态的类型；或者在同一街廓内，当地块划分数不变时，伴随着历年居住用地比例规定由大到小的管控变化，导致街廓内居住用地面积比例由小到大、街廓用地性质由复杂多样向单一等街廓属性要素的变化，使得地块划分复杂度越小，关联影响到街廓用地平面形态变得简单规整。当居住用地面积减小、其他公建等非居用地比例增大、街廓内用地性质构成形式越多样、地块划分数越多，则地块细分复杂度越大，关联影响到街廓用地形态越复杂纷乱。

其次，实证结论为：街区平面用地形态变化与用地指标规定的变化相关联。伴随着各街区从规划审批当年几乎没有相关规定或不符合规定、到后来有规定且逐步按照用地比例与地块划分规模规定的变化，街廓属性要素发生了变化，即街廓用地性质从单一居住为主且比例较高的用地构成变化为后来的居住、公建、绿化与场地、工业等用地混合构成且居住比例降低；地块划分数少且尺度大变化到后来的地块细分数增多且符合指标规定的地块小尺度划分；地块形状从规则到不规则的转变等，相关用地指标对街区用地使用与开发规模逐渐控制有效，但同时关联影响到地块细分形式的复杂度由低到高的变化，街区平面布局的肌理形态从简单规整转变得复杂、分离且越发纷乱。如用地红线审批于 1997 年的韩家巷街区，由 1997 年的居住用地达 90% 以上、不符合规定，划分为 7 个地块数、用地性质居住为主的单一化，变化到 2007 年的居住用地比例减少至 50.4%，其他公建等非居住用地增多、基本符合规定、用地性质多样混合发展的过程，土地使用中绿化、公共空间等用地较为缺乏，关联影响到街区平面用地布局形态由简单集中且规整趋向于分离杂乱的状态。

土地使用规定作为设计与建设的依据对城市街廓平面形态具有直接影响作用，但形态问题并非是法规直接导致的结果，是其执行城市健康、安全和社会经济发展等功能时所导致的附带结果（刘晓敏，2012），城市街廓平面形态没有法规作为依据。因此，基于城市形态的视角，在不影响城市功能的前提下，有待于各层级法规条文衔接，建议应增加地块相关度、地块划分细则等相关量化指标方面的改善修补。

第6章 地块建筑形态特征与地块指标的关联性

  城市形态分析的一个方面就是验证建造环境的密度（Pont M. B. & Haupt P., 2005），本章研究的密度主要聚焦于物质空间方面，即地块内的建筑基底覆盖用地面积的比率、开放空间场地的规模、建筑体量等物质特征等方面。地块建筑群体形态特征主要包括地块内建筑布局密集程度、组合的排列秩序、开放场地布局类型和高低空间轮廓等形态特征方面，与之直接对应关联着地块建筑属性，即地块建筑功能、地块权属边界与地块形状、建筑间距、建筑高度、开放场地尺度、出入口位置等属性，根据法规条文梳理得出，这些属性特征主要受到容积率、建筑密度（覆盖率）、建筑间距、建筑高度等地块指标和建筑布局指标控制的作用。地块指标与地块建筑群体组合形态特征有着紧密的关联性，二者关联点主要在于地块建筑本身属性的变化，相关条文通过对地块容积率、建筑密度、建筑高度、最小建筑日照间距和防火间距等指标上、下限值的控制，完成地块开发强度与建筑位置布置，解决通风、采光与防火等功能问题的同时，导致地块功能等属性发生了变化，却关联影响到地块内建筑群体组合的排列秩序和建筑覆盖用地的疏密程度、开放空间场地布局类型、高低空间轮廓等物态形式发生了变化。

  美国采用区划法并结合其他法律等立法指导下对城市土地开发和建筑布局进行控制，地方政府将所管辖的土地细分为不同地块，详细确定每个地块的用地性质和有条件混合的功用。同时引入城市设计思想，确定土地开发中物质形态方面的建筑及环境容量控制指标，如容积率、旷地率、建筑密度、建筑高度和退缩等，并通过一系列规定对其他形态要素进行控制，最后起到了良好的控制效果，形成了清晰的城市肌理、连续的街道界面（Daniel G. & Parolek K. etc., 2012）。比如，曼哈顿规则的街道网格、成百上千个矩形街廓地块是通过城市法规产生的（Marshall S., 2011）；中国香港以城市规划和城市立法相结合对土地开发进行控制，采用法定图则和非法定图则的地区图则，把土地划分为不同的用途，主要对容积率、基地覆盖率、沿街建筑高度和开放空间等内容进行土地使用强度的控制，并取得了较好的实践效果（同济大学等，2011）。我国相关法规条文中，对于城市物质形态的指标控制等方面还处于探索时期，缺乏对每个地块性质、地块几何形状与建筑关系、地块细分等量化指标的规定，但也有些类似于美国的土地开发和建筑控制，主要通过容积率、建筑密度（覆盖率）、绿化率、建筑间距和用地界线退让等规定，对土地开发强度和建筑位置进行控制。这些规定在控制土地开发规模和建筑定位的同时，与街廓内地块建筑群体布局形态关联密切。因此，本章以南京市为例，主要从理论的法规模型建立到案例实证研究，来分析地块指标对城市街廓内的地块建筑群体组合形的关联影响性。

6.1 法规理论模型和关联评价图表建立的关联性理论分析

6.1.1 地块建筑形态特征与地块指标的关联法规理论模型创建

为了从理论上分析地块建筑群体形态与地块指标的相关性，根据规定，从如下两个方面设计了符合各个地块指标的法规理论模型。

（1）本章根据《江苏省城市规划管理技术规定》（2011）第2.3、3.5、3.6条、《南京市城市规划实施细则》（2007）第42~44条对城市各类建筑基地最小面积下限、建筑密度和容积率上下限、绿化率下限、建筑日照和防火间距、建筑退让用地界线距离等指标的规定，分以下三种情况，设计演绎了与容积率、建筑密度（覆盖率）、建筑限高等地块指标规定变化相关联的地块建筑群体形态的法规理论模型。

第一种：在同一地块内，建筑高度（FL）不变的情况下，与容积率（FAR）变化相关联的建筑密度（BD）和开放场地尺度（用地开放率）的形态变化。如图6-1所示，以建筑层数10层为例，当容积率（FAR）为1时，建筑密度（BD）为10%，当FAR为2时，BD为20%，其他依次类推；再以建筑层数5层为例，当FAR为0.5时，BD为10%，FAR为0.5时，BD为10%，其他依次类推。

其中"用地开放率（OSR）"是单位建筑面积上非建筑占地面积的比率，表示地块上建筑群体组合形态的疏密度和用地空间开放程度，计算公式如下：

用地开放率（OSR）＝非建筑占地面积 ÷ 建筑面积

＝（地块用地面积—建筑低层占地面积）÷ 建筑面积

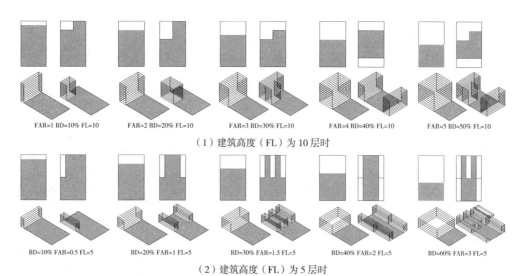

（1）建筑高度（FL）为 10 层时

（2）建筑高度（FL）为 5 层时

图 6-1　同一地块内，建筑高度（FL）不变，与容积率（FAR）变化相关联的建筑密度（BD）
和开放场地尺度变化

从设计演绎的法规模型得出：当建筑高度一定时，容积率与建筑密度（覆盖率）
成正比关系，与开放场地尺度成反比关联关系，即当容积率增大时，建筑体量越大，
建筑占地的密度越大，开放场地面积越小，反之亦然。这样当容积率符合规定指
标要求时，可有效地控制地块内建筑面积、占地面积和用地使用规模等地块开发
强度，可控制留有开放场地，但是却对形态布局形式和空间形态控制不到，会关
联出多种建筑组合和开放空间类型的形态特征；当容积率突破规定指标时，在建
筑高度不变的情况下，则会加大建筑占地面积，降低开放场地尺度，从而仍然会
关联影响到地块内建筑密集程度、建筑布局形式、空间组织和开放场地类型等城
市形态特征问题，即在同样的地块面积、建筑高度统一的情况下，容积率和建筑
密度规定不但对地块建筑形态控制失效，反而会关联呈现出建筑群体组合的排列
秩序和开放场地空间类型的多种形态变化。

第二种：在同一地块内，容积率不变的情况下，随着建筑高度变化相关联
的建筑密度（覆盖率）、地块内建筑高低轮廓形态特征变化（图 6-2）。如容积
率统一为 1 的情况下，建筑高度为 1 层时，建筑密度为 100%；建筑高度为 2 层
时，建筑密度为 50%，其他依次类推。或者在同一地块内，建筑密度不变的情
况下，随着建筑高度变化相关联的容积率变化和地块内建筑高低轮廓形态变化
（图 6-3）。如建筑密度统一为 50% 的情况下，建筑高度为 1 层时，容积率为 0.5；
建筑高度为 2 层时，容积率为 1，其他依次类推。

从设计演绎的法规模型得出：建筑高度与容积率呈现正比关联关系，建筑高

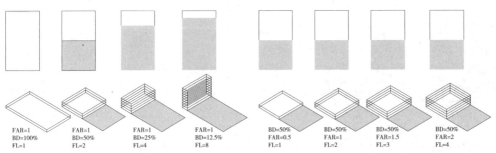

图6-2 同一地块内，容积率（FAR）不变，与建筑高度（FL）变化相关联的建筑密度（BD）变化图

图6-3 同一地块内，建筑密度（BD）不变，与容积率（FAR）变化相关联的建筑高度（FL）变化图

度与建筑密度（覆盖率）呈现反比关联关系，在同一地块内，当容积率一定、建筑高度就越大时，建筑密度越小，则关联到地块内的空间高度轮廓由低到高、建筑覆盖密集程度由密集到稀疏，开放场地尺度由小到大等变化；当建筑密度一定、建筑高度就越大时，容积率增大，则关联到建筑体量越大、地块空间高度轮廓形态由低到高的变化。这样在同一地块内，随着建筑高度的变化，建筑密度、容积率等地块指标虽然对建筑面积、建筑占地等用地开发量进行了有效的控制，但同时关联影响到了城市街廊空间轮廓制高点、地块内建筑体量、建筑群体布局的疏密度和开放场地尺度等形态特征呈现发生变化。

第三种：在同一地块内，容积率不变的同一地块内，与建筑日照和防火间距变化相关联的地块内居住建筑群体组合形态变化，如图6-4所示。在同一面积的地块内，以布置相同长宽尺度的层数为3层、层高为3米的低层居住建筑、层数为6层的多层居住建筑和层数为10层的高层居住建筑为例，根据《南京市城市规划条例实施细则》（2007）第42~44条的建筑日照间距、建筑退让用地边界距离，以及《建筑设计防火规范》中的防火间距，设计演绎出在容积率相同的情况下，地块内居住建筑群体组合秩序、建筑密度（覆盖率）及开放场地等形态特征的变化。居住建筑

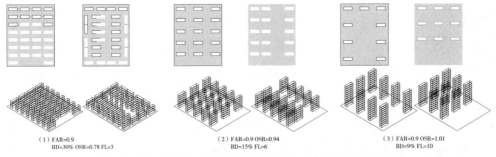

（1）FAR=0.9 BD=30% OSR=0.78 FL=3   （2）FAR=0.9 OSR=0.94 BD=15% FL=6   （3）FAR=0.9 OSR=1.01 BD=9% FL=10

图6-4 同一地块内，容积率（FAR）不变，与建筑间距相关联的地块建筑群体布局形态及开放场地空间轮廓

群体为 3 层时，日照系数取 1.5，建筑日照间距为 13.5 米，防火间距为 6 米，最小退让用地界线东西 4 米和南北 6 米；当为 6 层时，建筑日照间距为 27 米，防火间距为 9 米，最小退让用地界线东西 4 米和南北 6 米；当为 10 层时，建筑日照间距为 45 米，防火间距为 13 米，最小退让用地界线东西 8 米和南北 10 米；这三个法规模型中，统一取退让用地界线 10 米。从设计演绎的法规模型得出：同一地块面积内，在容积率一定的情况下，随着建筑高度增大，建筑日照和防火间距越大，则建筑密度就越小；关联到地块内建筑组合形态发生建筑群体布局越稀疏、开放场地尺度越大、空间高度轮廓由低到高等变化，反之亦然。这样虽然建筑间距可有效的控制到地块内建筑布置的位置和地块强度，但是却控制不到地块内建筑群体组合形态，反而关联影响到地块内建筑群体组合的排列秩序和疏密程度、开放场地空间轮廓等形态的变化，导致出现多种变化的建筑排列秩序和开放场地空间轮廓肌理。

（2）为了进一步验证，根据《江苏省城市规划管理技术规定》（2011）第 2.3、3.5、3.6 条的规定，我们在设定的面积约 3 公顷、用地性质以居住为主、兼商业办公的街廓切片内，设计演绎了符合地块指标及建筑间距等强制性规定的地块建筑群体布局形态的关联法规理论模型（图 6-5），在此综合关联理论模型中，根据各指标上下限值规定，从南到北，依此布置了最小面积为 500m² 的低层住宅地块建筑、最小面积为 1000m² 的多层住宅地块建筑、最小面积为 1500m² 的小高层住宅地块建筑、最小面积为 2000m² 的高层住宅地块建筑、最小面积为 1000m² 的多层公共地块建筑、最小面积为 3000m² 的多层公共地块建筑，以及同时满足建筑日照和防火间距、绿地率下限规定的绿地广场等功能性质的城市街廓内的地块建筑群体组合形态的法规模型。

最后，从综合理论模型分析得出结论：从理论上看出，容积率、建筑密度（覆盖率）、建筑高度和建筑间距等地块指标规定与城市街廓内的地块建筑群体形态密切相关，具体如下：

1）城市街廓内部，在规定的各类建筑项目基地最小面积的地块内，容积率规定上限、建筑高度限高、建筑密度（覆盖率）下限指标，能够有效地控制到地块内的用地使用规模、建筑面积、建筑占地面积、开放场地面积规模等开发强度总量，却反而关联影响了地块建筑群体组合的疏密程度、开放场地布局类型和街廓空间轮廓形状等形态肌理的变化。比如在综合理论模型的各类建筑地块内，根据《江苏省城市规划管理技术规定》（2011）第 2.3 条规定的最小面积、最大容积率和最小建筑密度的低层住宅建筑地块、多层住宅建筑地块、高层住宅建筑地

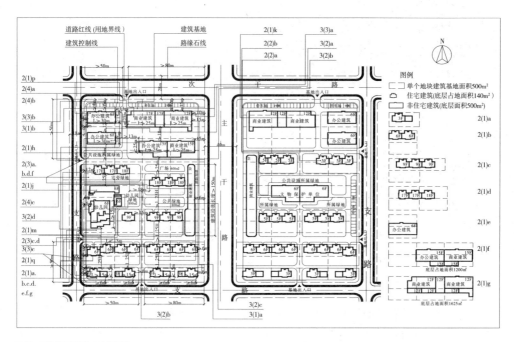

注解：理论模型关联对应的规定。

2 地块指标规定 2（1）建筑密度和容积率规定；2（2）建筑物高度控制规定；2（3）建筑基地绿化率规定；2（4）—建筑物基地出入口规定。

依据的法规条文：《江苏省城市规划管理技术规定》（2011），第 2.3、3.4、3.5、3.6 条

2（1）a 低层住宅建筑基地最小面积500m²，建筑密度上限40%，容积率上限1.2；2（1）b 多层住宅建筑基地最小面积1000m²，建筑密度上限30%，容积率上限1.8；

2（1）c 小高层住宅建筑基地最小面积1500m²，建筑密度上限28%，容积率上限2.4；2（1）d 高层住宅建筑基地最小面积2000m²，建筑密度上限20%，容积率上限3.5；2（1）e 2（1）f 多层办公建筑基地最小面积1000m²，建筑密度上限50%，容积率上限3；高层办公建筑基地最小面积3000m²，建筑密度上限40%，容积率上限6；

2（1）g 多层商业建筑基地最小面积1000m²，建筑密度上限60%，容积率上限4；高层商业建筑基地最小面积3000m²，建筑密度上限55%，容积率上限6.5；

2（1）h 同一地块或同一建筑内不同建设类型的，容积率按不同类型建筑面积比例折算；2（1）j 幼托、中小学校等容积率应按有关规定执行，但不超过相应住宅建筑指标；

2（1）k 高度超过100米的超高层建筑，在满足日照、交通、消防、施工安全要求的前提下，其建筑密度和容积率按照详细规划确定的指标执行；

2（1）m 建筑基地原有容积率超过规定值时，不得在该基地范围内进行扩建，加层；2（1）p 办公建筑层高、商业建筑层高等公共建筑的层高应与其功能相适应；

2（1）q 住宅层高不宜超过3m；2（2）a 建筑物高度应符合城市空域、历史文化和风景名胜资源保护及建筑间距、城市景观等方面的要求；

2（2）b 国家或地方制定的保护区范围界限，保护区范围内，应控制建筑高度＜文物建筑高度；2（3）a 居住区内绿地＝公共绿地＋宅旁绿地＋配套公建所属绿地＋道路绿地；

2（3）b.d 居住区绿地率不小于30%，旧区改建的绿地率不小于25%；2（3）f 居住小区内每块公共绿地面积不小于400m²；

2（3）c.d 幼儿园、托儿所、中小学、医院、疗养院、休养所、老年人居住建筑等建设用地的绿地率不小于35%，旧区改建的绿地率不小于30%；

2（4）a 基地出入口尽量采用正交布置；2（4）b 出地入口距离城市主次干道距离；2（4）c 建筑物沿街部分长度超过150米或总长度超过220米时，设置穿过建筑消防车道。

3—建筑布局规定 3（1）建筑退让道路红线距离规定；3（2）建筑间距规定；3（3）建筑退让用地界线规定。

依据的法规条文：《南京市城市规划条例实施细则》（2007）第 42、43 条—3（1）、3（2）、3（3）《江苏省城市规划管理技术规定》（2011），第 3.2 条—3（2）a

3（1）a 建筑退让主干道路红线距离：规划路幅宽＞30 米，高度≤24m时，退让距离≥6m；24m＜高度≤100m时，退让距离≥15m；高度＞100m时，退让距离≥25m；

3（1）b 建筑退让次干道路红线距离：在规划路幅宽＜30 米，高度≤24m 时，退让距离≥4m；24m＜高度≤100m 时，退让距离≥12m；高度＞100m 时，退让距离≥18m；

3（2）a 非住宅建筑间最小间距 3（2）b 平行布置时，住宅遮挡非住宅的建筑间距：低多层住宅与非住宅间≥15m，小高层与非住宅间≥18m，高层住宅与非住宅间≥25m；

并列布置时：低多层住宅间＞8m，小高层住宅之间≥15m，高层住宅间≥18m，3（2）c 低多层建筑、小高层住宅、高层建筑与被遮挡住宅满足最小间距，同时高层建筑还满足日照；

3（2）d 建筑遮挡托幼儿园的生活用房、中小学普通教室、医院病房、疗养院的疗养用房、老年公寓等有特殊日照要求的建筑，其建筑间距按照以上3（2）a\b\c 执行，且托儿所、幼儿园生活用房、医院病房、疗养用房建筑间距系数增加0.3，其他类型增加0.2

3（3）a 高层住宅建筑退用地边界最小距离，沿边界面宽＜25m 时，退让≥10m；3（3）b 多层住宅建筑退用地边界最小距离：沿边界面宽＞15m 时，退≥6m；沿边界面宽＜15m 时，退距离≥4m；3（3）c 低层或多层住宅退用地边界最小距离：面宽＞15m 时，退距离≥6m；面宽＜15m 时，退距离≥4m。

图6-5 符合地块指标等规定的地块建筑群体形态的关联法规理论模型

块、多层公共建筑地块、高层公共建筑地块、绿地地块、幼儿园建筑地块等不同建筑场地性质的地块内，虽然各个地块都有效地控制到了地块开发量，但是各个地块内的建筑布局可排列出不同的建筑组合秩序、开放场地空间轮廓等形态的变化，即各类建筑地块指标上下限规定不但控制不了地块建筑群体组合形态的秩序和空间轮廓形态，反而关联呈现出不同的形态组合变化；再如在综合模型中，在布置的两个同样最小面积为 1000m^2、建筑高度为 6 层的多层住宅地块的建筑项目基地内，两个地块内的容积率都达到上限值 1.8、建筑限高 6 层、建筑密度最小值 30%。虽然控制到了地块内建筑占地面积和建筑面积等地块开发的规模，但是两个地块内的开放场地空间轮廓和建筑排列秩序呈现出两种不同的形式。这证明在地块建筑面积一定、建筑高度一定的情况下，容积率和建筑密度控制也是关联影响到了地块建筑群体组合形态，不同的地块形状内仍然会出现不同的开放场地尺度和布局类型、不同的建筑排列秩序等形态特征。

2）居住建筑南北间日照间距和左右间防火间距、公共建筑之间防火间距、居住与公共建筑之间的日照和防火间距等指标规定，能够有效地控制到建筑群体之间的位置关系，解决采光通风与防火等问题，却反而关联影响到地块内建筑群体组合的排列秩序和疏密程度、开放场地空间轮廓等形态特征的变化。比如在这个符合各项指标的以居住为主的街廓综合理论模型中，建筑群体排列秩序呈现出较为整齐有序的形态肌理，而且居住建筑群体部分的各个地块，从南向北从 3 层、6 层、9 层到 18 层的高度变化，随着居住建筑高度增大，建筑间距越大，建筑组合越稀疏，建筑前面的开放场地尺度越大，整个街廓空间高低轮廓形态从南向北呈现由低到高的变化，各地块开放场地尺度在东西长度一致的情况下，宽度从南到北呈现越来越宽的变化，建筑布局形态由较为密集到稀疏的变化。

6.1.2 地块建筑形态特征与地块指标的关联评价图表建立

在《空间关联：城市肌理的密度和类型》（*The Spacemate：Density and Typomorphology of the Urban Fabric*）（Pont M. B. & Haup P.，2005）研究文献中的 spacemate 法（图 2-17），是建立的一种评价建筑密度与城市形态之间关联的图表，将容积率、建筑覆盖率、开放空间率、平均层数等 4 种指标结合在一起放到关联图表中，分析不同建筑密度控制范围内所关联的城市形态类型，充分验证了相关规定控制关联影响了城市建筑形态、街道等公共空间、用地布局形态等，产生了城市规划的秩序。同时，也为本章的研究起到了启发与借鉴作用。

　　本章采用关联评价图表建立方法，根据梳理的地块指标规定，将容积率（FAR）、建筑密度（BD）、建筑层数（F）、用地开放率（OSR）等 4 个指标结合在一起建立了评价相关地块指标控制范围内对应的地块建筑群体形态类型的关联图表（图 6-6）。

　　关联评价图表的建立过程为：

　　第一步：在同一地块内，建筑密度不变的情况下，随着建筑高度变化相关联的容积率的变化；或容积率不变的情况下，随着建筑高度变化相关联的建筑密度变化，绘制对应的高度变化线图表，分析与建筑高度变化相关联的容积率和建筑密度（覆盖率）、地块内建筑高低轮廓形态变化关系。如当建筑密度为 10% 不变时，建筑高度为 1 层时，容积率为 0.1；建筑高度为 2 层时，容积率为 0.2，然后绘制 1 层、2 层的关联图表线，依次类推绘制 3 层、4 层、5 层、6 层，以及其他更高层的关联线图表 [图 6-6（1）]。

　　第二步：在前面法规理论模型建立的基础上，在同一地块内，建筑高度（层数 F）不变的情况下，根据容积率和建筑密度（覆盖率）的变化计算出关联的用地开放率（OSR），然后绘制对应的关联线图表，分析与容积率和建筑密度变化相关联的地块内建筑布局疏密程度与开放场地尺度等形态关系。如在建筑层数为 10 层不变时，先计算当容积率为 1、建筑密度 10% 时，用地开放率（OSR）为 0.9，然后绘制出 0.9 的关联图表线，再依次类推，当容积率为 2、3、4、5，建筑密度为 20%、30%、40% 和 50% 时，计算出对应的用地开放率值，最后绘制各个用地开放率值的关联图表线 [图 6-6（2）]。

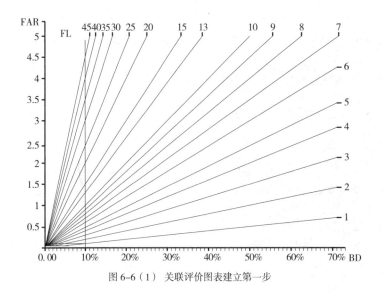

图 6-6（1）　关联评价图表建立第一步

第三步：将前两步综合起来，绘制容积率（FAR）、建筑密度（BD）、建筑层数（F）、用地开放率（OSR）等4个指标结合在一起的评价关联图表，分析地块指标控制对城市街廓内地块建筑群体形态的关联影响过程和作用 [图6-6（3）]。

从关联图表理论上得出：地块指标与城市街廓内的地块建筑群体组合秩序和疏密程度、空间轮廓高度变化、开放场地尺度与类型等形态特征密切相关。在同一地块内，容积率越小、平均建筑高度越小时，建筑密度（覆盖率）越大、用地

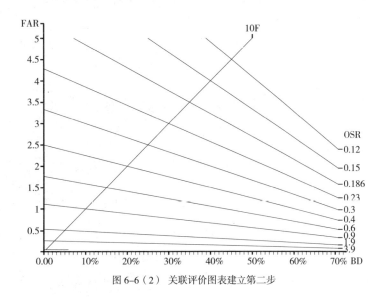

图6-6（2） 关联评价图表建立第二步

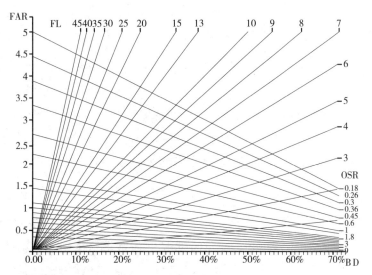

FAR—容积率　BD—建筑密度　FL—平均层数
OSR—开放空间率＝（用地面积－建筑占地面积）/ 总建筑面积

图6-6（3） 关联评价图表建立第三步

图6-6 地块指标与地块建筑群体组合形态的关联评价图表

开放率越小，则关联影响到地块内建筑群体组合的排列越密集，开放场地尺度越小等街廓形态方面的变化。容积率越大、平均建筑高度越高时，用地开放率越大，关联使得建筑群体组合越疏松，开放场地尺度越大。如在同一地块内，容积率为1、建筑高度为2层时，建筑密度为50%，用地开放率为0.5；容积率为2、建筑高度为5层时，建筑密度为40%，用地开放率为0.3；容积率为3、建筑高度为10层时，建筑密度为30%，用地开放率为0.23。

因此，本章在以上法规理论模型建立方法和关联评价图表的基础上，结合案例切片进行如下的实证分析。

6.2 地块建筑形态特征与地块指标的关联性实证分析

6.2.1 公建为主的地块建筑形态特征与地块指标的关联性实证分析

本章对选取的90个公共建筑地块案例切片，分两步验证地块指标与地块建筑群体形态特征的相关性，以及关联影响过程和作用。

第一步：根据搜集到的2007年电子地图，梳理统计了它们各自的容积率、建筑密度和建筑高度等现状数据（见附录三），再根据地块指标上下限规定，由于没有搜集到当年或更早的关于南京市地块指标相关条文规定，因此这里对所选的案例切片以《江苏省城市规划技术规定》（2011）第2.3条和第3.5条规定为比对依据，统计各个案例切片现状数据与规定指标的符合度、现状数据突破规定指标上限值的比率，以及分析建筑高度的变化，验证地块指标与地块内公共建筑群体组合形态特征及城市空间轮廓变化的相关性。

以规划建造于1992年的南京某商业大厦所在的公共建筑地块项目为例（图6-7），根据搜集的2007年电子地图，先计算统计出此地块建筑群体的容积率为9.06，建筑密度（覆盖率）为54%，平均建筑高度为裙房5层和主体24层，然后根据《江苏省城市规划技术规定》（2011）第2.3条中对于高层商业公共建筑地块项目中容积率上限为6.5、建筑密度为55%等地块指标的规定，最后对比统计出此地块现状容积率是突破了规定指标的上限值，而建筑密度是符合规定指标的，同时此高层建筑的体量和高度也成为本地块所在街廓及街道空间轮廓的主要高度边界，关联影响到了街廓空间高度轮廓和建筑组合秩序的形态特征。

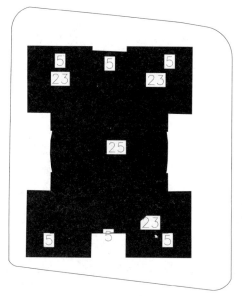

FAR=6.5；BD=55%；FL—裙房 5 层和高层 24 层

（1）现状地块指标统计　　　　　　　　　　　　　　　　　　（2）现状外貌

图6-7　某商业大厦所在地块项目的现状地块指标统计和现状外貌图

　　以同样的方法，研究对其他 89 个公共建筑为主的地块案例切片的地块指标的现状统计数据和规定指标上限值的符合度、突破比率进行了验证，各个地块切片统计的数据见附表。

　　最后实验结论为：公共建筑为主的地块建筑群体组合形态特征与地块指标密切相关，地块指标有效控制到了地块内的建筑面积、建筑占地规模等开发强度与建筑体量，却关联到地块建筑覆盖的密集程度、开放场地形状、空间高低轮廓等形态特征发生了变化。如图 6-8 所示，90 个公建地块建筑案例切片中，有 11 个容积率超标，4 个建筑密度（覆盖率）超标，其他都满足规定，说明这些项目的用地开发是按照相关规定建设的，但其中 75% 以上的建筑高低变化不一，这些建筑所在地块的空间轮廓呈现出无序的状态，容积率超标的建筑虽然其建筑占地

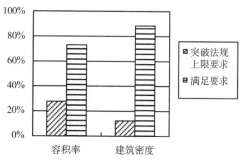

图6-8　90个公共建筑地块指标上限值突破比率

较少，但是建筑高度增大了，说明开发商在建设时，除了遵守指标上下限值规定外，也响应了关于"为城市提供公共开放空间的建设工程可适当增加建筑容量"等规定。他们最终采用少占地、增加容积率的决定，可是如图6-7（2）的此商业大厦现状图所示，其高低不一的轮廓和建筑体量，关联影响到街廓空间轮廓制高点会发生相应的变化，从而关联影响到城市空间轮廓形态。

第二步：为了进一步验证地块指标等规定对公建为主的地块建筑群体组合形态特征的关联影响效果，我们对选取的90个公共建筑为主，或65%以上为公共建筑并与居住、绿化广场等混合布局的地块建筑群体，计算统计出各个地块的建筑密度（BD）、容积率（FAR）、平均建筑层数（FL）和用地开放率（OSR）等现状数据（见附录三），并将这些地块案例切片各自的地块指标数据以点标在建立的关联评价图表（图6-9）中，比如B6街廓内的公共建筑地块案例切片，以1'的序号对应其地块指标，标在关联评价图表中，其他地块案例切片以同样的方式图示标注在关联图表中，然后在关联评价图表中从地块内公共建筑群体的不同功能、不同高度、位于市中心或城市边缘区等不同地理位置几方面，分析总结并圈出不

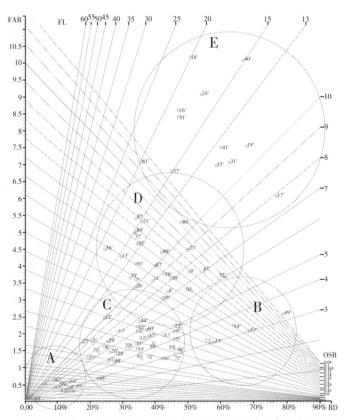

图6-9（1） 关联评价图表——公共建筑为主的街廓内地块建筑群体形态与地块指标的关联性分析

A(1)单位大院性质的公共建筑地块

A(2)带有开敞空地的公共建筑地块

B 低层为主的密集布局的公共建筑地块

C(1)1~3个多层、高层大型公共建筑所占地块

C(2)老城区多层公共建筑为主并与居住等其他建筑群体混合布局、带有开敞空地的地块

C(3)老城边缘区或新城区多层公共建筑为主并与居住等其他建筑群体布局、带有开放场地的地块

D(1)1~3个多层、高层和超高层大型公共建筑所占地块

D(2)个多层、高层和超高层大型公共建筑为主并与居住等其他建筑群体布局的地块

E 高层和超高层公共建筑为主的建筑群体布局的地块

图6-9（2） 关联评价图表——公共建筑为主的街廓内地块建筑群体形态与地块指标的关联性分析

同建筑密度和容积率控制范围内所关联的建筑群体布局疏密度、开放场地类型等地块建筑组合形态特征。

从关联图表最后得出：

A—老城区、老城边缘区（城南、城北、城东和城西）低多层（5层以下）单位大院性质的公共建筑为主的地块，或是有较大开放空地的地块。

建筑密度低（＜20%）、容积率低（＜1.5）、用地开放率高（＞1），符合指标上限规定。

此种类型大都是军区大院、学校、图书展览中心、医院和饭店等各单位地块公共建筑群体占用一个街廓，或是公共建筑与广场地块占用一个街廓，大都形成空地式的开发空间形态类型，基本符合相关单体公共建筑设计规范的规定，相关规范规定控制到了街廓内场地规划、建筑规模和位置等建设。

B—老城区、新城区（老城边缘区）低多层公共建筑为主的地块。

建筑密度很高（50%~75%），容积率较低（3以下），符合指标上限规定。

地块内建筑布局较为密集，地块划分和地块内建筑群体组合形态秩序较为杂乱、不整齐。

C—老城区中心区、老城边缘区和新城区的多层公共建筑为主、公共与居住建筑混合布局的地块、或由1-3个多高层大型公共建筑占用一整个地块或两种地块建筑切片。

地块内建筑密度较大（20%~50%）、容积率较大一些（1~3）、用地开放率较高（0.3~0.6），基本符合地块指标上限规定。

1）建筑群体分块密集的布局在地块内，各个地块内大部分形成半围合院落式的开放场地空间形态类型，这些场地有的是空地、有的是医院、学校等内部大院场地、有的是未建的空地，此类别的大部分地块内公共建筑布局形态较为密集，但建筑群体组合秩序形态较为纷乱而无序。

2）多高层大型公共建筑占用一整个地块内，主要由1~3个大型的多层或高层的图书展览、宾馆、体育馆、剧场等公共建筑占用一整个地块。

D—老城区、老城边缘区1~3个多层、高层和超高层等大型公共建筑占用一整个地块，或多层、高层和超高层公共建筑与居住等建筑群体集中混合布局的两种地块。

1）多层、高层和超高层公共建筑为主的地块，主要是由高层和超高层并带裙房的公共建筑占用一整个地块或一整个街廓，每个公建前后留有开放的公共空间场地，作为停车场或绿化广场等。

建筑密度较大（35%~55%），容积率也较大（3~5.5），有较大的用地开放率
（0.1~0.4）。

地块内建筑群体平面形态肌理杂乱，建筑高度变化也较大，关联影响到了城
市空间轮廓形态的变化。

2）多层、高层和超高层公共建筑与居住等建筑混合布局的地块。

建筑密度较大（35%~60%），容积率也较大（3~5），有较小的用地开放率
（0.1~0.2），较符合指标上限规定。

地块内建筑群体布局形态密集，平面形态肌理杂乱，多层、高层的建筑高度
变化也较大，关联影响到了城市空间轮廓形态的变化。

E—老城区的高层和超高层公共建筑为主的地块。

建筑密度很大（50%~70%）、容积率高（5~11）、用地开放率很低（0.03~
0.09）。

部分建筑突破了地块指标上限规定，原因主要有两个：一是响应"创建开放
公共空间、增加容积率的规定"；二是功能需求。

街廓内建筑高度变化大，关联影响到了城市空间轮廓形态的变化，建筑群体
组合形态呈现分离、无序而杂乱的状态。

结论为：地块指标与公共建筑为主的地块建筑群体组合形态紧密相连，这些
指标有效控制了公建地块的用地开发强度、建设容量和建筑群体间的位置关系，
同时作用到地块建筑功能、地块权属边界与地块形状、建筑间距、建筑高度、开
放场地尺度、出入口位置等属性的变化，进而关联影响了地块建筑群体组合形态
特征的排列秩序、建筑布局密集度、地块用地开放程度和高低空间轮廓等形态特
征的变化，公共建筑排列呈现出较为杂乱无序的肌理形态。老城区公共建筑为主
的地块大部分是多层、高层和超高层的公共建筑地块，或是1~3个多层、高层和
超高层并带裙房的公共建筑占用一整个地块或一整个街廓，或是多层、高层和超
高层公共建筑与居住等建筑群体混合布局的地块，建筑密度较大（35%~60%），
容积率也较高（3~6），较符合指标上限规定，有较低的用地开放率（0.1~0.4）。公
建前后留有开放的公共空间场地，作为停车场或绿化广场等；地块内建筑群体布
局形态密集，平面形态肌理杂乱，建筑高度变化也较大，关联影响到了城市空间
轮廓形态的变化。具体来说，老城区高层和超高层公共建筑为主的地块，建筑密
度（覆盖率）很大（50%~70%）、容积率高（5~11）、用地开放率很低（0.03~0.09），
部分建筑突破了地块指标上限规定，建筑高度的空间轮廓形态变化大，建筑群体

组合形态呈现分离、无序而杂乱的状态，地块建筑突破地块指标上限规定的原因主要是为了满足"创建开放公共空间、增加容积率"的规定、功能需求等；多层公共建筑为主，或公共与居住建筑混合布局的地块，或是多高层大型公共建筑占用一整个地块的，在南京老城区中心区、老城边缘区和新城区都有所分布，地块内建筑密度较大（20%~50%）、容积率较大一些（1~3）、用地开放率较高（0.3~0.6），基本符合地块指标上限规定，大部分公共建筑布局形态较为密集，各个地块内还分别留有开放场地，这些场地有的是空地、有的是医院与学校等内部大院场地、有的是未建的空地，但建筑群体组合秩序形态较为纷乱而无序；多高层大型公共建筑占用一整个地块的，主要由1~3个大型的多层或高层的图书展览、宾馆、体育馆、剧场等公共建筑占用一整个地块；老城区、新城区低多层公共建筑为主的地块，建筑密度很高（50%~75%），容积率较低（3以下），符合指标上限规定，地块内建筑布局较为密集，地块划分和地块内建筑群体组合形态秩序较为杂乱、不整齐；老城区、老城边缘区低多层（5层以下）单位大院性质的公共建筑为主的地块，有较大开放空地的地块，建筑密度低（20%以下）、容积率低（1.5以下）、用地开放率高（1以上），符合指标上限规定，此种类型大都是军区大院、学校、图书展览中心、医院和饭店等各单位地块公共建筑群体占用一个地块，或是公共建筑与广场地块占用一个街廓，或者有较大开放空地的地块，基本符合各类单体公共建筑设计规范的规定，各类规范规定控制到了地块内场地规划、建筑规模和位置等建设。

6.2.2 居住地块建筑形态特征与建筑间距、地块指标的关联性实证分析

本章对所选取的75个居住建地块案例切片，分两步验证地块指标与地块建筑群体形态特征的相关性以及关联影响过程和作用。

（1）居住地块建筑群体形态特征与建筑间距规定的关联性分析

本章在选取的居住为主的D5、D7、D18、D19、H21、H22、H23、H24、g3等街廓内，选取了自1928年以来不同建造年代的居住建筑地块案例切片共8个，首先根据搜集的2007年南京市电子地图绘制出各个居住地块内建筑间距布局现状图，并标注各个建筑之间的现状日照和防火间距；其次依据各个地块建筑规划建造当年依据的相关日照和防火间距、退让用地界线距离等规定，分别设计演绎出每个居住地块建筑符合规定的地块建筑群体规划布局的法规理论模型，并将地块建筑现状图与法规理论模型进行叠加比较，得出现状建筑间距与法规模型中规定

指标的吻合度；再次统计出所有 8 个居住地块建筑群体的现状与法规模型建筑间距指标的平均吻合度，证明二者的相关性。

如图 6-10，我们以南京市韩家巷居住街区内的地块切片为例来阐述具体分析过程。首先，根据 2007 年电子地图，图示出此小区建筑间距平面现状图；其次，依据小区用地规划审批的 1997 年，选取所遵循的《南京市城市规划实施细则》（1995）第 36 条对建筑间距上限值的规定，我们设计了符合规定的小区规划布局法规理论模型；再次将小区现状图与法规理论模型进行叠加比较，得出现状建筑间距与法规模型中相应指标的吻合度；最后我们根据搜集到的南京市历年法规资料，对其他 9 个住宅小区案例切片，以同样的方法分析各小区平面布局现状与法规模型中建筑间距的吻合度（见附录四），并统计出 8 个小区的平均吻合度。实验结果显示，韩家巷小区布局现状中建筑间距与法规理论模型的建筑间距吻合度约 70% 以上；其他 7 个小区的现状建筑间距布局与法规理论模型中规定间距的平均吻合度比率在 65% 以上，同时小区内居住建筑排列形态较为整齐有序，建筑间距等指标控制到了居住地块建筑群体排列的秩序等形态。

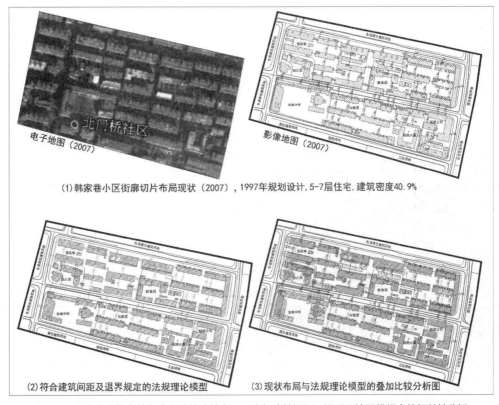

（1）韩家巷小区街廓切片布局现状（2007），1997年规划设计，5-7层住宅，建筑密度40.9%

（2）符合建筑间距及退界规定的法规理论模型　　（3）现状布局与法规理论模型的叠加比较分析图

图 6-10　南京市韩家巷街廓内地块建筑布局形态与建筑间距、退后用地界线规定的相关性分析

（2）关联评价图表验证——地块指标对居住地块建筑群体形态特征的关联影响效果分析

为了进一步验证地块指标对城市街廓内居住为主的地块建筑群体组合形态的关联影响过程和效果，研究对选取的 8 个小区，以及其他居住为主，或居住与公共建筑、绿化广场等混合布局的地块，共 75 个居住地块建筑切片，统计出各个居住建筑地块的建筑密度、容积率、平均建筑层数和用地开放率等现状数据，依据地块指标上限值规定，分析各个地块案例切片的现状容积率、建筑密度等是否满足地块指标规定，并根据统计的各地块现状数据在建立的关联评价图表中绘制对应关联点进行实证分析，验证地块指标对居住为主的地块建筑群体组合形态的关联影响过程和效果。

首先，如图 6-11，以位于南京市老城区建造于 2000 年的华阳园小区的地块切片为例，计算统计出此地块建筑的现状绿地率为 35%、容积率 2.4、建筑密度 26.8%。依据《南京市城市规划实施细则》（1998）第 36 条和《江苏省城市规划管理技术规定》（2000）第 2.3.4 条对建筑密度和容积率上限值的规定，对比得出此地块建筑切片符合地块指标规定，是按照地块指标上限规定开发建设的，相关规定有效控制到了街廓内的地块土地开发量。同时，我们也看到街廓内建筑排列整齐有序、肌理清楚，说明法规控制也导致了此住宅街廓内秩序整齐的建筑形态。

其次，采用与华阳园小区居住地块建筑切片同样的分析方法，研究对选取的其他 74 个居住地块建筑案例进行分析，最后得出这些住宅建筑地块中基本符合

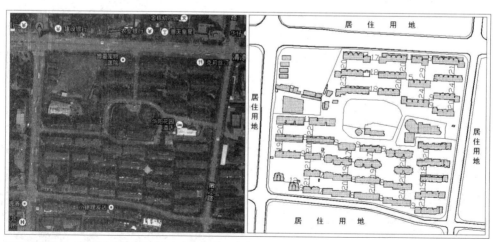

2000 年建造，7–8 层住宅，绿地率 35%，容积率 2.4，建筑密度 26.8%
符合《南京市城市规划实施细则》（1998 年）第 36 条、《江苏省城市规划管理技术规定》（2000）第 2.3.4 条规定

图 6-11　南京市华阳佳园住宅街廓现状及其地块指标数据统计

地块指标规定的比率约在 70% 以上且这些地块内住宅建筑排列整齐而有序，说明地块指标控制对南京市居住为主的街廓内地块建筑面积、建筑占地等地块开发量控制直接而有效，同时也导致了排列秩序整齐的住宅建筑地块布局形态。各个居住地块案例切片根据统计的建筑密度（覆盖率）、容积率、平均建筑层数和用地开放率等现状数据，绘制的对应关联点，放在建立的关联评价图表中的分析如图 6-12。

从 spacemate 关联图表最后得出：

A—老城区、老城边缘区（城南、城北、城东和城西）、新城区的低多层（7 层以下）居住建筑为主的地块，地块内空地较大。

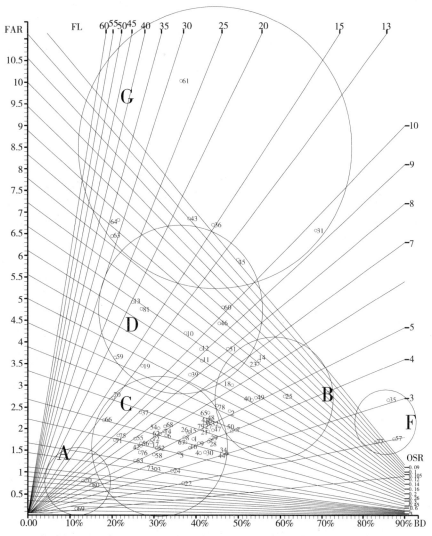

图 6-12（1）关联评价图表——居住建筑为主的街廓内地块建筑群体形态与地块指标的关联性分析

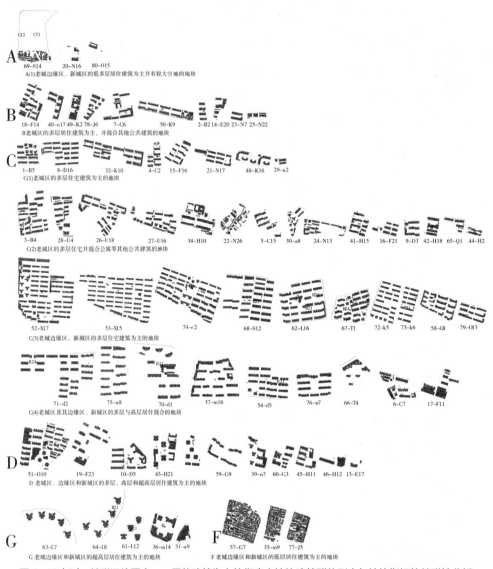

图6-12（2）关联评价图表——居住建筑为主的街廊内地块建筑群体形态与地块指标的关联性分析

建筑密度低（＜20%）、容积率很小（0.2~0.8），街廊内开放场地率很大
（1.5~5）。

地块指标符合规定。

地块内建筑群体密集布局在一处或两处，建筑群体组合形态较为整齐有序，
地块内容其他用地为未建或待改建的场地大。

B—老城区的多层居住建筑为主、并混合其他公共建筑的地块。

居住建筑为主的地块建筑切片，主要分布在老城区、老城边缘区和新城区
较多。

地块内建筑密度较大（＞40%）、容积率较小（＜3）、用地开放率较小；

符合地块指标上限规定；

建筑群体布局形态呈现出部分居住建筑排列较为整齐有秩序，部分其他建筑较为无序。

C—老城区中心区、老城边缘区和新城区的多层住宅建筑为主，或住宅与公寓等其他功能建筑混合布局的两种地块建筑组合形态。

1）居住建筑为主的地块建筑切片，主要分布在老城区、老城边缘区和新城区较多。

地块内建筑密度较大（30%~45%）、容积率较小（1~2）、用地开放率较高（0.25~0.45）；

建筑群体布局形态较为密集，居住建筑群体部分组合形态较为整齐有秩序。

2）居住与公共建筑混合布局的地块，主要分布在老城区较多。

建筑密度较大（25%~35%）、容积率较大一些（1.5~3）、用地开放率较高（0.3~0.9），基本符合地块指标上限规定。

建筑群体密集布局在地块内，地块内的开放场地或为空地，或为医院、学校等内部大院场地、或为未建的空地，形态较为密集，居住地块建筑群体部分组合形态较为整齐有秩序，公共建筑地块部分组合形态较为纷乱、无序。

D—老城中心区、老城边缘区和新城区的多层、高层和超高层居住建筑为主，或居住与公共建筑等混合布局的两种地块建筑组合形态。

建筑密度较高（30%~60%）、容积率较高（3~6）、用地开放率低（0.2以下），少部分地块突破指标上限规定。

建筑群体布局形态较为密集，居住建筑群体部分组合形态较为整齐有秩序，公共建筑部分组合形态较为纷乱而无序。

G—老城边缘区（城南、城北、城东和城西）、新城区的高层和超高层独立式居住建筑为主的地块切片。

建筑密度一般大（20%~40%），容积率大（5以上），街廓内用地开放率较大（0.2~0.5），地块指标符合规定。

地块内主要是高层和超高层的独立式住宅楼，建筑布局由于考虑建筑日照间距等规定，关联影响到建筑群体组合形态排列整齐、有秩序，此种地块内建筑布局较为稀疏，有较大的开放公共空间场地。

F—老城边缘区（城南、城北、城东和城西）、新城区低层居住建筑（1~3层）

为主的地块。建筑密度非常大（80%~90%），容积率不大（1.5~3），街廓内用地开放率很小（0.04~0.07）。

建筑密度几乎没有相关规定限制，依据《江苏省城市规划技术规定》（2011）第2、3条，建筑密度超过上限规定。

此种类型的街廓内建筑群体形态特征呈现为布局非常密集，建筑高度很低，缺乏开放公共空间场地，大多处于更新改造中。

因此得出结论：地块指标与居住地块建筑群体组合形态特征同样紧密相连，这些指标有效地控制了地块土地开发强度、建筑容量和建筑群体间的位置关系，也促使了地块建筑组合属性的变化，关联影响了居住地块内建筑群体组合的排列秩序、建筑密集度和开放场地类型等形态特征，形成了住宅建筑布局整齐有序的肌理形态特征。低层、多层、高层和超高层住宅、公寓等居住建筑为主的地块建筑切片，在南京市老城区、老城边缘区和新城区都有所分布。居住与公共建筑等混合布局的地块，主要分布在老城区较多；独立式超高层居住建筑主要分布在老城边缘区和新城区；还有一些待拆迁、改建的低层居住建筑地块分布在老城边缘区和新城区。其中多层居住建筑为主的地块切片，建筑密度（覆盖率）较大（30%~45%）、容积率较低（1.2）、用地开放率较高（0.25~0.45），建筑群体布局形态较为密集，居住建筑群体部分组合形态较为整齐有秩序。老城区大部分多层、高层和超高层居住建筑为主的地块，或是居住与公共建筑等混合布局的地块，建筑密度较大（30%~60%）、容积率较高（3~6）、用地开放率低（0.2以下），少部分地块突破指标上限规定，建筑群体布局形态也较为密集，居住建筑群体部分组合形态较为整齐有秩序，公共建筑部分组合形态较为纷乱而无序。老城区多层居住与公共建筑等混合布局的地块，建筑密度较大（25%~40%）、容积率较高一些（1.5~3），有一定的开放场地，用地开放率较高（0.3~0.9），符合地块指标上限规定，建筑群体布局形态呈现出部分居住建筑排列较为整齐有秩序，部分其他建筑较为无序。老城边缘区、新城区的高层和超高层独立式居住建筑为主的地块，建筑密度一般大（20%~40%），容积率高（6以上），用地开放率较小（0.05~0.15），少部分地块突破指标上限规定，地块内高层和超高层的独立式住宅楼建筑布局由于考虑建筑日照间距等规定，关联影响到建筑群体组合形态排列整齐、有秩序，此种地块内建筑布局较为稀疏，有开放公共空间场地。老城边缘区、新城区低层居住建筑（1~3层）为主的地块，建筑密度非常大（80%~90%），容积率不高（1~3），街廓内用地开放率很小（0.04~0.07），建筑密度几乎没有相关规定限制，依据《江苏省城市规划技术规定》（2011）第2、3条，建筑密度超过上限规定。

综合以上公共建筑为主的街廓和居住为主的街廓两部分，我们将两大类型的街廓内地块指标数据一起放入关联评价图表（图6-13）。

最后从公共建筑和居住建筑地块样本的综合关联图表中得出结论：地块指标与地块建筑群体组合形态特征紧密相连，指标在有效控制土地开发建设强度、建筑位置关系的同时，也导致了地块建筑属性的变化，进而关联影响了南京市地块建筑群体组合的形态特征，形成住宅建筑形态整齐有序、公共建筑排列杂乱无序、城市空间轮廓从老城中心区建筑轮廓最高到老城边缘区变低、再到新城区变高的形态变化形式。具体表现为：

1）老城区的地块容积率和建筑密度都较高、用地公共空间开放率较低，大部分是多层、高层和超高层的公共建筑为主、或是1~3个多层、高层和超高层并带

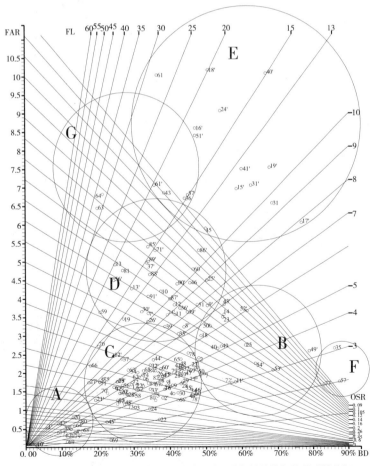

图6-13　关联评价图表——地块建筑群体形态与地块指标的关联性分析

裙房的公共建筑占用一整个地块，或是公共建筑与居住等建筑群体集中混合布局的地块，或是多层、高层与超高层居住建筑为主的地块，有 30%~60% 的较大建筑密度，容积率达 3~6，较符合指标上限规定，少部分地块突破了指标的上限规定，用地开放率为 0.1~0.4。建筑群体布局形态较为密集，居住建筑组合形态较为整齐有秩序，公共建筑大部分组合形态较为纷乱而无序；另外，多层、高层的建筑高度变化较大，还关联影响到了城市空间轮廓形态的变化。

2）老城区的高层和超高层公共建筑为主的地块，建筑密度和容积率都很高，建筑密度达 50%~70%，容积率达 5~11，但仅有 0.03~0.09 的用地开放率，少部分建筑突破了地块指标上限规定，虽然大部分公建地块开发强度受到了地块指标的有效控制，但却关联导致了大部分公建群体分离无序且高度密集的地块建筑组合形态，呈现分离、无序而杂乱的特征；老城边缘区、新城区的高层和超高层独立式居住地块，20%~40% 的建筑密度在符合的地块指标规定范围内，但是容积率很高，达 6 以上，少部分地块也突破了上限规定，用地开放率在 0.05~0.15 之间，住宅楼布局还须满足建筑日照间距等规定，关联影响到这些独立式居住地块的建筑群组合呈现出整齐有序、不密集且有开放空间的肌理形态，但是开放公共空间场地规模不大。同时建筑高度变化很大，也关联影响到了城市空间轮廓形态的变化。

3）多层公共建筑为主的地块、多层居住建筑为主的地块，或多层公共与居住建筑混合的地块，或 1~3 个大型的多层或高层公共建筑占用的地块，在南京老城区中心区、老城边缘区和新城区都有所分布，20%~50% 的建筑密度基本在指标规定范围内，容积率为 1~3，用地开放率较大，为 0.25~0.6。其中公建地块的建筑布局较为密集，留有较大的公共空间场地，但建筑群体组合形态仍然纷乱而无序；居住地块的建筑布局也较为密集，建筑群组合形态非常整齐有序。老城区多层居住与公共建筑等混合地块，建筑密度（25%~40%）和容积率（1.5~3）都在规定的范围内，也留有一定的公开空间场地，用地开放率为 0.3~0.9，地块内的居住建筑肌理形态清晰有序，权属边界较为规整，但部分其他建筑组合秩序和基地权属边界形状等依然较为复杂的纷乱。

4）老城区、新城区一般低多层公建为主的地块，50%~75% 的建筑密度很高，容积率较低，在 3 以下，但符合指标上限规定，这些地块的建筑密集，地块权属边界和建筑群体组合形态非常复杂且纷乱不；老城边缘区、新城区的低层（1~3 层）居住建筑为主的地块，建筑布局非常密集、且大部分房屋为破旧危房，建筑密度达 80%~90%，容积率很低，在 1~3，地块几乎没有供居民生活交流的公共开放空间，仅为 0.04~007 用地开放率，依据《江苏省城市规划技术规定》（2011）第 2、3 条，建筑密度超过上限规定，这些密集且破旧的地块建筑急需有机更新改造，以便居民健康生活质量和街区空间形态品质的提升。

5）老城区、老城边缘区低多层（5 层以下）的军区、学校、图书展览或医院饭店等单位大院用地性质的公建地块，基本符合相应公共建筑设计规范的指标规定，且留有较大的公共开放活动空间，建筑密度和容积率都较低，建筑密度 20% 以下、容积率基本都小于 1，用地开放率都较高，在 1 以上。各个地块的开发强度、场地规划、建筑规模和位置也是符合地块指标规定控制的，但是地块形状和权属边界、建筑布局等肌理形态依然不受地块指标的控制。

另外，地块形状的规整或不规则程度，虽然与相关地块指标等规定相关性不大，但形状的变化也是影响到建筑群体组合整体排列布局结合地形变化的主要因素之一。规整形状的公共建筑地块案例切片，其建筑整体排列布局的形式结合地形是规整的，通过统计分析，南京市主要包括一字型、矩形、菱形等整体排列形式的地块建筑平面形态，主要由次干路、支路围合的街廓内的地块较多；不规则形状的地块案例切片，其建筑整体排列布局的形式结合地形是虽地形布置的，南京市主要包括不规则多边形、曲线型、不规则带有曲线弧度形状的地块建筑平面形态，主要以位于南京老城中心区、沿中山路等主要干路的街廓内地块为主。

6.3 本章小结

地块建筑组合形态特征主要体现在地块内建筑布局密集程度、建筑排列秩序、开放场地布局类型和高低空间轮廓等方面，与之对应关联的地块建筑属性特征包括地块权属边界与地块形状、建筑布局间距、建筑高度、开放场地尺度、出入口位置等。这些属性特征主要受到容积率、建筑密度、建筑间距、建筑高度等地块指标和建筑布局指标控制的控制作用。因此，地块指标与地块内的建筑群体组合形态紧密相连，这些指标有效地控制了地块开发建设的强度、建设容量和建筑群体间的位置关系，也导致地块建筑本身属性的变化，进而关联影响了地块建筑群体组合形态特征的变化，形成了住宅建筑组合形态整齐有序、公共建筑排列仍然较为杂乱无序、城市空间轮廓从老城中心区建筑轮廓最高到老城边缘区变低、再到新城区变高的变化形式。

首先，从法规模型建立和关联评价图表创建的理论上分析得出：根据规定，在同一地块内，当建筑高度一定时，容积率增大，建筑体量越大，建筑占地的密度越大，开放场地面积越小，容积率和建筑密度控制关联影响出建筑组合的排列秩序和开放场地空间类型的多种形态变化；当建筑密度一定、建筑高度越大时，容积率增大，则关联到建筑体量越大、地块空间高度轮廓形态由低到高的变化；当容积率一定、建筑高度越大时，建筑密度就越小，则关联到地块内的空间高度轮廓由低到高、开放场地尺度由小到大等变化；同一地块面积内，在容积率一定的情况下，随着建筑高度增大，建筑日照和防火间距越大，则建筑密度就越小，关联到地块内建筑组合形态发生建筑群体布局越稀疏、建筑排列秩序越整齐、开放场地尺度越大、空间高度轮廓由低到高变化。

其次，在理论法规模型建立和关联评价图表创建的基础上，通过居住建筑地块的现状与法规模型叠加图示的吻合度比较、通过公共为主、居住为主等地块建筑群体的关联图表验证等案例分析，实证分析同样得出：1）住宅建筑地块中基本符合建筑间距和地块指标规定的比率约在70%以上且这些小区内住宅建筑排列整齐而有序，说明相关规定控制对南京市住宅街廓内的建筑面积、建筑占地等地块开发量控制直接而有效，同时也导致了排列秩序整齐的住宅建筑地块布局形态；2）地块指标控制关联影响到南京老城区、老城边缘区和新城区各个地块的低层、多层、高层和超高层居住与公共建筑建筑组合、空间高低轮廓等形态类型的分布与变化：老城区地块容积率和建筑密度都较高、用地开放率低，因为大部分是多层、高层的居住与公共建筑混合布局，或是多层、高层和超高层的公共建筑地块，或是1~3个多层、高层和超高层并带裙房的公共建筑占用一整个地块，所以容积率几乎都在3.5以上，建筑密度在40%以上，而少数高层和超高层公共建筑突破了地块指标的上限值，建筑组合形态排列较为密集，公共建筑排列仍然较为杂乱无序；老城边缘区和新城区的超高层独立式居住建筑为主的地块，容积率在3以上、建筑密度却在20%~40%、用地开放率一般在0.24左右，居住建筑群体部分组合形态较为整齐有秩序，多层、高层的建筑高度变化也较大，关联影响到了城市空间轮廓形态的变化；多层居住建筑地块的容积率在1.8以下、建筑密度高在30%以上、用地开放率一般在0.45左右；多层与高层的居住小区的容积率在3以上、建筑密度高40%以上、用地开放率一般在 0.15 左右，基本都符合地块指标上限值规定，建筑群体布局形态较为密集，居住建筑群体部分组合形态较为整齐有秩序；多层公共建筑地块、多层居住与公共建筑等混合布局的地块，建筑密度在 25%~40%、容积率在 1.5~3、有一定的开放场地，用地开放率为 0.3~0.9，建筑布局形态较为密集，部分居住建筑排列较为整齐有秩序，部分其他建筑较为纷乱而无序，各个地块内还分别留有开放场地；建筑年代在 1995 年以前的一些多层公共建筑为主的地块、低层居住建筑为主的地块，建筑密度很高，达到 60%~90%，而容积率较低，在 3 以下，几乎没有符合规定，地块内建筑布局较为密集，地块划分和地块内建筑群体组合形态秩序较杂乱、不整齐。

第 7 章 城市街廓界面形态特征与相关规定的关联性

城市街廓界面是街道与街廓二者相遇的自然产生，它作为一种中介将街廓外部街道网络与内部不同权属地块联系起来（孙晖、梁江，2005），完成对城市空间物质形态的视觉呈现，突出了街道空间体验的重要性，是人类个体对城市三维空间直接体验感知的重要对象（芦原义信，2006）。与城市街廓界面形态特征最为相关的是退让道路距离、建筑控制线和建筑立面处理等界面控制指标规定，这些规定控制是人为可操作的，是人们控制和塑造城市街廓界面形态的主要因素，建筑退让道路距离等指标规定与城市街廓界面形态特征的形成与发展之间密切相关，二者之间的关联点主要在于道路两侧沿街建筑面宽、建筑高度、建筑高度与街道宽度之比等"界面属性"的变化，相关指标规定通过有效控制街道两侧建筑退让定位，来解决城市街道空间采光通风、防火防震、交通拥挤等城市功能问题的同时，也导致了街廓建筑界面属性特征的变化，进而关联影响到了城市街廓界面的秩序与连续性、围合感、沿街建筑界面前后空间的界定，以及城市街道平面肌理等形态特征方面，形成了不连续不整齐、围合感和公共空间场所性弱、参差不齐的界面形态特征，最终影响了城市街道空间质量与城市物质环境的品质。

本章研究中对城市街廓界面从两个角度进行了与建筑退让道路规定相关的范围界定：一是由于城市街廓界面主要由沿街建筑限定，而与建筑退让道路规定直接相关的也主要是街廓建筑界面，因此研究主要限定在城市街廓的建筑界面；二是从基本单元原型的角度分，街廓界面包括以单个街廓为基本单元原型的四周建筑几何界面（图 7-1），以沿街多个街廓为基本单元原型的道路线性建筑几何界面（图 7-2），本研究的街廓界面主要限定在沿街多个街廓的线性几何建筑界面，在案例实证研究分析中，先是以道路路段为单元，分析道两侧沿街建筑退让道路距离现状与规定距离的吻合度及相关性；然后以道路两侧的单个街廓为基本单元原型，进一步分析历年建筑退让道路规定对街廓沿街建筑界面形态的关联影响过程和作用。

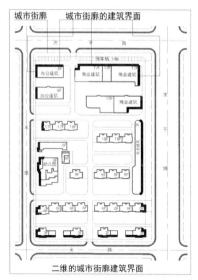

图 7-1 以单个街廓为基本单元的城市街廓四周的建筑界面

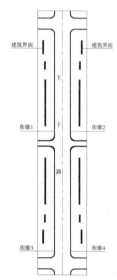

图 7-2 以街道为基本单元的多个城市街廓建筑界面线性图

良好的道路景观应具有连续而明确的街廓界面，街廓界面形态连续性的高低、围合感和完整性是关联衡量城市街道空间整体感、场所感和城市物质环境质量的主要标准（Lynch K.，1981；Bacon E.N.，1976）；街廓界面形态的连续性、明确的层次性、沿街建筑群体组织有序性等形态特征常常被人类作为一种手段应用于创造品质优良的城市街道场所空间，因此，本章研究建筑退让道路距离等主要相关规定的使用对塑造街廓建筑界面形态秩序感的连续性、围合感、建筑界面前后空间界定等方面的相关性及关联影响作用。

为了从理论分析和案例实证研究两方面验证城市街廓界面形态特征与建筑退让道路规定的相关性，研究以南京市为例，以沿街具有多个街廓的街道为基本单元原型的道路线性建筑几何界面为对象。首先，在理论方面，根据与南京城市街廓界面形态相关的历年建筑退让道路规定，我们在设定的同一道路宽度的街道两侧，通过建立符合建筑退让道路规定的沿街建筑界面形态的法规理论模型、创建建筑退让道路规定与街廓界面形态指标的关联评价图表，来验证二者的相关性。其次，在实证研究方面，通过选取道路路段及其两侧街廓建筑界面案例切片，在建立案例切片符合退让规定的法规理论模型和关联图表的基础上，分析案例切片的建筑退让道路现状与符合规定的法规模型的相关性，得出建筑退让道路规定与南京城市街廓界面形态特征的关联影响过程和影响作用。

7.1 街廓界面形态特征与建筑退让等直接强制性规定的关联性

7.1.1 南京城市街廓界面形态相关的建筑退让道路规定发展演变

塔伦、马歇尔、克罗普夫、丁沃沃等学者的研究提出，影响城市界面形态的规定主要有建筑控制线与退后、街道宽度与建筑类型和建筑高度、建筑立面与窗户尺寸等建筑细部的三方面规定。同时，形态也受防火、停车规定等功能要素影响（Talen E.，2009；Marshall S.，2011；丁沃沃，2007）。在中国，与城市街廓界面形态特征相关的规定主要是建筑退让道路距离、退让用地界线距离等建筑界面控制规定。根据前述，我们从国家、江苏省和南京市三个层级对相关城市规划与建设法规文件的调研，以南京市为例，与南京城市街廓建筑界面形态特征最为直接相关的规定就是《江苏省城市规划管理技术规定》和《南京城市规划条例实施细则》等地方规章与技术规定中的建筑退让道路距离等，规定内容主要是对街道宽度、建筑高度与退让道路距离三者关系的处理。在规划管理部门发给开发商的建筑工程规划设计要点中，一般建筑退让道路距离都是根据《南京城市规划条例实施细则》中的退让规定给出的（王新宇，2007）。因此，根据研究第3章梳理的历年南京城市规划实施细则等9个法规文件得出，有关建筑退让道路规定的条文主要有8条，并得出南京市关于建筑退让道路规定最早出现于1928年。从1928年至今，经历了三个阶段的变化（图7-3）：一是1928~1977年，建筑统一沿道路基线建设；二是1978~1987年，建筑统一沿道路红线退让1.5~2.5米；三是1988年至今，不同高度的建筑退让道路红线的距离不同，退让距离的范围从1.5~25米。

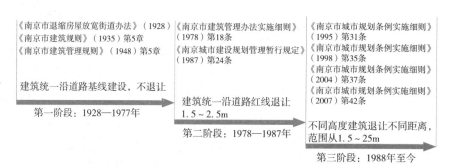

图7-3 南京市历年建筑退让道路规定条文的梳理

南京城市街廊界面形态的发展与历年建筑退让道路距离规定的变化之间有着紧密的相关性，从历年退让条文规定内容的梳理来看，南京市建筑退让道路规定从 1987 年以前的建筑沿道路建设、统一退让道路 1.5~2.5 米，变化到 1988 年以后，建筑退让道路规定改变以前统一退让的局面，而变化为同一条道路两侧的各个建筑因高度不同而退让，是为了满足经济发展和市场开发的需要、解决采光通风、防火防震、交通拥挤等城市街道和街廊空间功能，但同时导致了城市沿街街廊用地功能、沿街建筑高度与街道宽度之比等属性特征的变化，进而关联影响到了城市街廊界面形态特征变化。

19 世纪末到 20 世纪初，工业化快速发展颠覆了传统的城市结构与功能，经过 20 世纪的转变之后，城市中心区居住环境日益恶劣，出现了城市人口剧增、采光通风很差、道路拥挤等城市功能问题（Mumford L.，1989）。因此，影响形态的规定不仅是有意识的努力，而且主要是交通、防火、公共健康或停车规定等其他间接方面的结果（Talen E.，2009）。1928~1977 年期间，根据南京交通状况的相关档案记载，"太平街及五马街，每日车马拥塞，行人叫苦，虽有警察维持指挥，但该处路细若羊肠，无法疏通"，可看出当时规定建筑沿道路线建设的目的主要是为了解决城市交通问题，如 1928 年的《南京市退缩房屋放宽街道暂行办法》通过对街道宽度定为六级、各个街道按要求后退房屋、放宽街道的规定，来减轻当时混乱不堪的交通拥挤等问题。1978~1989 年间，由于经济发展导致的汽车数量增多和交通流量增大，停车场配套设施规定不完善导致了城市道路交通拥挤、许多汽车停靠在人行道上，以及严重缺乏公共空间和活动场地等问题，当时的建筑退让道路等规定管控也主要是为了解决交通拥挤、停车和活动场地等问题。1978 年的《南京市建筑管理办法实施细则》第 18 条规定中改变了以前建筑和道路相接的局面，明确了"道路红线"，规定"建筑需统一退让道路红线距离"。同时，条文中还规定"道路红线内不能建设任何与道路无关的东西"，说明有一个很大的转变就是此规定除了解决城市交通与停车问题之外，还考虑到市容景观，对于建筑形态控制方面的规定有所增加。1987 年的《南京城市建设规划管理暂行规定》第 24 条同样除了规定"临城市主次干道的多层建筑自规划道路红线后退距离不得小于 1.5 米"之外，也规定了"大型公共建筑及高层建筑的退缩距离，应视城市交通、市容景观的要求及建筑性质、停车和活动场地的需要等因素确定"。但是随着时代的发展，仅靠退让距离来停车，不仅无法满足功能，而且还影响了市容景观。1990 年至今，将以前统一退让的局面，变为"根据道路宽度、建筑高度的不同，建筑退让道路红线不同的距离"，并规定了建筑高度的分区范围，根据当时我国对于城市避震等防灾问题的高度重视，可看出这些新的规定。这些建筑退让道路规定，主要是市场开发、交通和城市防灾安全等问题协调解决的结果，如一些城市的地震应急预案中规定"房屋距道路中心线距离不少于建筑高度的四分之三，高层建筑自道路中心线后退建筑高度的一半"。但是，随着南京老城区用地市场的开发及用地日益紧张，建筑高度逐渐增大且高达百米以上，仅通过退让道路来解决防震等安全问题是困难的，还需建筑物自身的抗震加固措施来提高其安全性。

7.1.2 关联形态法规理论模型与关联评价图表的创建——城市街廊界面形态特征与建筑退让道路距离规定的关联性理论分析

从理论方面分析，城市街廊界面形态特征与建筑退让道路规定密切相关。在衡量城市物态形式的几何关系要素中，距离是最重要的一点，《南京市规划局规划管理审批工作导则》（2005）、《南京市城市规划实施细则》等法规文件中的相关规定显示，建筑退让道路距离、建筑退让用地界线距离等规定是与城市街廊界面形态主要的条文相关。由于在平面线性图示中，更能表达清楚街廊建筑界面的连续性以及秩序感、节奏变化与围合感。因此，本章以南京市为例，对于建筑退让道路距离规定与街廊界面形态特征的关联性分析转换到二维线性平面图和关联图表等中去分析。

首先，研究以道路为基本单元原型，根据梳理出的三个阶段的 8 条建筑退让道路距离规定条文，在每个阶段中各随机选取了一个年份的条文，即 1928 年、1978 年、2004 年的条文，根据其退让规定，如图 7-4 所示，先分别设定在规定道路宽度的同一条道路两侧，布置长宽相同、高度不同的建筑，设计演绎了与三个年份退让规定关联的沿街街廊建筑界面形态的法规理论模型，可看出南京市历年建筑退让道路规定的变化，很大的关联影响着城市街廊界面的连续性与空间围合感等形态特征：在第一阶段的 1928 年和第二阶段的 1978 年模型中，同一条道路两侧的建筑统一退让道路，街廊建筑界面连续整齐且围合感好、街道空间轮廓呈现秩序性的变化；而在第三阶段的 2004 年法规模型中，同一条道路两侧的各个建筑因其高度不同，退让道路红线的距离不一致，削弱了街廊建筑界面的围合感，建筑界面变得不连续，但呈现节奏性变化。

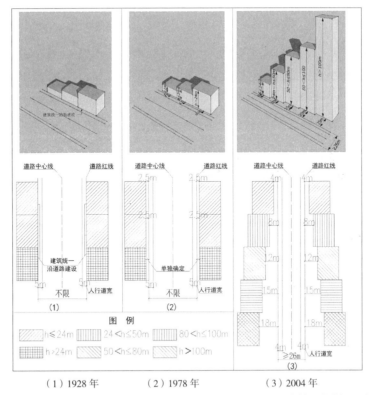

（1）1928年　　　　（2）1978年　　　　（3）2004年

图7-4　符合南京历年三个阶段建筑退让道路规定的街廊建筑界面形态的关联法规理论模型

　　其次，研究以道路两侧的单个街廊为基本单元原型，进一步分析评价相关建筑退让道路规定对城市街廊界面形态的关联影响过程和效果，研究先设定了一条宽为40米的道路路段及其两侧具有10个街廊，根据历年建筑退让道路距离的规定指标，对10个街廊设定其各自建筑界面平均退让道路距离由低到高的变化基础上，建立了ABD–BT、BP关联评价图表（图7-5）。其中ABD表示"单个街廊建筑界面平均退让道路距离"指标，是街廊沿街的每个建筑界面退让道路距离的平均值，主要衡量街廊沿街建筑退让道路大小的变化；BT表示"街廊建筑界面相对贴线率"、BP表示"街廊建筑界面相对偏离度"，是引入的街廊建筑界面形态指标。由于目前相关法规条文中缺乏成文的衡量城市街廊界面形态的量化指标，因此在一些地方城市设计导则中编制的"建筑贴线率"和相关研究文献（丁沃沃，2007；陈锐，2010）中有关"偏离度"研究的基础之上，我们引入了"街廊建筑界面相对贴线率（BT）"和"街廊建筑界面相对偏离度（BP）"两个形态指标（图7-6）。

　　其中"街廊建筑界面相对贴线率（BT）"主要衡量街廊沿街建筑界面边线与道路边线一致的程度，即沿街建筑界面边线贴道路线或红线的大小程度，如图7-6（1）

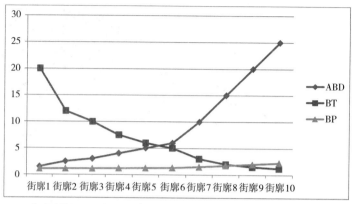

ABD—街廓建筑界面平均退让道路距离；BP—街廓建筑界面相对偏离度；
BT—街廓建筑界面相对贴线率

图 7-5 ABD-BT、BP 关联评价图表——建筑退让道路规定与城市街廓界面形态的关联评价图

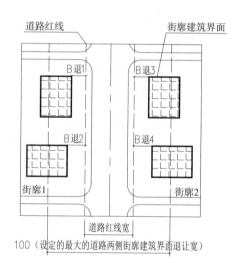

100（设定的最大的道路两侧街廓建筑界面退让宽）

BT1=1/2（100-B）/ABD1；
BT2=1/2（100-B）/ABD2
ABD1=（B 退 1+ B 退 2）/2；
ABD2=（B 退 3+ B 退 4）/2
ST=（BT1+ BT2）/2

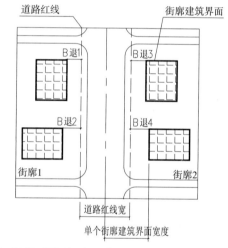

单个街廓建筑界面宽度

BP1=（1/2B+ABD1）/（1/2B）；
BP2=（1/2B+ABD2）/（1/2B）；
ABD1=（B 退 1+ B 退 2）/2；
ABD2=（B 退 3+ B 退 4）/2；
SP=（BP1+ BP2）/2

B= 道路红线宽度；ABD= 街廓建筑界面的平均退让道路距离；
BP—街廓建筑界面相对偏离度 =（1/2 道路红线宽度 + 街廓建筑界面平均退让道路距离）/（1/2 道路红线宽度）
BT—街廓建筑界面相对贴线率 = 1/2 最大建筑退让道路距离 / 街廓建筑界面平均退让道路距离 =1/2（100- 道路红线宽度）/ 街廓建筑界面平均退让道路距离；
ST= 整段道路的建筑界面相对贴线率；SP= 整段道路的建筑界面偏离度。

（1）街廓建筑界面相对贴线率　　　　　　　　　（2）街廓建筑界面相对偏离度

图 7-6 街廓建筑界面相对贴线率、相对偏离度的计算

所示。它的计算先是以沿道路两侧的单个街廓单元为原型，用"最大建筑退让距离"
与"街廓建筑界面平均退让道路距离（ABD）"的比值，其中"最大建筑退让距离"
是用我们设定的最大的道路两侧街廓建筑界面退让宽度 100 米与道路红线宽度（S）

差值的一半。然后再以多个沿街街廓所在的道路为基本单元原型，计算整条路段两侧所有街廓建筑界面相对贴线率的平均值，即得出整条道路的街廓建筑界面贴线率。计算公式如下：

$$BT = \text{"最大建筑退让距离"} / ABD$$
$$= 1/2（100-S）/ABD$$
$$ST =（BT1+BT2+BT3+\cdots BTn）/n$$

式中：BT—街廓建筑界面相对贴线率；ABD—街廓建筑界面的平均退让道路距离；
　　　S—道路红线宽度；　　　　　　　ST—整段道路的建筑界面相对贴线率

从关联图表可看出，建筑建筑退让距离规定与"街廓建筑界面相对贴线率（BT）"成反比变化的关联性影响关系。如当街廓建筑界面平均退让道路距离（ABD）为 5 米时，相对贴线率（BT）为 6；当平均退让道路距离（ABD）为 10 米时，相对贴线率（BT）降低为 3；也就是说当道路红线宽度一定时，"街廓建筑界面平均退让道路距离（ABD）"越大时，相对贴线率越小，街廓建筑廓而言，街廓建筑界面到道路中心线的距离，即用 1/2 道路红线宽与"街廓建筑界面平均退让道路距离（ABD）"的和。而"整段道路的偏离度（SP）"是沿道路两侧各个街廓单元相对偏离度平均值，计算公式如下：

$$BP = \text{"街廓建筑界面宽度"} /（1/2 \times B）$$
$$=（1/2B+ABD）/（1/2 \times B）$$
$$SP =（BP1+BP2+BP3+\cdots BPn）/n$$

式中：BP—街廓建筑界面相对偏离度；ABD—街廓建筑界面平均退让道路距离；
　　　B—道路红线宽度；　　　　　　　SP—整段道路的建筑界面偏离度。

从关联图表理论上可看出建筑建筑退让道路距离规定与"街廓建筑界面相对偏离度（BP）"成正比变化的关联性影响关系，而在同一条道路上，建筑退让道路距离又是根据建筑高度的变高而变大，如当街廓建筑界面（ABD）为 5 米时，相对偏离度（BP）为 1.25；当街廓建筑界面（ABD）为 10 米时，相对偏离度（BP）增大道路 1.5，也就是说当道路红线宽度一定时，建筑高度越高、街廓建筑界面平均退让道路距离越大，相对偏离度越大，则沿街建筑界面边线偏离道路基线或红线距离的程度越大，界面形态越不连续而缺乏秩序与围合感，反之亦然。

最后综合起来得出结论：从理论上分析，建筑退让道路距离规定与城市街廊界面形态紧密切相关，相关退让规定在控制沿街的街廊建筑位置的同时，导致了变化不一的街廊界面形态。在同一道路宽度情况下，建筑高度越大、建筑退让道路距离越大时，或在同一建筑高度情况下，道路越宽、退让越大时，或随着街道宽度越宽、建筑高度越高、建筑退让道路距离越大时，则道路两侧的街廊建筑界面偏离度越大，街廊建筑界面相对贴线率越小，反映出在同一条道路两侧的街廊建筑界面形态越参差不齐、不连续。

因此，研究在法规理论模型建立方法和关联评价图表的基础上，结合案例进行如下的关联性实证分析。

7.1.3 城市街廊界面形态特征与建筑退让道路距离规定的关联性实证分析

城市街廊界面形态的形成、发展与建筑退让道路规定密切相关，二者之间的关联点主要在于沿街建筑面宽、建筑高度、建筑高度与街道宽度之比等"界面属性"的变化，相关建筑退让道路规定在直接而有效地控制到街道两侧建筑定位，解决采光通风、防火防震与交通拥挤等城市功能问题的同时，也导致了城市街廊建筑界面属性特征的变化，进而紧密关联地影响了城市街廊界面形态特征的变化。以南京市为例，实践中相关建筑退让道路距离规定与城市街廊界面形态特征的形成与发展是如何相关的，以及关联影响过程和影响效果是怎样的呢？为了实证分析，我们对选取的中央路段1（B）、中央路段2（C）、中山路段1（D）、中山路段2（E）、草场门大桥—北京西路段（M）、北京西路段2（N）、北京东路段（P）、汉中路段（U）、中山东路段（V）等9个主干路段和太平北路段（K）、太平南路段（J）、广州路段（f）、珠江路段（g）等4个次干路段两侧沿街的街廊案例切片，分两步进行实证分析：第一步是以整条道路路段为基本单元，进行路段两侧建筑界面退让道路现状线性图与法规模型的图示叠加比较，并对路段两侧各个沿街建筑现状退让道路距离和规定退让距离数据，进行曲线吻合度相关性分析；第二步是以道路两侧的单个街廊为基本单元，运用建立的关联评价图表，进一步进行分析退让规定对沿街街廊建筑界面形态的关联影响过程和作用。其中各个路段长度的选取依据，是根据克利夫·芒福汀提出的人所感知到的街道连续不间断长度上限值为1500米和城市设计中人能够充分欣赏到其所处环境视觉质量的挑战尺度 800 米（克利夫·芒福汀，2004），选取我们研究道路的长度范围在 800~1500 米以内。

首先，我们以其中一个路段 946 米长的南京市中山路段 2（E）沿街的街廊案例切片为例进行实验验证（图 7-7），分析南京市历年变化的建筑退让道路规定与中山路两侧街廊界面形态的相关性及关联影响过程和效果。如图 7-7（1）所示，中山路是南京市内主要的南北向主干路段，道路两侧街廊沿街的建筑功能性质主要是以多层、高层和超高层公共建筑为主，建筑的建造年代历经从最早的 1928 年至今，路段两侧街廊界面形态现状呈现出不连续、参差不齐和界面前后空间界定模糊等形态问题，为了验证分析这种形态的形成发展与南京市历年建筑退让道路规定变化之间的关联性。

案例分析第一步：

首先，以整条道路路段为基本单元。1）我们先采用线性图示法，根据搜集到的 2007 年南京市电子地图和 google 影像地图，图 7-7（1）显示出了中山路段两侧各个街廊沿街建筑高度和建筑退让道路的现状图，抽象出街廊建筑界面退让道路现状线性图 [图 7-7（2）]，并对沿街的各个街廊和建筑进行编号，路段两侧共有 13 个街廊、17 栋建筑（道路左侧 8 个，道路右侧 9 个），统计出路段两侧每个街廊建筑界面的平均退让距离（ABD）；2）绘制各条路段两侧街廊建筑界面符合退让道路规定的法规理论模型，我们根据现场调研、当年航拍图及土地拍卖资

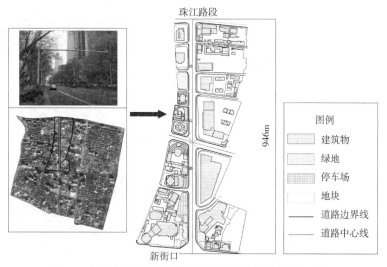

图 7-7　（1）南京市中山路道路切片及其两侧街廊界面外貌现状

料推测出街廓沿街各个建筑的建造年代和应遵守的当年建筑退让道路规定条文，设计演绎出路段两侧各个街廓沿街建筑界面符合退让道路规定的法规理论线性模型图 [图 7-7（3）]；3）我们采用叠加图示比较、数据对比的"曲线吻合度"分析法，将建筑界面现状退让道路线性图和法规线性模型图进行图示叠加比较 [图 7-7（4）]，并统计出路段两侧各个沿街建筑的现状退让道路距离和规定退让距离数据，做出二者的曲线变化吻合度对比分析图 [图 7-7（5）]，计算出每条路段两侧建筑退让道路现状与法规模型的吻合度，验证建筑退让规定与城市街廓界面形态之间的相关性；

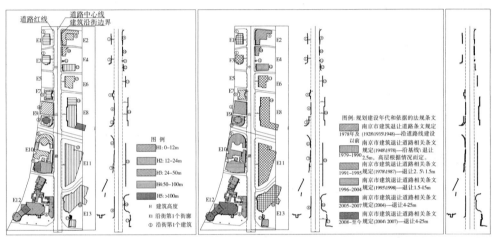

（2）中山路两侧街廓建筑界面退让现状及　　　（3）中山路两侧街廓建筑界面退让的法规理论模型　　（4）二者叠
　　　其抽象线性图　　　　　　　　　　　　　　　　　　　　　　　　　　　　　　　　　　　　　加图

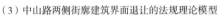

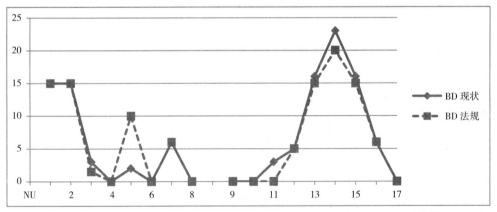

NU：路段两侧沿街建筑的编号；BD 现状：沿街建筑退让道路的现状距离；BD 现状：沿街建筑退让道路的规定距离。

1. 道路两侧街廓的沿街建筑界面退让现状距离曲线与法规模型曲线走势基本吻合，吻合比率为 88%。沿街总建筑数：17 个（道路左侧 8 个，右侧 9 个）；现状符合退让规定（包括大于规定 5m 内）的建筑数：15 个（道路左侧 7 个，右 8 个），符合比率为 88%；不符合数：2 个，比率为 12%。
2. 道路两侧曲线的突变曲率变化较大，对应的道路两侧街廓沿街的建筑界面连续性低，界面参差不齐，不连续。
3. 道路变化曲率较大的沿街建筑主要是以高层和超高层公共建筑为主，退让道路距离较大，变化较低的是以低多层建筑或居住建筑为主，退让道路距离较小。从两侧变化曲线的规整不一的曲率，沿街街廓用地性质并没有统一。

　　　（5）街廓沿街建筑退让道路距离现状与法规理论距离的吻合度分析，吻合度为 88%。

图 7-7 （2）~（5）

其次，以道路两侧的单个街廓为基本单元，我们采用关联评价图表法进一步验证历年建筑退让规定对中山路段两侧街廓建筑界面形态的关联影响作用：我们继续计算统计出路段两侧各个街廓建筑界面的平均退让道路距离、相对贴线率（BT）和街廓建筑界面偏离度（BP）（表7-1），然后对路段两侧13个街廓建筑界面平均退让道路的距离按照由低到高的变化进行排序，绘制出 ABD-BT、BP 关联评价图表 [图7-7（6）]，分析建筑退让道路规定变化对城市街廓界面形态的关联影响过程和作用。

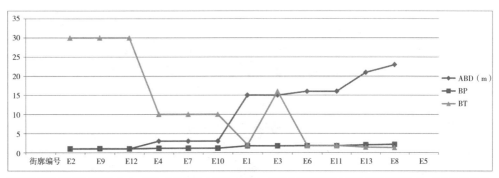

街廓沿街建筑以低多层为主（5层），少数高层（平均23层）；沿街街廓界面形态部分较为连续整齐，部分参差不齐。平均退让距离较大（10m），两侧街廓建筑界面偏离度小，1.15；贴线率较大，约26.23。

中山路段两侧各个街廓建筑界面的平均退让道路距离（ABD）与相对贴线率（BT）、相对偏离度（BP）关系显示为：ABD 与 BT 成反比变化的关联性影响关系，ABD 与 BP 成正比变化的关联性影响关系。
1. E2/E12/E9/E4/E7/E10 街廓界面形态较为连续有秩序，主要是以低多层公共建筑为主，70% 以上是在1995年以前建造，退让道路距离较小，为1~3m，贴线率较大且相似，在10以上；但有少量高层和超高层建筑，退让距离大，降低了界面的连续性。
2. E8/E13 街廓界面形态不连续，是以一个或两三个大型、多高层公共建筑占用一整个街廓，建造年代较晚（2005年以后），建筑退让道路距离较大，在21~23m，相对贴线率相似且较小（2.7左右）、偏离度较大。
3. 整条路段的平均退让距离10m，平均街廓建筑界面偏离度1.15；平均相对贴线率约26.23。

（6）ABD-BT、BP 关联评价图表：建筑退让规定与街廓界面形态关联性

图7-7 E—中山路段2两侧的街廓界面形态与建筑退让道路规定的关联性分析

中山路段两侧街廓建筑界面的ABD-BT、BP关联评价图表建立的相关数据统计 表7-1

路段及其两侧街廓编号	ABD（街廓建筑界面平均退让距离）	BP（街廓建筑界面偏离度）	BT（街廓建筑界面相对贴线率）	H（街廓平均建筑层数）	B（道路红线宽度）
E1	15m	1.75	2	15F	40m
E2	1m	1	30	3F+14F	40m
E3	15m	1.75	16	16F	40m
E4	3m	1.15	10	3F	40m
E5	—	—	—	—	40m
E6	16m	1.8	1.88	14F	40m
E7	3m	1.15	10	5F+24F	40m
E8	23m	2.15	1.3	4.5F+27F	40m

（左侧跨多行合并单元格：E—中山路段1）

续表

路段及其两侧街廓编号		ABD（街廓建筑界面平均退让距离）	BP（街廓建筑界面偏离度）	BT（街廓建筑界面相对贴线率）	H（街廓平均建筑层数）	B（道路红线宽度）
E—中山路段1	E9	1m	1.05	30	4F+31F	40m
	E10	3m	1.15	10	5F+27F	40m
	E11	16m	1.8	1.88	9F	40m
	E12	1m	1	30	4F+27F	40m
	E13	21m	2.05	1.43	5F	40m
E—整段道路		10m	1.5	6	5F+23F	40m

最后的实验结果显示：中山路段两侧的街廓界面形态形成、发展与南京市历年建筑退让规定的变化密切相关，历年建筑退让道路规定在对建筑后退道路位置控制到位的同时，退让距离的变化紧密关联影响着中山路段两侧的街廓建筑界面形态特征的变化。建筑退让道路距离从1990年以前规定的沿道路建设、统一退让1.5~2.5米，变化到1990年以后规定的建筑退让道路距离随建筑高度变高、街道宽度变宽而退让道路距离越大的变化，关联影响到道路两侧街廓建筑界面形态特征从1995年以前的较为连续有序、围合感较强的特征发展到后来的排列不整齐、连续性较低、秩序感和围合感较低的变化。并且在同一条路段两侧，对于沿街建筑功能性质、形式、高度与建造年代不一的各个街廓建筑界面中，高层和超高层、建造年代较晚的公共建筑，退让距离很大，也是降低街廓建筑界面连续性的主要原因之一。具体表现如下：

1）从退让现状和法规模型的叠加图示中显示，街廓建筑界面形成与历年建筑退让规定密切相关，中山路两侧街廓建筑界面退让道路现状图与符合退让规定的法规理论模型界面图。二者叠加图示中建筑界面大部分重合或相近，少部分不重合有差异；从现状退让距离与规定距离的曲线走势对比图中显示，道路两侧各个沿街建筑退让道路现状距离曲线与法规模型中各个建筑规定距离曲线的走势基本吻合，吻合比率为88%。88%的建筑后退道路的距离是符合规定的，这些说明了中山路两侧街廓的沿街建筑位置是按照退让规定建设的，证明这些规定对建筑后退道路位置控制有效而到位。同时，二者叠加图示中少部分不重合有差异，实际现状的界面与法规理论模型的界面并不完全一致，约12%的建筑后退道路红线距离是不符合规定的，且退让距离比规定的距离大。

2）从变化曲线走势对比图还可看出，街廓建筑界面形态特征与历年建筑退让规定变化之间的关联性体现在：曲线突变点越小的，对应的建筑退让距离越小，则对应的沿街建筑界面的形态较为连续整齐；曲线突变点变化越大的，对应的建筑退让道路距离越大，导致整条道路和所在街廓建筑界面形态连续性越低，界面越参差不齐。这些规定又证明了在对建筑后退道路位置控制到位的同时，也是导致建筑界面由连续有序到不连续、参差不齐变化的主要原因，并且道路变化曲率较大的沿街建筑主要是以建造年代较晚的公共建筑为主，退让道路距离较大，变化较小的是 1995 年以前建造的以居住为主，退让道路距离较小。另外，从道路两侧变化曲线的规整不一的曲率也看出，沿街街廓用地性质并没有统一。同时，从两侧变化曲线的规整不一的曲率，沿街街廓用地性质并没有统一。

3）从关联评价图表中进一步验证：历年建筑退让规定对街廓建筑界面的关联影响作用在于，建筑退让距离规定（ABD）与"街廓建筑界面相对贴线率（BT）"成反比变化的关联性影响关系，建筑建筑退让道路距离规定（ABD）与"街廓建筑界面相对偏离度（BP）"成正比变化的关联性影响关系。最后形成了中山路段两侧 1995 年以前建造的街廓沿街建筑界面形态较为连续有序、围合感较强，发展到后来街廓建筑界面形态特征变为不整齐、不连续性、围合感较低、参差不齐的锯齿形界面形态特征。E2/E12/E9/E4/E7/E10 街廓界面形态较为连续有秩序，主要是以低多层公共建筑为主，70% 以上是在 1990 年以前建造，退让道路距离较小，为1~3m，贴线率较大且相似，在 10 以上；但有少量高层和超高层建筑，退让距离大，降低了界面的连续性；而 E8/E13 街廓界面形态不连续，是以一个或两三个大型、多高层公共建筑占用一整个街廓，建造年代较晚，在 2005 年以后，建筑退让道路距离较大，在 21~23 米，相对贴线率相似且较小（2.7 左右）、偏离度较大。

另外，有 12% 的建筑没有按规定退让道路距离的原因主要有：第一，一些沿街居住建筑前留有绿地或空闲地；第二，大型商场等公共建筑前留有小广场、停车场等；第三，为了符合规定，大部分建筑的退让距离比规定的最小距离大一点，约为 1 米、2 米、3 米、5 米、10 米等。由此可见，实际街廓界面形态的形成除了退让规定控制的影响之外，还包括其他更为复杂的影响因素，如规划控制中开发景观广场绿地的需要、建筑本身功能或建筑形象的影响以及避难疏散场所设置和防火需要等，这些还需我们在后续的研究中进行。

案例分析第二步：

为了验证的准确性，我们继续对所选的其他 8 个主干路段和 4 个次干路段两侧的街廓界面切片，即中央路段 1（B）、中央路段 2（C）、中山路段 1（D）、中山路段 2（E）、草场门大桥—北京西路段（M）、北京西路段 2（N）、北京东路段（P）、汉中路段（U）、中山东路段（Ⅴ）等 8 个主干路段和太平北路段（K）、太平南路段（J）、广州路段（f）、珠江路段（g）等 4 个次干路段两侧沿街的街廊案例切片，采用与中山路段切片同样的研究方法和步骤进行实验验证，各条

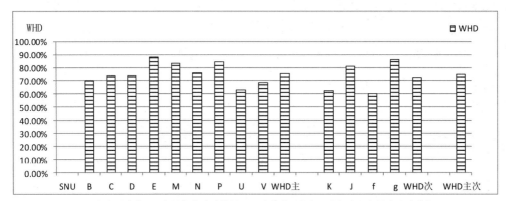

（1）主次干路路段两侧沿街街廊建筑界面退让道路距离与退让规定距离的吻合度分析

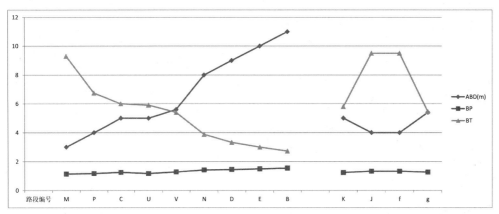

ABD—街廊沿街建筑退让道路的平均距离；BP—街廊建筑界面偏离度；BT—街廊建筑界面相对贴线率
B—中央路段 2　C—中央路段 3　D—中山路段 1　E—中山路段 2　M—草场门大街路段
N—北京西路段 2　P—北京东路段 1　U—汉中路段　V—中山东路段 1　J—太平南路段 1
K—太平北路段 2　f—广州路段 2　g—珠江路段 1

（2）主次干路路段两侧沿街街廊建筑界面退让道路距离与规定退让距离的关联图表分析

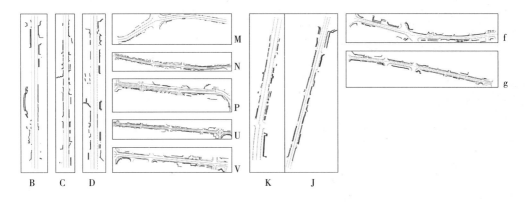

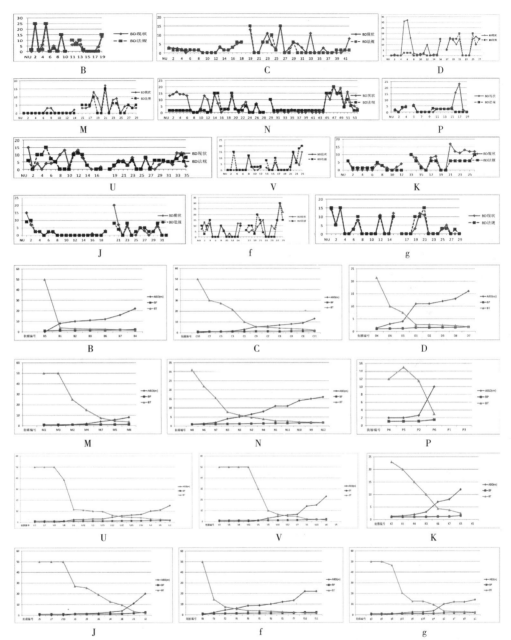

（3）所有选取的主次干路段两侧沿街街廓建筑界面退让道路距离与规定退让距离的吻合度和关联图表分析统计

图7-8 南京主次干路路段两侧沿街街廓建筑界面退让道路距离与退让规定距离的关联性分析

路段验证图示过程和数据，见附录五，并统计出每条路段两侧街廓建筑界面退让道路的法规模型与界面现状的吻合度、单个街廓建筑界面的平均退让道路距离（ABD）、街廓建筑界面相对贴线率（ST）和街廓建筑界面相对偏离度（SP），再分别统计出所有主干路段和次干路段的平均吻合度。最后，如图7-8所示，绘制吻合度柱状图和综合关联图表，分析总结出南京历年建筑退让道路规定及其变化与城市街廓界面形态的相关性、关联影响过程和效能力度，以及造成不吻合的原因。

B—中央路段 1 的沿街街廓界面形态与建筑退让道路规定的关联性分析：

第一，吻合度为 70%。

1）路段两侧建筑界面退让道路现状线性图与符合规定的法规理论模型图的二者叠加图示中建筑界面大部分重合或相近，少部分不重合有差异。

2）道路两侧的沿街建筑界面退让道路现状距离曲线与法规模型曲线走势基本吻合。沿街总建筑数：20 个。现状符合退让规定（包括大于规定 5 米内）的建筑数：14 个，现状退让道路距离值与规定距离的吻合比率为 70%，不符合数：6 个，不吻合率为 30%。

3）道路两侧曲线的突变曲率变化较大，对应的道路两侧街廓沿街的建筑界面连续性低，界面参差不齐，不连续。道路两侧曲线突变曲率变化较小的建筑界面主要是 1995 年以前建造的以低多层为主的建筑或居住建筑，退让道路距离较小，对应的街廓建筑界面较为连续有序，而突变曲率较大的沿街建筑主要在 1998 年以后建造，以公共建筑为主建筑界面，退让道路距离较大，对应的街廓建筑界面较不连续不整齐、围合感较差。

第二，路段两侧的街廓建筑界面大部分以低多层为主（3 层），少数高层平均层高在 28 层左右，建筑退让距离规定（ABD）较大（10 米以上），两侧街廓建筑界面相对偏离度（SP）较大，1.2；相对贴线率（ST）较小，5.5；ABD 与 BT 成反比变化的关联关系，ABD 与 BP 成正比变化关系。

1）B5 街廓的沿街建筑几乎都建造在 1990 年以前、贴道路线建设，退让距离为 0 米，贴线率 100%，街廓建筑界面形态连续有秩序且围合。

2）B1/B2/B3/B6 街廓建筑界面相对贴线率相似，退让距离在 8~12 米，以低多层建筑为主且建在相近年代、依据同一规定条文的街廓建筑界面，街廓建筑界面形态连续有秩序且围合。

3）B4 街廓是以一个大型高层公建占一整个街廓，建筑退让较大（在 25 米以上），贴线率较小、偏离度较大，是导致街廓界面形态参差不齐的原因之一。

C—中央路段 2 的沿街街廓界面形态与建筑退让道路规定的关联性分析：

第一，吻合度为 74%。

1）建筑退让道路现状线性图与法规理论模型图的二者叠加图示中，大部分街廓建筑界面重合或相近，少部分不重合有差异。

2）左侧沿街建筑界面退让距离曲线与法规模型曲线走势基本吻合，右侧的吻合度比左侧低。

沿街总建筑数：42 个（道路左侧 19 个，右侧 23 个），符合退让规定（包括大于规定在 5 米以内）的建筑数：31 个（道路左侧 16 个，右侧 15 个），现状退让道路距离值与规定距离的吻合率为 74%（道路左侧为 84%，右侧为 65%），不符合数：9 个，不吻合率为 26%。

3）道路右侧曲线的突变曲率变化较大，对应道路右侧沿街的街廓建筑界面连续性低，界面参差不齐，不连续。道路变化曲率较大的沿街建筑主要是以公共建筑为主，退让道路距离较大，变化较小的是以居住为主，退让道路距离较小。

第二，路段两侧的街廓建筑界面大部分低多层建筑为主（3 层），少数高层平均层高 15 层，ABD 5 米以上，SP 较大，1.13；ST 较小，12。

1）ABD 与 BT 成反比变化的关联性关系；ABD 与 BP 成正比变化的关联性关系。

2）C1/C3/C5/C7/C10 等道路右侧的街廓建筑界面贴线率相似，沿街建筑大多在 1990 年以前建造，都是多层建筑，且以居住建筑为主，几乎都沿道路线建设，退让道路距离为 0~3 米，贴线率较大，平均在 50% 以上，街廓建筑界面形态连续、有秩序且围合。

3）C6/C8/C4/C2/C9 街廓界面贴线率相似，退让道路距离小在 5~9 米，主要是以低多层建筑为主，但有少量高层和超高层建筑，是建在相近年代、依据同一规定条文的街廓建筑界面，其中 C2/C4 街廓的沿街建筑的建造年代较早，都在 1995 年以前建造，这些兼有公建与居住建筑的街廓建筑界面形态不连续不整齐，缺乏围合感。

4）C11 街廓是以一个大型高层公共建筑占用一整个街廓，建筑退让道路距离在 13m 左右，贴线率较小、偏离度较大。

D—中山路段 1 的沿街街廓界面形态与建筑退让道路规定的关联性分析：

第一，吻合度为 63%。

1）道路两侧建筑退让道路现状线性图与法规理论模型图的二者叠加图示中，大部分街廓建筑界面重合或相近，少部分不重合有差异。

2）道路两侧沿街建筑界面退让曲线与法规模型曲线走势对比显示部分建筑基本吻合，少部分吻合度较低。沿街总建筑数：27 个（道路左侧 16 个，右侧 11 个），符合退让规定（包括大于规定在 5 米以内）的建筑数：17 个（道路左侧 11 个，右侧 6 个），现状退让道路距离值与规定距离的吻合比率为 74%（道路左侧 69%，右侧 55%）；不符合数：10 个，比率为 37%。

3）道路右侧曲线的突变曲率变化较大，对应道路右侧沿街的街廓建筑界面连续性低，界面参差不齐，不连续。道路两侧曲线的突变曲率较大的沿街建筑主要是以建造年代较晚的高层和超高层公共建筑为主，退让道路距离较大，变化较小的是以建造年代较早的低多层建筑为主，退让道路距离较小。

第二，路段两侧的街廓建筑界面大部分以低多层为主（5 层），少数平均层高 21 层的高层和超高层建筑，ABD 较大，9 米，SP 较大，1.2；ST 较小，6.67。

ABD 与 BT 成反比变化关系；ABD 与 BP 成正比变化关系。

1）D1/D4/D5/D6 贴线率相似，沿街建筑大多在 1995 年以前建造，80% 以上是低多层建筑为主，几乎都沿道路线建设，退让道路距离为 1~4，贴线率大，平均在 30% 左右，街廓建筑界面形态连续、有秩序且围合。

2）D2/D3/D7/D8 贴线率相似，几乎是以一个或两三个大型高层和超高层公共建筑占用一整个街廓，建筑退让道路距离较大，在 11~16 米，贴线率较小、偏离度较大，降低了界面的连续性与围合感。

M—草场门大街沿街的街廓界面形态与建筑退让道路规定的关联性分析：

第一，吻合度为 83%。

1）建筑退让道路现状线性图与法规理论模型图的二者叠加图示中，大部分街廓建筑界面重合或相近，少部分不重合有差异。

2）沿街建筑界面退让距离曲线与法规模型曲线走势基本吻合。沿街总建筑数：29 个，符合退让规定（包括大于规定在 5 米以内）的建筑数：24 个，现状退让道路距离值与规定距离的吻合比率为 83%；不符合数：5 个，不吻合率为 27%。

3）道路右侧曲线点的突变曲率变化较大，对应的街廓建筑界面连续性低，界面参差不齐，不连续；道路左侧街廓建筑界面较为连续有序。道路变化曲率较大的沿街建筑主要是以高层公共建筑为主，退让道路距离较大，变化较小的是以低多层建筑为主，退让道路距离较小。从两侧变化曲线规整不一的曲率来看，沿街街廓用地性质并没有统一。

第二，路段两侧的街廓建筑界面大部分以低多层建筑为主（3 层），少数高层平均层高 16.5 层；ABD 较小，3 米；SP 较小，1.07；ST 较大，19。

ABD 与 BT 成反比变化的关联关系，ABD 与 BP 成正比变化关系。

1）M1/M2/M3/M4/M7 街廓建筑界面，是低多层公共建筑为主，建造年代较早，80% 以上在 1990 年以前建造，退让道路距离较小，为 0~4 米，贴线率较大，平均在 50% 以上，沿街的街廓建筑界面也是较为连续有序。其中 M1/M3 街廓界面的建造年代更早，都是沿道路线建设，退让为 0 米，贴线率 100%，街道建筑界面肌理连续有序。

2）M6 街廓建筑界面，是以两个大型且多高层公共建筑和场地占用一整个街廓，建造年代较晚（2005 年以后），建筑平均退让道路距离 8 米，贴线率较小（7.5），偏离度较大。

N—北京西路段沿街的街廓界面形态与建筑退让道路规定的关联性分析：

第一，吻合度为 76%。

1）路段两侧建筑退让道路现状线性图与符合规定的法规理论模型图的二者叠加图示中，建筑界面大部分重合或相近，少部分不重合有差异。

2）沿街建筑界面退让距离曲线与法规模型曲线走势基本吻合。沿街总建筑数：54 个。符合退让规定（包括大于规定 5 米内）的建筑数：41 个，现状退让道路距离值与规定距离的吻合率为 76%；不符合数：13 个，不吻合率为 24%。

3）道路左侧街廓建筑界面、右侧部分街廓界面曲线点的突变曲率变化较大，对应的沿街街廓建筑界面连续性低，界面参差不齐，不连续。

4）道路变化曲率较大的沿街建筑主要是以建造年代较晚的高层和超高层公共建筑为主，退让道路距离较大；突变曲率变化较小的是以低多层建筑，或居住建筑为主，退让道路距离较小。从两侧变化曲线规整不一的曲率来看，沿街街廓用地性质和建筑类型等并没有统一。

第二，路段两侧的街廓建筑界面大部分以低多层建筑为主（3 层），少数高层平均层高 20 层，ABD8 米，SP 为 1.21；ST 较大，7.75。

ABD 与 BT 成反比变化的关联关系，ABD 与 BP 成正比变化关系。

1）N1/N9/N10/N11/N12 街廓建筑界面贴线率相似，主要以多高层公共建筑为主，虽然建筑退让道路距离较大（11~16 米），但是界面较为连续，其中 N9/N10/N11 建造年代较晚（在 1996 年以后），而 N1 虽然建造年代较早，但是街廓沿街建筑退让道路较大，约 11 米，在沿街留出空地。

2）N8/N2 街廓建筑界面都是低层建筑，在 1991~1995 年建造，虽然建造年代较早，但退让距离大，且不连续、参差不齐，建筑排列随机性大，几乎没有按规定距离退让，建筑沿街前面空地多。

3）N3/N5 街廓建筑界面主要为多层建筑，有少量高层建筑，建造年代较早，80% 以上在 1990~1995 年建造，建筑退让道路距离较小，在 4~5 米之间，且平均在 50% 以沿街建筑界面较为连续，建筑没有按规定 1.5/2.5 米退让的原因是门房和围墙贴道路线建设，而建筑退后。

4）N6/N7/N8 街廓的沿街建筑的建造年代在 1995 年以前，低多层为主，仅有一个大型高层公共建筑，80% 以上的建筑是沿道路线建设，街道建筑界面肌理连续有序。

P—北京东路段沿街的街廓界面形态与建筑退让道路规定的关联性分析：

第一，吻合度为 84%。

1）路段两侧建筑退让道路现状线性图与符合规定的法规理论模型图的二者叠加图示中，建筑界面大部分重合或相近，少部分不重合有差异。

2）沿街建筑界面退让距离曲线与法规模型曲线走势基本吻合。沿街总建筑数：19 个，符合退让规定的建筑数：16 个，现状退让道路距离值与规定距离的吻合比率为 84%；不符合数：3 个，不吻合比率为 16%。

3）道路两侧曲线点的突变曲率变化较大，说明道路沿街的建筑界面连续性低，界面参差不齐，不连续。

4）道路变化曲率较大的沿街建筑主要是以建造年代较晚的高层和超高层公共建筑为主，退让道路距离较大，变化较小的是以低多层建筑为主，退让道路距离较小。从两侧变化曲线规整不一的曲率来看，沿街街廓用地性质、建筑类型等并没有统一。

第二，路段两侧的街廓建筑界面大部分以多层为主（4 层），只有 1 个高层建筑，层高 34 层，ABD 较小，4 米；SP 为 1.1；ST 较大，15。

ABD 与 BT 成反比变化的关系，ABD 与 BP 成正比变化关系。

1）P2/P4/P5 街廓建筑界面以多层建筑为主，建造年代在 1995 年以前，退让道路距离较小，平均 2 米，贴线率相似且较大，沿街的街廓建筑界面也是较为连续有序。

2）P6 街廓建筑界面，在 1978 年以前建造，虽然建造年代较早，但是退让道路距离大，贴线率较小，为 6，且不连续、参差不齐，建筑排列随机性大，几乎没有按规定距离退让，建筑沿街前面空地多。

U—汉中路段沿街的街廓界面形态与建筑退让道路规定的关联性分析：

第一，吻合度为63%。

1）沿街建筑界面退让距离曲线与法规模型曲线走势基本吻合。沿街总建筑数：35个，符合退让规定的建筑数：22个，现状退让道路距离值与规定距离的吻合比率63%；不符合数：13个，不吻合率为36%。

2）曲线点的突变曲率变化较大，说明道路沿街的建筑界面连续性低，参差不齐，不连续。道路变化曲率较大的沿街建筑主要是以建造年代较晚的高层和超高层公共建筑为主，退让道路距离较大，变化较小的大部分是建造年代在1995年以前的低多层建筑为主，退让道路距离较小。从两侧变化曲线规整不一的曲率来看，沿街街廓用地性质并没有统一。

第二，路段两侧的街廓建筑界面大部分以低多层建筑为主（4层），少数高层平均层高22层，ABD较小，5米；SP为1.12；ST较大，12。

ABD与BT成反比变化的关系，ABD与BP成正比变化关系。

1）U2/U6/U7/U8/U9街廓建筑界面，主要以低多层公共建筑为主，有3个高层和超高层建筑，建造年代较早，70%以上在1990年以前建造，退让道路距离较小，为1~2米，贴线率较大且相似，平均在60%以上，街廓沿街建筑界面较为连续有序。其中U2/U7/U9街廓建筑界面的建筑年代很早，U2/U9街廓的沿街建筑大多在1978年以前建造，都是沿道路线建设，退让为0米，贴线率100%，街道建筑界面肌理连续有序。

2）U10/U11/U12/U13/U14/U15街廓在道路同一侧，主要以多高层公共建筑为主，建筑退让道路距离在4~10米（其中U11/U12/U13平均退让3~6米，U10/U14/U15平均退让6~10米），各个街廓沿街建筑建造年代不一，70%以上满足建筑退让道路距离规定，但是街廓建筑界面不连续、参差不一。

3）U1/U4/U5街廓主要以多高层公共建筑为主，建筑退让道路距离较大，在10~15米之间，其中有两个街廓的道路转角处的公共建筑退让道路距离较大，是同时满足交叉两条道路退让距离规定、道路转角半径等规定的结果，街廓界面也是不连续、参差不齐。

V—中山东路段沿街的街廓界面形态与建筑退让道路规定的关联性分析：

第一，吻合度为68%。

1）沿街建筑界面退让距离曲线与法规模型曲线走势基本吻合。沿街总建筑数：25 个，符合退让规定的建筑数：17 个，现状退让距离值与规定距离的吻合率为 68%；不符合数：8 个，不吻合率为 32%。

2）道路两侧曲线点的突变曲率变化较大，对应着道路沿街的建筑界面连续性低，参差不齐，不连续。道路变化曲率较大的沿街建筑主要是以 1998 年以后建造的高层和超高层公共建筑为主，退让道路距离较大，变化较小的是以 1990 年以前建造的低多层建筑为主，退让道路距离较小。从两侧变化曲线规整不一的曲率来看，沿街街廓用地性质、建筑类型并没有统一。

第二，路段两侧的街廓建筑界面中，低多层建筑（平均 4 层）、高层和超高层建筑（平均 23 层）各自约占 50%，ABD 为 6 米，SP 为 1.15；ST 较大，4。

ABD 与 BT 成反比变化的关联关系，ABD 与 BP 成正比变化关系。

1）V2/V3/V8/V10 和 V1 街廓的沿街建筑主要是低多层建筑，建造年代在 1978 年以前，退让道路 0~1 米，沿道路线建设，街廓界面肌理连续有序。

2）V9/V11 街廓的沿街建筑中，低多层建筑约占 70%，大型公共建筑约占 30%，平均退让道路距离 3~5 米，其中低多层建筑是在 1995 年以前建造，主要沿道路线建设，建筑界面形态连续有序，而大型公建根据规定退让距离较大，在 6~14 米，是导致整个街廓界面形态不连续、参差不齐的主要原因。

3）V7/V12 街廓是由 1~2 个高层和超高层公共建筑占用一整个街廓用地，街廓沿街建筑的建造年代较晚（1996~2004 年），主要根据裙房高度退让，退让距离约 6 米，但是按照规定，高层和超高层建筑退让道路距离不够，不符合规定，且由于建筑高度不同，再加上几个建筑位于街道转角处，导致街廓界面不连续、不整齐。

4）V4/V13 街廓的建筑中，高层和超高层建筑约占 60%，低多层建筑约占 40%，建造年代较晚（1995~2004 年），其中高层和超高层建筑根据规定退让道路距离较大，在 14~15 米，基本符合规定建设，而低多层建筑主要是门房沿道路线建设，主要建筑可能根据当时的情况退让不一，这样二者共同导致街廓沿街界面不连续、参差不一。

5）V6 街廓界面贴线率较小，以一个大型、多高层公共建筑占用一整个街廓，建造年代较晚（2005 年以后），建筑退让道路距离较大，约 23 米，或许是为了满足规划控制、获得容积率等经济效益的原因，建筑在符合规定退让的基础上，还多退让了一定距离，整个作为场前小广场和铺地。

K—太平北路段沿街的街廓界面形态与建筑退让道路规定的关联性分析：

第一，吻合度为62%。

1）沿街建筑界面退让距离曲线与法规模型曲线走势基本吻合。沿街总建筑数：26个，符合（包括大于规定在5米以内）退让规定的建筑数：16个，现状退让道路距离值与规定距离的吻合比率为62%；不符合数：10个，不吻合率为38%。

2）道路右侧曲线点的突变曲率变化较大，对应的沿街建筑界面形态连续性低，界面参差不齐，不连续。道路变化曲率较大的沿街建筑主要是以公共建筑为主，退让道路距离较大，变化较小的是以居住为主，退让道路距离较小。从两侧变化曲线规整不一的曲率来看，沿街街廓用地性质并没有统一。

第二，路段两侧的街廓建筑界面中，包括低多层建筑（3层）和少数平均层高为14层的高层建筑，ABD较小，4米；SP为1.1；ST较大，15。

ABD与BT成反比变化的关联关系，ABD与BP成正比变化关系。

1）K1/K2/K3/K4街廓，主要是建造在相近年代，以沿街低多层的居住、底层商业居住建筑为主的街廓建筑界面，街廓建筑界面贴线率相似，退让道路距离小（2米以下），界面形态连续有序，有较好的围合感。

2）K6/K7/K8街廓，主要是在相近年代建造、以沿街公共建筑为主的街廓建筑界面，相对贴线率较小，平均建筑退让道路距离较大（7~12米），街廓建筑界面形态不连续，但较为有序。

J—太平南路段沿街的街廓界面形态与建筑退让道路规定的关联性分析：

第一，吻合度为81%。

1）沿街建筑界面退让距离曲线与法规模型曲线走势基本吻合。沿街总建筑数：32个，符合退让（包括大于规定在5米以内）规定的建筑数：26个，现状退让道路距离值与规定距离的吻合比率为81%；不符合数：6个，不吻合率为19%。

2）道路右侧曲线点的突变曲率变化较大，道路沿街的建筑界面连续性低，界面参差不齐，不连续。道路变化曲率较大的沿街建筑主要是以公共建筑为主，或高层建筑，退让道路距离较大，变化较小的是以居住为主，或低多层建筑，退让道路距离较小。从两侧变化曲线规整不一的曲率来看，沿街街廓用地性质并没有统一。

第二，路段两侧的街廓建筑界面中，大部分是低多层建筑（4层），少数平均层高为27层的高层建筑，ABD较小，4米；SP为1.17，ST较大，19。

ABD 与 BT 成反比变化的关联关系，ABD 与 BP 成正比变化关系。

1）J4/J6/J8/J9/J3 街廓，主要是以低多层公共建筑为主、仅有 2 个高层和超高层建筑，建造年代较早，70% 以上是在 1990 年以前建造，退让道路距离较小，为 1~4 米，贴线率较大且相似，平均在 50% 以上，沿街的街廓建筑界面也是较为连续有序。J7/J5/J10 街廓界面的建造年代较早，在 1987 年以前建造，都是沿道路线建设，退让为 0 米，贴线率 100%，街道建筑界面形态连续有序。

2）J2 街廓是以一个大型、多高层公共建筑占用一整个街廓，建造年代较晚（2005 年以后），平均建筑退让道路距离较大，约 20 米。街廓建筑界面相对贴线率较小，为 3.8，偏离度较大。

f—广州路段沿街的街廓界面形态与建筑退让道路规定的关联性分析：

第一，吻合度为 60%。

1）沿街建筑退让距离曲线与法规模型曲线走势基本吻合。沿街总建筑数：29 个，符合建筑退让道路规定的建筑数：17 个，现状退让道路距离值与规定距离的吻合比率为 60%；不符合数：12 个，不吻合比率为 40%。

2）道路两侧曲线点的突变曲率变化较大，说明道路沿街的建筑界面连续性低，参差不齐，不连续。道路变化曲率较大的沿街建筑主要是以 1998 年以后建造的高层和超高层公共建筑为主，退让道路距离较大，变化较小的是以低多层建筑为主，退让道路距离较小。从两侧变化曲线规整不一的曲率来看，沿街街廓用地性质并没有统一。

第二，路段两侧的街廓建筑界面中，低多层建筑（4 层）、高层和超高层建筑各自占 50%（平均 20 层），ABD 较大，10 米；SP 为 1.29，ST 较大，6.5。

ABD 与 BT 成反比变化的关联关系，ABD 与 BP 成正比变化关系。

1）f8 街廓以低多层建筑为主，建造年代在 1978 年以前，退让道路 0 米，建筑按规定沿道路线建设，且街廓界面形态连续有序。

2）f2/f3/f4 主要是约占 60% 的低多层建筑和 40% 的大型公共建筑，平均退让 2~6 米，其中低多层建筑的建造年代在 1978 年以前，沿道路线建设，而大型公建的建造年代较晚，在 1996~2004 年建造，根据规定退让较大，在 6~12 米，是导致整个街廓界面不连续的主要原因，整个街廓建筑界面形态虽不连续，但较为有序、有节奏感。

3）f9/g1/f3 街廓以多高层公共建筑为主，30% 在 1978 年以前建造，30% 在

1991~1995 年建造，40% 在 1996~2004 年建造，街廓沿街建筑由于历年建造，退让不一，1996 年以后建造的部分建筑不符合退让规定，并且街廓界面形态不连续，说明导致界面形态不连续的原因除了有退让规定控制的原因之外，还有其他因素影响。

4）f5/f7 是以 1~2 个多高层公共建筑占用一整个街廓，建造年代在 1996~2007 年，建筑符合规定，退让道路距离较大，在 12~13.5 米，但街廓界面形态不连续、参差不齐。

5）f10/f11 是以高层和超高层建筑占用一整个街廓，建造年代在 1996~2007 年，根据规定退让道路距离较大，约 22 米，但是不同高度、不同年代的建筑造成街廓界面形态不连续、不整齐。

g—珠江路段沿街的街廓界面形态与建筑退让道路规定的关联性分析：

第一，吻合度为 86%。

1）沿街建筑退让道路距离曲线与法规模型曲线走势基本吻合。沿街总建筑数：29 个，符合退让规定的建筑数：25 个，现状退让道路距离值与规定距离的吻合比率为 86%；不符合数：4 个，不吻合比率为 14%。

2）道路两侧曲线点的突变曲率变化较大，对应的道路沿街建筑界面形态连续性低，参差不齐，不连续。道路变化曲率较大的沿街建筑主要是以在 1998 年以后建造的高层和超高层公共建筑为主，退让道路距离较大，变化较小的主要是以在 1990 年以前建造的低多层居住建筑，或其他建筑为主，退让道路距离较小。从两侧变化曲线规整不一的曲率来看，沿街街廓用地性质并没有统一。

第二，低多层建筑（4.5 层）、高层和超高层建筑各自约占 50%（29 层），ABD 为 6 米，SP 为 1.2，ST 较大，12。

ABD 与 BT 成反比变化的关系，ABD 与 BP 成正比变化关系。

1）g5/g3 街廓沿街主要是低多层建筑，建造年代在 1995 年以前，退让道路 0 米，建筑沿道路线建设，且街廓界面形态连续有序。

2）g8/g11/g6/g10/g4 主要是以低多层建筑为主，只有 3~4 个高层建筑，平均退让距离 1~4 米，其中低多层建筑在 1991~1995 年建造，几乎都沿道路线建设，建筑界面形态连续有序，而高层建筑的建造年代在 1996~2004 年，退让道路距离较大，在 10~11 米，是导致整个街廓界面不连续的主要原因，整个街廓建筑界面形态虽不连续，但较为有序、有节奏感。

3）g1/g2/g9/g10 主要是以 1~2 个大型高层和超高层建筑占用一整个街廊，建造年代较晚，在 1996~2007 年建造，退让道路距离较大，在 10~14 米，虽然退让距离符合规定，但是不同高度、不同年代的建筑造成街廊界面形态不连续、不整齐。

最后结论：南京城市街廊界面形态特征与历年建筑退让道路距离规定密切相关，二者之间的关联点主要是建筑界面属性的变化，相关退让规定在对道路两侧建筑后退定位控制到位的同时，也导致了街廊建筑界面属性的变化，进而关联影响了界面形态特征的生成与变化。伴随着相关建筑退让道路距离规定从 1990 年以前退让 1.5~2.5 米或沿道路线建设，发展到 1990 年以后建筑退让道路距离随建筑高度变高、街道宽度变宽而退让距离越大的变化，关联影响形成了城市街廊界面形态由 1995 年以前的连续整齐、秩序感越强、街道围合感较好，向 1995 年以后的不连续、不整齐、秩序感和围合感较低、参差不齐的锯齿形界面形态特征演变。建筑退让道路规定控制对街廊沿街建筑界面形态形成的关联影响作用在于：在同一条道路上，道路两侧的街廊建筑界面平均退让道路距离越大，则街廊建筑界面相对偏离度越大，街廊建筑界面"贴道路线部分"与"非贴线部分"就越参差不齐，街廊界面连续性越低；反之，平均退让距离越小，偏离度越小、街廊建筑界面贴线率越大，则街廊界面形态越连续整齐，秩序感越强、街道围合感较好。

各路段实验结果显示：

1）实际现状的各路段两侧街廊建筑界面线性图与符合退让规定的建筑界面法规模型图基本吻合，各建筑退让道路现状距离与规定距离的数据曲线走势也基本吻合，13 条主次干路两侧街廊的沿街建筑界面退让道路距离现状与规定距离的平均吻合率为 75%，其中主干路的为 76%，次干路的为 72%。我们得出：南京市这些主次干路两侧的街廊建筑界面形态与建筑退让规定密切相关，退让规定对建筑后退道路位置控制有效而到位，道路两侧街廊的沿街建筑是按照退让规定建设的。但是从各路段的平均吻合度来看，在次干路中的 3 个路段的吻合度在 60% 以上，而主干路中的 6 个路段的吻合度在 70% 以上，这说明主干路两侧街廊建筑界面更为符合退让规定，而次干路稍弱一些。同时，各路段中少部分建筑界面不吻合，实际现状的界面与法规理论模型的界面并不完全一致，约 25% 的建筑后退道路红线距离是不符合规定的，且退让距离比规定的距离大。

2）从变化曲线走势看，曲线突变点变化越大的，建筑退让道路距离越大，对应的建筑界面连续性越低，界面越参差不齐。这些规定又证明了在对建筑后退道路位置控制到位的同时，却也是导致街廓建筑界面形态由连续有序到不连续、参差不齐变化的主要原因，并且道路变化曲率较大的沿街建筑主要是以建造年代较晚（1998年以后建造）的高层和超高层的公共建筑为主，退让道路距离较大。变化较小的是以建造年代较早（1995年以前建造）的以低多层建筑，或居住建筑为主，退让道路距离较小。另外，从路段两侧变化曲线的规整不一的曲率看出，沿街街廓用地性质、建筑类型并没有统一。

3）从关联评价图表中看出：道路两侧街廓建筑界面平均退让道路距离（ABD）与相对贴线率（BT）成反比变化的关联关系，与相对偏离度（BP）成正比变化的关联关系。随着历年各建筑退让道路距离规定的变化，各路段两侧街廓建筑界面退让道路距离变化越大越不统一，导致街廓相对贴线率越小和偏离度变化较大。最后，紧密关联影响到南京市街廓建筑界面形态由早期的连续整齐，秩序感越强、街道围合感较好向1995年以后的不连续、不整齐、秩序感和围合感较低的锯齿形界面形态演变。与南京市建筑退让道路距离规定的第一阶段1978年以前对应的，1980年以前建造的街廓建筑界面形态连续而有序、围合感好、街道平面肌理与空间轮廓连续而整齐；在第二阶段的1978~1987年间，道路两侧街廓建筑界面退让道路距离根据规定退让较小，在1~3米，有的还是沿道路线建设，对应的街廓建筑界面形态仍然较为连续而有序、围合感较强；但是在第三阶段的1988年以后，依据同一条道路两侧的各个建筑因其高度不同，退让不同的道路距离，对应的影响到1988年以后建造的街廓，削弱了街廓建筑界面的围合感，且界面变得间断且参差不齐，说明南京历年建筑退让道路规定的变化，很大程度上关联影响着城市街廓界面形态的连续性与空间围合。

4）同时，从关联评价图表中也看出：当街廓沿街建筑都沿道路线建设，平均退让距离为0米时，则偏离度为1，相对贴线率为100%。规划建造在相近年代或同一年代的沿街低多层建筑或居住建筑为主的街廓界面，平均建筑退让道路距离小，贴线率相似且较大；而公共建筑为主的街廓界面，尤其是建造年代在1998年以后建造的高层和超高层建筑所在的街廓界面，平均建筑退让道路距离较大，贴线率较小，偏离度较大，且沿街建筑界面不连续、参差不齐；街廓沿街建筑都是在1990年以前建造的建筑，尤其是居住建筑，几乎80%以上是贴道路线建设，退让道路距离为0米，贴线率为100%。

我们认为，这些相关建筑退让规定能够紧密关联且极大地影响着城市街廓界面形态形成与发展，造成这种结果的原因是：根据《南京市城市规划工作审批导则》

中规定的"有关距离的控制在方案设计要点中属于控制性要求，在方案设计和审查中，退让红线和建筑间距审查必不可少"，可看出南京市关于建筑退让道路的规定属于强制性规定，是任何方案不准突破的，具有相当高的操作性和实施力度。但正是从上至下很好地贯彻落实，由于历年变化的建筑退让道路距离要求有所变动，使得站在同一条道路两侧的各个建筑因其不同的高度、不同的建造年代，退后城市道路的距离也不一致，这样城市街廊界面就变得参差不齐、异常纷乱，给城市街道空间形态和外貌等城市环境质量造成了很大的影响。另外，实际现状的建筑界面与法规理论模型的建筑界面并不完全一致，有 25% 的建筑没有按规定退让道路距离的原因主要有：

1）一些沿街居住建筑前留有绿地或空闲地。

2）大型商场等公共建筑前留有小广场、停车场等场地。

3）为了符合规定，大部分建筑退让距离比规定的最小距离大一些，在 1 米、2 米、3 米、5 米、10 米等。

4）1990 年以前建造的沿街建筑几乎都沿道路线建设，尤其是居住建筑。

5）太平南路等路段是民国历史街区，此段道路沿街建筑退让道路距离，大部分比规定距离要大几米，与规定距离不吻合，可看出在此段道路两侧的建筑位置形成中，除了相关法规规定控制外，还有一些历史文化脉络等其他保护方面的影响。

6）1990 年以前建造的部分沿街建筑（尤其居住建筑）随机性较大，有些没有与道路平行布置，而且簇状建筑较多，建筑界面大都不连续。

7）道路转角处的建筑几乎都比规定距离退让较多，前面留出缓冲空间或铺地。

8）有的沿街建筑按照法规模型退让，反而变得不连续、参差不齐，原本不同高度统一退让还是连续的，但是不符合退让道路距离规定，如中山路段 1 上的第 25、26、27 号建筑。

9）有的建筑退让道路距离比规定的大，原因是与左右建筑之间防火间距、退让道路距离规定共同作用的结果，如 f—广州路段上的第 28 号建筑。

10）有的建筑退让还有考虑后面退让河道距离，如珠江路第 25 号建筑。

11）有的单位企业公共建筑，尤其是 1995 年以前建造的公共建筑，因为它们沿街都有门房和围墙，门房和围墙几乎是满足法规规定的退让距离 1~3 米，而围墙内的主体建筑几乎都是退让道路距离在 10 米以上。对于高层建筑，基本上是按照另行根据情况退让的规定建设的，如北京路段上的 46~50 号建筑是如此的。

1995 年以后建造的建筑，是按照建筑、门房和围墙各自退让道路红线距离的规定，基本各自满足规定。

案例分析第三步：

如表 7-2 所示，我们调研了 73 个不同建造年代的建筑所在街廊的案例切片，统计各个建筑退让道路距离的现状数据是否符合相应年份的退让规定，最后得出：约 82% 的建筑退让道路距离是符合规定的，说明这些建筑的位置主要是根据建筑退让规定建设的。但同时，约 18% 的建筑退让道路距离是不符合规定的，比如 2007 年以后建造的建筑，退让道路红线的距离在满足规定的基础上，还多退让了一定的距离，建筑主入口之前设计建设了广场或绿地，根据《南京市城乡规划条例》（2012）等法规中的 "为城市提供公共开放空间的建设工程可适当增加建筑容量" 的规定，说明开发者们在遵守规定的同时，似乎为了自己的开发利益及营造城市场所环境的规划控制等需要，最终采用少占地、增加容积率的决定。

由此可见，实际街廊建筑界面形态的形成除了退让道路距离规定控制的主要影响之外，还包括其他更为复杂的影响因素，如留有景观广场绿地和退让河道要等规划控制的需要、建筑本身功能或建筑形象的影响、避难疏散场所设置及防火需要等，这些还需我们在后续的研究中进行。

1928年至今，南京市历年建筑退让道路规定的条文梳理及案例统计　表7-2

内容 \ 年代	第一阶段： （1928–1977年） 建筑沿道路基线建设	第二阶段： （1978–1987年） 建筑统一沿道路红线退让		第三阶段：　（1985年至今） 不同高度的建筑不同退让			
建筑退后道路边界的法规文件及相应条文	《南京市政府公务局退缩房屋放宽街道暂行办法》（1928）；《南京市建筑规则》（1935）南京市建筑管理规则（1948）	《南京市建筑管理办法实施细则》（1978）第18条	《南京市城市建设规划管理暂行规定》（1987）第24条	《南京市城市规划条例实施细则》（1995）第31条	《南京市城市规划条例实施细则》（1998）第35条	《南京市城市规划条例》实施细则（2004）第37条	《南京市城市规划条例》实施细则（2007）第42条
按规定应该退让的距离	不退让	2.5m	1.5m	1.5~15m	3~25m	4~25m	4~25m
建筑案例数	9	4	6	7	14	17	16
符合规定要求的案例数	8	4	5	5	12	13	13
不满足规定的案例数	1	0	1	2	2	4	3

符合建筑后退道路边界规定的建筑案例所占比率：82.2%

7.2 城市街廊界面形态与空间景观等直接引导性规定的关联性分析

城市风貌、建筑立面、建筑风格、广告、围墙等直接相关的引导性规定，虽然是指导城市风貌、街道空间景观和建筑界面形态特征的最直接相关的规定。但由于缺乏可量化指标，无法对设计方案起到控制作用，控制力度不大。比如《南京市城市规划条例实施细则》（2007）第56条规定"严格控制在城市主要道路两侧进行住宅建设，确需建设的，应当处理好沿街建筑立面，不得有碍城市景观。"目的是为了改善城市道路两旁的沿街界面，但却存在问题：首先，缺乏对"主要道路"定义的限定，这里的"主要道路"是根据宽度范围确定呢，还是根据交通流量计算来限定？其次，"处理好沿街立面"是一个比较含混的概念，没有可操作性，没有非常明确的规定是根据哪些建筑类型标准，或地块沿街权属和功能协调规则，或沿街建筑景观色彩内涵，或历史街廊沿街传承的本土原型属性呈现率等处理规定，以及具有可操作性的关键可控指标规定。根据2004年的《南京市控制性详细规划》规定，南京老城内规划公共建设用地1195公顷，其中商业用地447公顷，道路用地759公顷，如果按此规定，道路两旁都用作商业开发，其建设量远远超过目前所需，可见细则第56条很难具有实施力度，要切实做好沿街建筑立面的控制，可能需要更有操作性质的条文。《南京市城市规划条例实施细则》（2007）第58条规定"设置户外广告和招牌标志设施应当做到位置适当，比例协调，外形、风格、尺度与周围环境、建筑和谐统一；严格控制占用现有城市道路路幅和在建筑景观、环境景观良好的地段及非商业地段设置户外广告。"这条规定的内容虽较为全面，但仍无可操作性的量化规定，对广告牌等设施的具体尺寸、位置等缺乏量化规定。

但在南京市等我国一些城市的城市设计导则与控制性详细规划编制导则等非法定地位的规定文件中，诸如《南京市城市设计导则》、《南京市城市设计成果技术标准》（2018）、《深圳市城市设计标准与准则》、《北京市城市设计导则》、《上海市街道设计导则》，对城市设计中的界面控制规定，在道路两侧的绿化、建筑物楼顶、退层、住宅底层院内不得建设；沿街界面关系（沿街建筑立面、退层等）、街道的沿街建筑高度与贴线率及退让、滨水界面沿线建筑的高度体量、沿山界面的建筑高度与屋顶等的控制性要求、建筑风格、材料与色彩，公共空间安全、无障碍设计、管线布置、雨污排水方向、污水处理等规定；广告、围墙、灯柱以及其他标识物等的户外广告和招牌标志设施的位置、比例、外形、风格、尺度等规定；广场的空间围合与广场之间的高宽比；景点位置与类型、景观廊道的控制范围及范围内建筑物及绿化高度等景观控制；广场、街道、滨水空间、沿山空间等开放空间组织；建筑高度控制等塑造城市空间形态、与城市环境相协调和提升城市空间品质的方面，都做了较为详细明确的控制性规定。但是却因为缺乏付诸法定地位、又面临与现有相关规定合理衔接，以及各城市历史文化、地域差异和生活方式传承等特征，难以操作落实，仍处于探索和试行阶段。

7.3　街廊界面形态及其两侧建筑关系条文规定的欠缺及不足分析

研究发现，各路段上退让不一的建筑，所留下的退让道路红线内的区域，也成为以前没有出现过的问题。现状较乱，即使在对外开放的红线区内，由于人行道和退让区的权属不同，开发过程不同，相同的街道空间也经常被铺地或者其他手段分割成不连续的空间。相关条文中还缺乏对建筑物退让道路红线后的区域、街廊尺度等方面的规定。由于法定意义上的道路界面应以道路红线为界，现状常常表现为围墙、栅栏、绿化、铺地交界面暗示等，在城市规划用地中，道路红线以内部分属于道路用地，而红线以外为不同权属的项目建设用地地块。因此，道路红线以外至街廊沿街建筑界面之间的区域范围，成为现行法规缺乏规定的区域。无法进行法规管控，现实生活中这些区域的使用非常混乱。如图7-9所示，南京市中山路上退让不一的建筑，所留下的退让道路红线后的区域内，现状较乱，由于人行道、退让区各地块的权属不同，开发过程不同，相同的街廊界面空间经常被分割。

7.4　本章小结

街廊建筑界面连续性、围合感和完整性等形态特征是衡量城市街道空间整体感、场所感和城市物质环境质量的主要标准，与南京城市街廊界面形态特征最为直接相关的规定主要是《南京城市规划条例实施细则》等地方规章细则与技术规定等中的建筑退让道路条文规定，规定内容主要是对街道宽度、建筑高度与退让

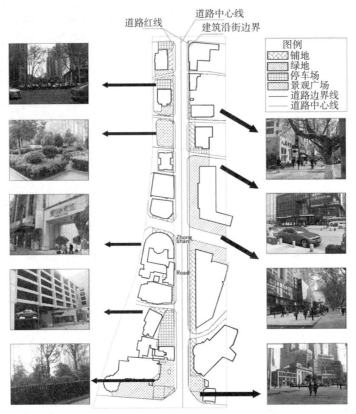

图7-9 南京中山路上退让不一的建筑所留下的退让道路红线后的区域内现状

道路距离三者关系的处理。以南京市为例，与南京城市街廓建筑界面形态直接相关的建筑退让道路距离规定最早出现于1928年，从1928年至今，经历了三个阶段的变化：一是1928~1977年，建筑统一沿道路基线建设；二是1978~1987年，建筑统一沿道路红线退让1.5~2.5米；三是1988年至今，不同高度的建筑退让道路红线的距离不同，退让距离的范围为1.5~25米。建筑退让道路距离规定与城市街廓界面形态特征密切相关联，二者的关联点在于沿街建筑面宽、建筑高度、建筑高度与街道宽度之比等"街廓建筑界面属性"的变化，相关退让规定在对建筑后退道路定位控制到位的同时，也导致了界面属性特征的变化，进而关联了城市街廓界面形态特征的变化，是直接导致街廓界面形态不连续不整齐、建筑界面缺乏秩序与围合感的主要原因。在我们实证分析的13条主次干路两侧沿街建筑中，沿街建筑界面退让道路距离现状与规定距离的平均吻合率为75%，其中主干路的为76%，次干路的为72%，说明南京市主次干路两侧的街廓建筑界面形态与建筑退让规定之间的密切相关性，这些退让规定对建筑后退道路位置控制有效而到位，但却是直接关联影响到城市街廓界面形态，最终却带来了城市街廓界面各种形态问题，影响了城市街道空间的外貌和形态等环境质量。同时，各路段中有少部分建筑界面不吻合，实际现状界面与法规理论模型界面并不完全一致，约25%的建筑后退道路红线距离是不符合规定的，且退让距离比规定的距离大，不吻合的原因主要有一些沿街居住建筑前留有绿地或空闲地，大型商场等公共建筑前须留有小广场、停车场等规划控制的需要，以及历史街区路段沿街建筑受历史文脉等因素方面，说明南京城市街廓界面形态特征的形成与发展，除了法规控制的影响之外，还有规划控制、建筑功能与形象、安全疏散等因素的共同影响。

南京市历年建筑退让距离规定的变化对城市街廓建筑界面形态的形成与发展的关联影响过程为：伴随着相关建筑退让道路距离规定从1990年以前的沿道路线建设、退让1.5~2.5米，变化到1990年以后建筑退让道路距离随着建筑高度变高、街道宽度变宽而退让距离越大的变化，关联影响到了城市街廓界面形态从1995年以前的界面连续整齐，秩序感强、街道围合感较好的形态特征向1995年以后的不连续、不整齐、秩序感和围合感低、参差不齐的锯齿形界面形态的变化，且年代建造较晚的高层和超高层建筑退让很大，尺度巨大，围合感和场所性很弱，最后是造成整个沿街街廓建筑界面形态不连续和参差不齐的主要原因之一。关联影响作用在于：建筑退让距离规定（ABD）与"街廓建筑界面相对贴线率（BT）"成反比变化的关系，与"街廓建筑界面相对偏离度（BP）"成正比变化的关系。在同一条道路上，道路两侧的街廓建筑界面平均退让道路距离越大，则相对偏离度越大、相对贴线率越小，街廓建筑界面"贴道路线部分"与"非贴线部分"就越参差不齐，街廓界面连续性越低；反之，退让距离越小，则相对偏离度越小、街廓建筑界面贴线率越大，街廓界面形态越连续整齐，秩序感越强、街道围合感较好。当街廓沿街建筑都沿道路线建设，平均退让距离为0米时，则偏离度为1，相对贴线率为100%。规划建造在1995年以前或同一年代的沿街低多层居住建筑为主的街廓界面，平均建筑退让道路距离小，贴线率相似且较大；而1995年以后建造的大型公共建筑为主的街廓界面，尤其是高层和超高层建筑所在的街廓界面，平均建筑退让道路距离较大，贴线率较小，偏离度较大，且沿街建筑界面不连续、参差不齐；街廓沿街建筑都是在1990年以前建造的建筑，尤其是居住建筑，几乎80%以上是贴道路线建设，退让道路距离为0米，贴线率100%。

同时，建筑立面与风格、广告、灯柱等引导性规定是最为重要的街廓界面形态要求，但却由于缺乏可操作性的量化指标，实施力度不大。

第 8 章　研究结论

　　本书研究明确了政策法规与形态密切相关，法规塑造形态具有普遍性，并且是城市形态形成的重要机制，对推进我国城市空间形态的科学认知，对城市物质形态控制方法与城市更新管控理念、城市设计导则衔接已有相关法规的城市设计精细化控制的可操作性提供了科学方法和理论依据。基于形态视角完善相关法规条文和修订城市设计规范等规定，在城市建设的人居化可持续发展和提升城市空间环境品质等方面具有重要的现实和指导意义。城市街廓物质形态主要呈现出街廓平面用地布局类型与地块划分复杂程度、地块建筑组合的疏密程度和排列秩序、街廓建筑界面的连续性与秩序感等方面，中国城市街廓形态特征的演变与相关城市法规控制作用具有很深的关联性，二者的关联点主要在于街廓内的地块功能与尺度、地块划分数、地块权属边界与形状、建筑间距、沿街建筑高度与街道宽度的高宽比等"街廓属性"的变化，相关城市规划与建筑法规中的用地指标、地块与建筑布局指标、建筑退让距离的界面控制指标等规定，以规划为手段，通过控制土地开发强度与建筑位置等来解决通风采光、防火防震、交通拥挤等城市健康安全功能问题的同时，也促使街廓属性发生了变化，从而关联到街廓形态特征的变化，最后影响到城市空间形态的塑造和城市环境品质的提升。

　　本书以南京市为例，从街廓平面、地块建筑和街廓建筑界面三个尺度，在综述国内外相关文献理论方法，以及梳理相关国家、省级及地方城市法规条文的基础上，选取与法规控制关系紧密的南京老城区街廓样本，采用 mapping 图示梳理与数学统计、图解分析、年代区段选取、历史设计演绎、创建形态法规理论模型和关联评价图表、图示叠加与数据对比分析等研究方法，从建成形态属性特征及其规律的总结与归类、历史推演法规对形态的作用、主要控制指标与街廓形态特征的关联性理论与实证量化分析等方面，研究城市街廓形态特征与已有相关城市规划和建设法规的关联性。

具体来说，本书对政策法规与形态关联性研究，从理论价值、研究方法、关联作用效果三方面得出结论，以及后续还需深入讨论的任务。

8.1 城市法规是影响城市形态生成的重要机制

（1）政策法规影响形态具普遍性并成为城市形态生成的重要机制：

目前对城市形态的研究大多局限在建筑学科内部，主要是形式探讨形式，较少关注城市建筑作为复杂综合体并具有多元主体的属性，而对于中国不同城市地形、具有复杂多样和典型地域特征、健康宜居需求的城市综合体，更是欠缺对街廓形态成因机制与控制方法的研究。因此，针对目前我国的城市建设和建筑学语境中主要面临的城市更新和提升城市空间品质的需求，首先，本书在综述城市形态认知、物质形态与法规控制关系、街廓形态空间优化等国内外相关文献成果，以及归纳街廓属性特征的前提下，明确政策法规影响形态具普遍性并成为城市形态生成的重要机制，城市设计在街廓空间形态的管控与塑造中发挥着重要作用，城市设计通过控制街廓与地块建筑形态来塑造街廓空间与优化空间质量，关系到人在城市空间中活动的健康宜居性和直接体验。其次，以南京市为例，通过对已有相关城市规划与建设法规条文的梳理分析和总结、对街廓建成形态的调研观察，对应主要控制指标定，进行街廓案例样本的归类和总结，基于街廓建筑属性与形态规律的分类法，对科学认知我国复杂城市空间和建筑形态、塑造具有场所归属感的城市空间具有理论价值。最后，聚焦法规影响的视角，在历史情境中还原历年规定在形态演变中的作用，深入分析已有相关法规对街廓物质形态的控制和关联影响效果，明确了对形态起直接控制作用的强制性指标、指标对形态的具体作用及其控制力度较弱，以及已有强制规定缺乏形态规定的区间，并明确与形态最直接相关的引导性规定中缺乏可操作的量化指标，对我国城市设计导则衔接已有相关规定进行精细化城市设计控制、为城市更新和提升空间环境质量可提供科学方法和现实参考依据。

（2）梳理各层级形态相关规定及管控的形态要素有助于城市设计精细化控制的可操作性：

目前，我国缺乏控制城市物质形态的专门法规文件及规定，主要依靠已有相关国家和地方规定，结合城市设计导则制定的图则和规定，对街廓与地块建筑形态进行塑造和管控，但是城市设计导则由于还未付诸法定地位，很多情况下难以落实。本书调研了我国208个已有城市规划与建设法规文件，主要涉及形态规定的119个法规文件的6063条文中，对街廓形态要素规定的相关条文约2724条（占44.9%），其中直接相关条文约占17.2%，间接相关条文约占27.7%；与形态几乎不相关的约3339条（占55.1%）。对街廓形态相关的2724条文分出的四类规定中：直接强制性条文约494条（占18.1%）、直接引导性条文约546条（占20.1%）、间接强制性条文约742条（占27.2%）、间接引导性条文约942条（占34.6%）。第一类直接相关的用地指标、地块指标，以及建筑布局及奖罚等强制性规定，主要是在地方性的城市规划管理技术规定、实施细则和规范中规定；第二类是直接相关的城市功能、建筑风格材质与广告绿化等城市景观布局引导性规定，与形态最直接相关，但缺乏可操作的量化指标，对街廓形态控制力很弱；第三类是间接相关的城市规划编制和审批、土地使用权出让转让等强制性规定；第四类是间接相关的保护耕地农田、与城市环境协调等引导性规定。这些相关的强制性指标与引导性规定，通过控制性详细规划等规划控制为手段，结合相关规划与建设实施管理规定，在有效控制用地使用规模、地块开发强度和建筑位置等城市建设过程、解决城市功能问题的同时，也作用到了街廓属性，对城市街廓形态特征有一定的关联影响效果，但控制力度不大，这些已有规定不但无法有效地管控到城市空间形态品质，反而还带来了城市形态和城市环境的质量问题。

我国这些形态相关的城市法规中具有可操作性的、对街廓形态起直接控制和关联影响作用的是第一和第三类相关强制性规定条文，仅占18.1%，在中微观的街廓与地块建筑形态层面，这些已有相关规定只是对街廓用地使用比例、地块划分、建筑高度和建筑采光防火间距、沿街建筑高度和街道宽度等形态属性要素的规定，而对地块形状、地块权属边界、开放公共空间尺度、建筑类型标准、建筑控制线和界面秩序、沿街建高度与街宽比等形态属性要素并没有规定；而与街廓形态要素最直接相关的引导性条文却缺乏量化指标规定，对形态控制性很弱。因此，许多地方城市开始引入城市设计导则对街廓的平面用地性质、地块细分、建筑风格与类型、界面秩序、空气龄和通风采光微气候质量等进行引导与控制，包括建筑贴线率、建筑高度、街道空间可视率、地块与建筑空间风温风速和采光值以及建筑立面与色彩标准等控制要素的量化指标和引导性规定。然而，一方面，由于城市设计导则尚未完全建立相关法规文件并付诸实施；另一方面，由于城市设计导则中的地块细则与建筑类型标准、界面控制等指标又会受到相关已有法规中用地、地块和建筑布局、建筑退让、设计规范等指标规定的影响，城市设计导则如果不能与已有规定较好的衔接与融合，也会为设计导则的落实带来很大困难。因此，本书通过梳理已有的相关条文规定、研究法规与形态特征的关联性，有助于明确城市设计对形态特征的可控区间、城市设计精细化控制的可操作性，对我国城市更新与提升空间质量、城市建设的人居化可持续发展等具有重要的理论意义。

（3）街廓属性归类及历史还原建成形态推进科学认知城市空间与提升品质的城市更新管控理念

本书通过对应指标规定的街廓案例样本选取、样本属性归类，以及历史情境中还原街廓建成形态特征，对于科学认知城市复杂空间、城市设计控制以及街廓空间历史传承延续的可持续发展等城市更新管控方面具有重要的理论价值。书中以南京市为例，根据街廓的年代区段、相关历年规定及地块审批红线图等资料，通过对选取的 75 个居住为主、90 个公建为主的沿街较为复杂、涉及法规管控较多的共计 165 个街廓样本及其地块建筑的调研与分析，从街廓平面、地块建筑组合、街廓建筑界面三个尺度方面，总结出街廓的用地功能、四周道路级别、地块划分数、地块权属边界与地块形状、建筑间距、建筑高度与街道宽度之比等属性特征；然后对应相关用地分类、规划技术管理规定、实施细则、设计规范和控规导则等法规文件中的用地、地块、建筑布局和退让距离等指标规定，对街廓样本进行了属性归类，并在历史情境中还原了指标控制对城市街廓平面、地块建筑和街廓界面的建成形态特征的关联作用。最后得出：对于南京案例城市，街廓的用地功能、尺度、地块形状、建筑和交通环境等自身属性及其对应的建成形态呈现出多样化特征。例如，街廓用地功能从单一居住或公建为主的用地布局，到居住与公建或其他用地混合布局的多样化特征；街廓尺度从面积很小的 500 平方米，到面积规模超过 5 公顷的单位大院、大型公建地块、居住和公建混合地块等大尺度街廓；地块形状从规整的四边形居住地块，到不规则的非矩形公建地块或混合布局地块的多样化特征；建筑层数具有低多层、高层和超高层，也呈现出建筑混合布局密度的多样化特征；街廓的周围道路环境具有主次干路或次干路支路围合的特征，这些形态特征的总结对科学认知城市空间形态与提升城市空间品质的城市更新管控理念具有理论价值。

这些多样变化的街廓属性及建成形态特征，与相关用地指标、地块指标、建筑布局指标、建筑退让距离指标等对应着很大的相关性（图 8-1）。

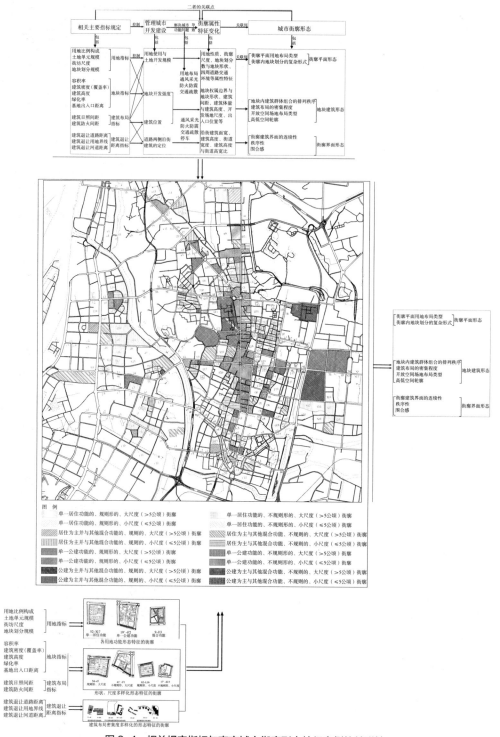

图 8-1　相关规定指标与南京城市街廊形态特征案例的关联性

第一，街廓平面层面，用地性质、街廓尺度、地块划分和地块形状、四周道路级别等属性，由于人口数量、经济发展、土地开发强度增高等现代化城市建设的需求，受到街廓划分单元标准、用地比例构成与地块划分等用地指标、容积率和建筑密度等地块指标、建筑间距等相关规定的控制和影响，最后关联导致由单一规整的居住用地到复杂多样的多种用地混合布局类型、地块划分数由少变多、地块划分复杂度越大等街廓平面形态特征。第二，地块建筑组合层面，地块权属边界与地块形状、建筑布局、建筑高度、开放场地尺度、出入口位置等属性特征，主要受到地块指标和建筑布局指标等规定的控制，最后关联导致地块建筑组合的密集程度、排列秩序、开放场地类型和高低空间轮廓等形态特征。大部分居住地块建筑组合布局呈现出整齐有序、疏密度适当且有公共活动空间的肌理形态特征；公建地块建筑组合布局呈现出杂而无序、地块边界不清晰及地块形状不规则的肌理形态。第三，街廓界面形态层面，沿街建筑面宽、建筑高度与街道宽度之比等街廓建筑界面属性受到建筑退让道路与河道等距离、建筑控制线等规定控制作用，最后关联导致大部分主次干路两侧参差不齐、不连续的街廓建筑界面形态，尤其巨大尺度的街道空间围合感和归属性较低，高低变化无秩序韵律的界面轮廓等形态特征。在同一条道路上由于不同建造年代的建筑根据历年规定退让道路不同的距离，使得沿街的街廓建筑界面形态呈现为功能类型、高度变化不统一的界面形态；历史街区路段两侧的街廓建筑界面形态呈现连续统一、带有浓厚历史文化风貌特色的建筑界面形态等。

另外，地块形状的规整或不规则程度，虽然与相关地块指标等规定关联性不大，但形状的变化也是影响到建筑组合布局结合地形变化的主要因素之一。规整形状的公建地块内部的建筑布局是结合地形而排列的，通过统计分析，南京案例城市主要包括一字型、矩形、菱形等排列形式的地块建筑平面形态，主要是由次干路和支路围合的街廓内的地块较多；不规则形状地块的建筑布局形式也是结合地形布置，包括多边形、曲线型、带有曲线弧度的不规则地块平面形态，主要是以老城中心区主干路两侧街廓内的地块为主。

通过对应指标规定的形态特征样本归类及其建成形态特征的总结，认知了城市作为复杂综合体并具有多元主体的空间属性，证明了相关城市规划与建设法规指标控制作用对街廓形态特征的关联影响，并把它们对形态的具体控制和影响作用分析出来，作为研究法规与形态特征关联性分析的前提和初始条件，并可为后续的其他研究提供理论基础与框架，对推进我国城市空间形态的科学认知、城市有机更新管控和提升城市空间环境质量等具有重要的理论意义。

8.2 具有量化指标的强制性规定是城市形态生成的关键因素

8.2.1 用地指标有效控制用地开发使用的同时直接关联影响到城市街廓平面形态

城市街廓平面尺度的用地布局类型、地块划分复杂程度等形态特征，对应关联着街廓用地性质比例、街廓尺度、地块划分和权属边界、四周道路级别等自身属性，这些属性特征主要受到用地单元划分标准、用地比例与地块划分规模等用地指标、容积率和建筑密度等地块指标、日照和防火等建筑间距指标等规定的控制和影响，最后关联导致街廓平面形态的变化。书中第5章通过聚焦用地性质比例和地块划分等用地指标，从法规理论模型创建和关联图表建立的关联性理论分析、案例样本实证关联性分析两方面，验证了城市街廓平面形态特征与用地指标等规定的关联性，最后得出结论：

（1）关联性理论分析结论：用地指标控制关联影响出多种街廓用地布局类型和复杂纷乱的平面肌理形态

相关用地指标与城市街廓平面形态具有关联性，二者主要关联点在于街廓平面属性的变化，相关用地性质构成、地块划分面积与尺度等规定，能够有效控制到街廓内用地使用和用地规模的开发，同时作用到街廓平面属性，进而关联出多种变化的街廓平面用地布局类型、用地划分肌理形态特征等，同时关联伴随着城市形态和城市物质环境等宜居问题。随着市场经济变化、人口增长和人们生活需求品质的提升，历年用地指标规定的制定也发生变化，用地比例与地块划分逐步按照相关规定进行建设，但是相关用地指标规定在对街区用地使用与土地开发强度逐渐控制有效的同时，却不同程度地促使街廓属性发生变化，街廓用地功能从较单一的居住用地为主演变到复杂多样的用地功能混合构成、街区平面用地划分从地块划分粗放和尺度巨大演变到地块细分数增多且划分尺度变小、地块形状大部分由规则演变为边数较多且不规则的多边形，导致地块细分复杂度由低到高的转变，且绿化与广场等公共空间的需求提高了，关联影响到街区平面肌理形态和地块布局类型等形态特征从简单规整变得分离而复杂纷乱，这些变化使得公共建筑地块布局为主的街廓形态形成模糊无序的肌理特征、而居住地块建筑规整且带有公共活动的开放空间等城市形态效果。如在同一街廓内，当居住用地面积比例不变时，随着街廓用地性质的构成由单一到多样混合构成的变化、地块划分数由少到多、地块划分面积由大到小，则导致研究提出的地块细分复杂度形态指标变大，关联到用地平面形态由规整清晰到纷乱且边界不规则变化，但在同样居住用地比例和地块划分数的街廓，却有多种用地布局的形态类型；或者在同一街廓内，当居住用地面积变大、用地性质构成越单一、地块数变少时，地块划分复杂度越小，则关联到平面用地形态越简单规整；当居住用地面积减小、其他公建等非居住用比例增大、地块划分数越多、街廓内用地性质混合越多样化时，地块划分复杂度越大，则关联影响到街廓用地形态越复杂纷乱。

（2）案例实证结论：历年用地指标对用地使用逐步控制的发展关联出街廓平面形态特征从简单规整到复杂纷乱的变化

本书第5章在创建用地形态法规理论模型和关联评价图表的基础上，通过分析6个街区案例中的街廓平面用地性质、地块划分与形状等形态属性的变化，以及这些变化与历年用地指标规定的关联性，最后得出结论：

街区平面用地形态变化与用地指标规定的变化相关联，相关用地指标等规定虽然对街区用地使用规模与土地开发强度逐渐控制有效，关联到街廓平面形态从简单规整到复杂纷乱特征的演变发展，对于街廓形态管控力度却很弱。首先，街廓从历史发展至现今，其用地性质和地块划分等属性，以及布局形态等发生了较大变化。诸如街廓的用地规模变化中，地块建筑层数由低层演变为中高层与高层，容积率由低到高变化；用地性质由简单的居住用地演变为居住与其他用地混合，或有的居住变为商业用地，或从工业变为居住用地；地块划分从5公顷以上的大尺度到500平方米的细分小尺度变化，地块形状由规整的四边形演变到权属边界复杂多样的不规则地块。街廓用地布局的肌理形态由单一规整的居住为主用地，演变为混合布局、公建为主的复杂形态特征。其次，这些街廓平面形态属性的变化与历年用地指标规定的变化紧密相关，各街廓从规划审批当年几乎没有相关规定或不符合规定、居住用地比例高、地块划分粗大且划分尺度很大，到演变至今的居住用地比例降低、地块划分数增多且尺度变小、逐渐符合规定并按照用地比例和地块划分规模等用地指标建设的过程，进而关联影响到街廓平面形态的地块划分复杂度由低到高的变化，肌理形态特征由简单集中、规整向多样复杂、地块权属边界模糊不清等形态转变。同时，变化多样的用地布局形态类型、公共空间的规模和布局形态等却无法受到指标管控，且较为缺乏绿化与广场等公共空间。

因此，土地使用规定对街廓平面形态具有直接关联影响作用，但形态问题并不是法规直接导向的结果，是其控制城市健康和安全等功能问题时所导致的附带结果。因此，基于形态要素的视角，在不影响城市功能前提下，建议应增加地块相关度、地块划分细则等城市设计量化指标等规定的完善修补，并有待于结合各层级已有法规条文的衔接，塑造出符合宜居、健康安全、公共空间充足且有活力的城市形态。

8.2.2 地块指标有效控制开发强度和建筑位置的同时直接关联到地块建筑组合形态

地块建筑组合形态特征主要呈现出地块的建筑布局疏密度和排列秩序、开放场地类型，以及高低空间轮廓等方面，与之对应着地块权属边界与地块形状、建筑高度、开放场地尺度、出入口位置等属性，这些属性特征受到容积率、建筑密度、建筑日照和防火间距等地块和建筑布局指标控制的作用。对于南京案例城市，通过调研分析得出，南京市老城区、老城边缘区和新城区分布着多种层高类型的地块建筑，住宅地块的建筑布局形态整齐有序、公建地块的建筑布局较为杂乱无序、地块形状呈现出规整或不规则的程度、城市空间轮廓从老城中心区建筑轮廓最高到老城边缘区变低、再到新城区变高的变化形式。相关地块和建筑布局指标控制对这些地块建筑组合形态的变化发展是如何关联影响的、并且控制力度有多大。因此，本书第6章聚焦地块指标等规定，通过创建形态法规理论模型和关联评价图表进行了关联性理论分析和案例验证的关联性实证分析，最后得出结论：地块指标与地块建筑组合形态特征紧密相连，二者关联点主要在于地块建筑属性的变化，指标有效控制到了地块建设容量、公共空间和建筑采光通风的位置关系，但却作用到地块建筑属性的变化，进而关联影响了地块建筑布局的疏密度和排列秩序、空间高低轮廓、公共空间开放场地类型等形态特征的变化，地块指标对居住地块建筑形态控制有效，但对公建地块和混合地块的建筑群体组合形态控制力度很小，反而伴随着密集拥挤、地块边界肌理形态模糊不清、公共空间缺乏等城市形态和环境品质问题。

（1）关联性理论分析结论：建筑密度和容积率等地块指标控制的变化可关联出多种建筑排列形式和空间组合类型的地块建筑形态

首先，本书第6章通过在同一地块内，分别从建筑高度一定时、建筑密度一定时、容积率一定时的三种情况，设计演绎出与地块指标规定变化相关联的形态法规理论模型，最后得出：当建筑高度一定时，容积率和建筑体量的增大会导致建筑密度增大、开放场地尺度缺乏，关联到建筑群体组合越密集且建筑排列形式和公共空间类型呈现出多种布局形态特征；当建筑密度一定时，建筑高度和容积率的增大会关联到街廓空间轮廓形态由低到高的变化；当容积率一定时，建筑高度的增大会导致建筑密度降低、建筑日照和防火间距增大，会关联到地块内公共开放空间的尺度由小变大、建筑布局规整而稀疏，这样会留出更多的公共使用空间，可满足人们户外活动和采光通风等需求，但是可设计演变出多种建筑排列形式、开放场地布局和空间高度轮廓变化的类型，这又说明地块指标的控制，虽然控制到了地块开发、公共空间尺度、建筑布局间距和位置等，但是对地块建筑布局的空间形态控制力度很小。同时，通过关联评价图表的理论分析中同样得出：地块指标与地块建筑组合形态特征密切相关。在同一地块内，容积率和建筑高度的降低会促使建筑密度的增大、公共空间的用地开放率降低，则同样说明会关联出越密集的地块建筑布局形态，以及尺度较小的多种开放场地类型形态。

其次，通过在设定面积、居住为主兼商业办公的街廓内，设计演绎出符合用地、地块、建筑布局和退让等主要指标规定的综合关联的形态法规理论模型，最后得出：城市街廓内部，在规定的各类建筑项目的最小面积基地内，容积率上限规定、建筑高度限高、建筑密度下限指标，能够有效地控制到建筑面积、建筑占地面积、开放场地面积等地块开发强度的总量，却作用到街廓平面属性的变化，关联影响到地块建筑的组合形态，但是建筑群体组合却呈现出多种变化的布局形态特征。这也证明了地块建筑面积一定、建筑高度一定的情况下，容积率和建筑密度限定对地块建筑组合形态的控制力度很弱，不同的地块形状内会有不同的建筑排列布局形态和公共开放空间布局类型；居住建筑日照和防火间距、公共建筑防火间距、居住与公共建筑日照和防火间距等指标规定，能够有效的控制到建筑位置关系，解决采光通风与防火等问题，但是对地块建筑组合形态控制的力度却很小，反而会关联出多种地块建筑的排列秩序和疏密程度、开放公共空间轮廓等形态的变化，仅对居住地块的建筑平面排列布局起到了一定的控制效果，大部分呈现出整齐有序的形态肌理、并可留出采光通风等健康适居的公共开放空间规模，且街廓空间轮廓形态从南向北呈现出由低到高、建筑宽度从南到北的越来越宽的有序变化。建筑布局形态也由老旧密集拥挤的小区地块到带有开放空间、合适日照和通风适居间距形态的变化。

（2）案例实证结论：地块指标有效控制用地强度和建筑采光防火位置关系的同时直接关联出密集或开敞、规整居住或纷乱公建秩序、高低轮廓不一的地块建筑空间形态

第6章对南京案例城市中的规划建造于 1990~2007 年的 90 个公共建筑地块样本切片、75 个居住地块样本切片，分别通过对公共建筑地块的容积率、建筑密度

等指标现状数据与规定指标的符合度，以及突破规定指标上限值的比率统计，对居住地块建筑的现状建筑间距与规定间距图示叠加的吻合度统计、并结合关联图表对比分析与评价等方法，验证地块建筑形态特征与地块指标的相关性，最后得出结论：

首先，地块建筑组合形态特征与地块指标同样密切相关，地块指标规定在直接有效控制地块建筑面积、建筑占地等土地开发量，有效控制建筑日照和防火等位置关系来解决健康安全功能问题的同时，也关联出规整有序、地块形状规则和采光通风良好的居住地块建筑，且带有宜居的公共开放空间，但同时关联伴随着密集、地块形状不规则与地块边界混杂多样且肌理模糊不清的公共建筑地块形态问题。在书中第 6 章分析的住宅建筑地块案例中，符合建筑间距规定的比率约在70% 以上且小区内住宅建筑排列整齐而有序。本书分析的 90 个公共建筑地块案例几乎都满足容积率和建筑密度规定，仅有极少部分建筑的容积率和建筑密度超标，说明公建地块的用地开发规模是按照指标规定建设的，但是这些公建地块中约 75% 以上的建筑高低变化不一，空间轮廓缺乏有机生长的秩序性，容积率超标的建筑虽然占地较少，但是建筑高度增大了，也会关联出建筑高低不一的轮廓和建筑体量，导致街廓空间轮廓形态的制高点发生了变化。另外，通过调研和研究分析还看出，造成容积率超标的原因主要是开发商在建设时除了遵守指标规定外，也响应了国家或地方管理部分的"为城市提供公共开放空间的建设可适当增加建筑容量"等政策规定，最终会采用少占地、增加容积率的决定。

其次，通过对公建地块和居住地块样本切片的建筑密度、容积率、平均建筑层数等地块指标控制的现状数据和引入的地块复杂度、用地开放率等形态指标的关联评价图表分析也得出：地块指标与地块内的建筑群体组合形态特征紧密相连，这些地块的用地开发强度、环境容量和建筑采光位置关系等几乎都是满足地块指标的控制规定而建设的，但却关联形成了南京市老城区、老城边缘区和新城区的多种层高类型的建筑排列布局形式、地块划分复杂程度和公共开放空间类型的形态特征。具体呈现出：

第一，老城区容积率（3~6）和建筑密度（30%~60%）较高、公共空间用地开放率低（0.1~0.4）的地块，大部分是多层、高层和超高层的公共建筑为主，或是 1~3 个多层、高层和超高层并带裙房的公共建筑占用一整个地块，或是多层、高层和超高层公共建筑与居住等建筑群体集中混合布局的的地块，或是多层、高层和超高层居住建筑为主的地块，较符合指标上限规定，建筑布局形态较为密集，居住建筑组合整齐有序且地块形状规则，公建组合形态纷乱无序，具有高低变化不一的空间轮廓形态。第二，老城区建筑密度（50%~70%）和容积率（5~11）很高、用地开放率（0.03~0.09）很低的是高层和超高层公建地块，部分建筑突破了地块指标上限规定，街廓内建筑高度的空间轮廓形态变化很大，建筑组合形态呈分离无序而杂乱且建筑布局几乎占用整个地块。第三，老城边缘区、新城区建筑密度在 20%~40% 之间，容积率在 6 以上的是高层和超高层独立式居住地块，建筑布局由于考虑日照间距等规定，关联形成排列整齐有序的建筑组合形态，地块形状大都为规则的四边形且有一定的公共开放空间。第四，建筑密度在 20%~50% 之间、容积率为 1~3、用地开放率为 0.3~0.9 的是多层公建，或多层公建与居住建筑混合布局的地块，或由 1~3 个多高层大型公建地块，或多层居住地块，符合地块指标规定，但建筑布局形态密集，建筑占地大。其中公建地块、多层居住与公建等混合布局的地块，留有较小规模的开放场地，但建筑组合形态纷乱而无序；多高层大型公建地块为非规则的多边形，图书展览、宾馆、体育馆等公建布置在地块核心位置。第五，老城区、新城区低多层公建地块，建筑密度（50%~75%）很高，容积率在 3 以下，符合指标上限规定。建筑布局非常密集，非常缺乏公共活动的开放空间和基础设施服务空间等，地块划分和权属边界复杂，建筑群体组合形态呈现为较为自然随机、而无规定管控的纷乱特征。尤其是老城边缘区、新城区低层居住建筑（1~3 层）地块，建筑密度非常大，达到 80%~90%，用地开放率在 0.04-0.07，建筑密度不符合规定，远远超出指标上限规定。第六，老城区区低多层（5 层以下）的军区、学校、医院和饭店等单位大院性质的公建地块，大都是公共建筑群体占用一个地块，部分有较大规模的开放空间（用地开放率在 1 以上），符合各类单体公共建筑设计规范规定，建筑密度较低，在 20% 以下，符合地块指标上限规定，各类规定控制到了地块内场地规划、建筑规模和位置等建设，但是布局形态呈现为各自独立的布局方式，形式较为多样。

8.2.3　界面指标有效控制建筑退让位置的同时直接关联到城市街廓界面形态

本书中的城市街廓界面主要限定在街廓的建筑界面，以街道为基本单元原型的线性几何建筑界面。街廓建筑界面形态特征主要体现在连续性、围合感和归属性等方面，与界面形态特征主要相关的规定包括建筑退后道路距离、建筑立面处理等。因此，本书第 7 章聚焦于建筑退让道路距离规定，对南京城市案例，通过界面形态的法规理论模型和关联评价图表创建的关联性理论分析、案例关联性实证分析，验证了街廓界面形态特征与建筑退让道路距离规定的关联性，最后得出结论：

　　城市街廓界面形态与建筑退让道路距离规定的历年变化密切相关，二者关联点主要是沿街建筑面宽、建筑高度、建筑高度与街道宽度之比等属性特征，相关建筑退让道路规定在对街道两侧建筑退让位置控制有效的同时，却导致街廓建筑界面属性的变化，进而关联街廓界面形态特征。在实证分析的 13 条主次干路两侧，沿街建筑退让道路距离现状与规定距离的平均吻合率为 75%，说明各条道路两侧建筑位置是按照退让道路规定建设的，对建筑后退道路位置控制有效，但却关联伴随着街廓建筑界面参差不齐、缺乏秩序与围合感等形态问题，影响了城市街道空间的外貌和视域体验等物质空间环境品质。历年相关建筑退让道路距离规定的变化中，伴随着从 1990 年以前的沿道路线建设、退让 1.5~2.5 米，到 1990 年以后同一条道路上不同高度建筑退让道路红线不同距离的规定，关联影响到了城市街廓界面形态特征从 1995 年以前的界面连续整齐，秩序感强和街道围合感较好，发展到 1995 年以后的连续性、秩序感和围合感低、参差不齐的锯齿形界面形态特征。具体关联影响作用在于：在同一条道路上，道路两侧的街廓建筑界面平均退让道路距离越大，则相对偏离度越大、相对贴线率越小，街廓建筑界面"贴道路线部分"与"非贴线部分"就越参差不齐，街廓界面连续性越低；反之，退让距离越小，则相对偏离度越小、街廓建筑界面贴线率越大，街廓界面形态越连续整齐，秩序感越强、街道围合感较好。

　　（1）相关历年建筑退让道路规定经历了从统一退让到不同高度不同退让距离的变化

　　与城市街廓界面形态特征最为直接相关的条文主要是城市规划条例实施细则等地方规定中的建筑退让道路规定，规定内容主要是对街道宽度、建筑高度与退让道路距离三者关系的处理。以南京市为例，与街廓建筑界面形态直接相关的是建筑退让道路距离规定，从最早出现的 1928 年至今，经历了从建筑统一沿道路线建设、建筑统一沿道路红线退让 1.5~2.5 米、到不同高度的建筑退让道路不同距离，退让距离的范围为 1.5~25 米。这些影响界面形态的退让规定并不是有意识的努力，而主要是解决城市交通拥挤、防火、停车或公共健康活动场所等问题，是市场开发、交通安全和城市防灾问题协调解决的间接结果，但同时也进一步考虑了市容景观，有了建筑高度分区范围等规定。

（2）界面形态法规理论模型与关联评价图表创建的关联性理论分析结论

本书第7章通过建立界面形态的法规理论模型和关联评价图表的关联性理论分析得出：城市街廊界面形态的相关退让道路规定在控制街廊沿街建筑退让位置的同时，导致沿街建筑界面属性的变化，最后关联形成了变化不一、不连续的街廊界面形态特征。在同一道路宽度情况下的建筑高度越大、建筑退让道路距离越大时，或在同一建筑高度情况下的道路越宽、退让越大时，或随着街道宽度越宽、建筑高度越高、建筑退让道路距离越大时，则道路两侧的街廊建筑界面偏离道路红线的距离越大，街廊建筑界面相对贴线率越小，反映出在同一条道路两侧的街廊建筑界面形态越参差不齐、连续围合的可体验性越弱等特征。

（3）案例实证结论：历年变化的建筑退让道路规定对建筑贴线或后退位置控制到位的同时直接关联出不连续、高低轮廓不一和围合感较弱的街廊界面形态

为了验证街廊建筑界面形态特征与建筑退让道路规定的关联影响过程和作用，本书第7章对南京城市案例中选取的9条主干路段和4条次干路段等13条路段两侧的街廊建筑界面样本，从路段两侧建筑退让道路距离现状与符合规定的形态法规理论模型进行图示叠加比较、路段两侧各建筑的现状退让距离和规定退让距离数据的曲线吻合度进行对比、并创建 ABD–BT 与 ABD–BP 等属性与形态指标的关联评价图表等方面，深入分析了界面形态特征与建筑退让道路规定的关联性，最后得出结论：城市街廊界面形态特征发展与建筑退让道路距离规定的历年变化密切相关，相关退让规定在对建筑后退道路位置控制到位的同时，也是直接关联导致街廊界面形态参差不齐、空间轮廓和建筑界面缺乏秩序与围合感较弱的主要原因。同时，街廊界面形态的形成，除了法规控制之外，还有如规划控制、建筑功能与形象、安全疏散等因素的共同影响。

首先，各条路段两侧建筑退让道路现状与法规理论模型的图示叠加比较，以及各建筑退让现状距离和规定距离数据的曲线基本吻合的对比结果看出：建筑退让道路规定对建筑后退道路位置控制力度有效而到位，道路两侧街廊的沿街建筑是按照退让规定建设的，但是却控制不到界面形态，反而关联出参差不齐、高低前后错落的形态特征。同时，少部分街廊建筑界面实际现状的界面退后与法规理论模型界面并不完全一致，约25%的建筑后退道路距离是不符合规定的，且退让距离比规定的距离稍大，主要是受到沿街建筑前留有绿地或小广场、停车场等场地规划控制的需要，以及历史街区路段沿街建筑历史文脉传承等因素。这又说明城市街廊界面形态的形成与发展，除了法规控制的影响之外，还有如规划控制、

建筑功能与形象、安全疏散等因素的共同影响。

其次，从建筑退让道路现状距离的变化曲线走势得出，建筑退让道路距离越大，道路两侧街廓建筑界面连续性越低、界面越参差不齐。这又一次证明了这些规定在对建筑后退道路位置控制到位的同时，却也是导致街廓建筑界面形态由连续有序到不连续、参差不齐变化的主要原因，并且道路变化曲率较大的沿街建筑主要是以 1998 年以后建造的高层和超高层的公共建筑为主，退让道路距离较大，变化较低的是 1995 年以前建造的以低多层建筑，或居住建筑为主，退让道路距离较小。

最后，从关联评价图表分析得出：随着历年各建筑退让道路距离规定的变化，街道两侧的建筑退让道路距离越大越不统一，导致路段两侧街廓建筑界面由 1995 年以前的连续整齐、秩序感强、围合感好向后来的不连续不整齐、缺乏秩序感和围合感的锯齿形界面形态演变。与历年建筑退让道路规定对应，对应 1987 年以前建筑不退让道路基线规定或建筑统一退让 1.5~2.5 米，关联到街廓建筑界面形态连续而有序、围合感强、街道平面肌理与空间轮廓连续而整齐；到 1988 年以后，对应不同高度的建筑退让不同距离的规定，街廓建筑界面变得间断且参差不齐、围合感弱，说明南京历年建筑退让道路规定的变化，极大地关联影响着城市街廓界面形态的连续性与空间围合。同时，当街廓沿街建筑都沿道路基线建设，平均退让距离为 0 米时，规划建造在相近年代或同一年代的沿街低多层建筑或居住建筑为主的街廓界面，贴道路线建设或者平均建筑退让道路距离小；而以公共建筑为主的街廓界面，尤其是在 1998 年以后建造的高层和超高层建筑所在的街廓界面，平均建筑退让道路距离较大，且沿街建筑界面不连续、参差不齐。

8.2.4　其他直接引导性和间接规定与街廓形态的关联性

城市规划与审批、土地使用权出让转让的合同规划设计条件等间接相关的强制性规定，通过对建设项目用地红线范围、用地性质、土地开发量、建筑布局、建筑退让、建筑限高和街道宽度等管控的同时，对街廓规划与建设实施操作控制有效，却也间接关联影响到了城市街廓平面用地划分与布局、空间高低变化轮廓、地块建筑组合和公共空间等形态特征的变化。城市规划编制和审批方面的间接硬性规定，主要通过对建设项目申领用地许可证和建设工程许可证条件、审核相应图件、建设工程设计方案报批、审批核发奖罚、禁止乱涂乱砍和乱挖行为等规定，来进行城市规划制定与实时操作等管控，但是这些规定在刺激土地集约化、协调开发商利益、控制规划与建设实施操作、推动区域发展的同时，影响到项目的成本及其他方面，导致建筑高度、公共开放空间规模和类型、地块用地性质使用和权属边界划分等属性的改变，最终影响到城市街廓及其建筑形态。

其他城市功能分区与发展布局、城市景观节点、建筑立面与风格、广告、围墙等直接相关的引导性规定，虽与城市街廓物质形态最直接相关，但由于缺乏可操作性的量化指标规定，无法对设计方案与城市建设起到控制作用，对城市物质空间形态的控制力度更是不大。但是在城市设计导则等非法定性文件中，对广告、围墙、灯柱、其他标识物等方面，进行了户外广告和招牌标志设施的位置、比例、外形、风格、尺度等方面的规定和探索式应用。

8.3　历时性研究和模型分析是有效的研究方法

本书总体上设定了"建成形态的历史还原与推演法规对形态的作用，到指标与街廓形态关联性理论与实证的量化数据生成分析"两大方面的一个路径进行研究，其中采用建成形态的"情境重现法"、关联性理论分析与实证分析、多因素分类、图解梳理和设计演绎等研究方法，对于相关研究方法层面的创新和帮助等具有重要价值。

（1）"历史情境重现法"演绎还原法规对建成形态的作用。从街廓平面、地块建筑组合、街廓界面三个尺度层级方面，通过对街廓属性及其对应建成形态特征的大量调研观察、归类与分析总结，在历史情境中还原出历年规定控制对街廓建成形态特征的关联作用。基于历史情境再现的建成形态法规作用还原的研究方法，从历史传承和演变的角度，研究分析了三个尺度层级的相关指标控制作用与形态特征关联性，对相关研究的路径和方法等具有较大的借鉴意义。

（2）"形态法规理论模型和关联评价图表创建"的关联性理论分析与实证验证。研究对应街廓平面、地块建筑和街廓建筑界面三个尺度，通过创建满足主要用到、地块、建筑布局和建筑退让界面等指标规定的形态法规理论模型、属性参数与形态指标的关联评价图表，进行关联性理论和案例实证的量化分析方法，从理论和实证两个方面深入分析并验证了相关城市规划建设法规与城市街廓形态特征的关联性。研究成果对于中国城市建设发展与建筑学语境中的法规与形态关联性研究，城市物质形态更新管控与空间品质提升的控制方法具有较大的参考价值。

（3）书中基于街廊与地块建筑属性和形态规律的分类法、相关规定条文的mapping图示梳理法、条文图解和历史还原思维分析法以及建筑学图示设计演绎方法等，体现了既基于建筑学的理论知识、又基于历史传承视野的研究方法。

8.4 结语及讨论——基于形态要素的相关城市法规可操作性规定的完善

政策法规本身具有相当大的灵活性和针对性，伴随着城市的发展，相关法规必须快速适应城市中出现的新问题。中国各城市的历年相关规定的不断变化和动态调整，是为了适应市场需要，主要解决城市发展中各个阶段的采光、通风、交通、防灾等健康安全的功能问题，但正是在解决城市功能问题的同时，也导致了街廊本身属性的变化，进而关联影响了城市街廊形态特征，并形成了协调或不协调的形态效果。伴随着街廊平面用地布局纷乱、街道空间尺度巨大、街廊界面间断且参差不齐、建筑群组织无序等形态问题，我国的城市建设法规面临着从解决城市功能问题到追求宜居与体验等形态品质的城市有机更新转型，塑造良好的城市环境质量也是新时期我国相关法规解决的关键问题。相关用地指标、地块指标、建筑布局指标与界面控制指标等条文规定作为研究街廊用地使用、地块开发强度、建筑位置、城市景观等设计与建设的依据，虽对城市形态具有直接关联影响作用，但形态问题并非是法规直接导向的结果，而是解决城市采光通风、防火防震等功能问题时所导致的附带结果。目前，城市街廊形态没有专门法规条文的管控规定，只有相关城市设计导则，但并未付诸法定地位。因此，基于城市形态的视角，在保证城市健康与安全等功能不矛盾的前提下，与现有相关规定条文不冲突的基础上，在相关城市规划与建设条文规定、城市设计规定中加入更多形态要素方面的关键指标未尝不可。如在实施控制性详细规划编制体系的同时，建议应考虑增加城市街廊内的地块划分复杂度、用地开放率、街廊建筑界面相对偏离度、建筑界面相对贴线率、空气龄等相关量化指标方面的改善修补。在新的相关规定中，结合中国各城市本土形态特征，在城市设计导则、控规、城市规划实施细则等法规中加入与形态要素相应的建筑类型标准、建筑使用性质与高度标准等基于形态的设计准则，对提升城市街道空间形态、城市物质空间形态品质、提升城市容貌与环境质量具有重要意义，这也是本书后续需要继续深入和研究的任务。

附录

附录一　中国相关法规条文梳理——形态相关的四类规定条文

附 1.1　直接相关的强制性规定

1.土地使用法规规定：用地范围划定及使用、用地使用性质分类与兼容、用地规模、街区与地块划分、道路广场绿化规模等规定（南京市、江苏省、国家）

法规文件名称和年代	文件中相关土地规定条文
南京市城市规划条例实施细则（2007）	第 28、29、61 条
南京市建筑规则（1935）	第 52–54 条
南京市建筑管理规则（1948）	第 62 条
南京市建筑管理暂行办法（1956）	第 2 条
南京市建筑管理办法实施细则（暂行）（1978）	第 30、32–35 节
南京市城市建设规划管理暂行规定（1987）	第 3 条
南京市控制性详细规划编制技术规定（NJGBBB 01–2005）	第 2.2.1、2.2.2、3.1.1、3.1.2、3.2 条
南京市市区中小学幼儿园用地规划和保护规定（2003）	第 6 条
南京市地下文物保护管理规定（2004）	第 6 条
南京市城市规划条例（1990）	第 3、34、35、37、38 条
南京市城乡规划条例（2012）	第 23 条
江苏省城市规划管理技术规定（修订版）（2011）	第 2.1、2.2、3.6 条
江苏省控制性详细规划编制导则（修订版）（2012）	第 2.1–2.4、3.1–3.3、4.1–4.4、6.1–6.4 条
江苏省城市应急避难场所建设技术标准 DGJ32/J122–2011	第 1.0.5、3.3.1–3.3.8、3.4.4、3.5.3、4.1.1、4.1.3、4.2.2、4.3.2 条
城市规划编制办法（1956）	第 3、4 章
城市规划编制审批暂行办法（1980）	第 4 条
城市规划定额指标暂行办法（1980）	第 4 条
城市规划条例（1984）	第 4 条
中华人民共和国土地管理法（1987）	第 2~5 章
城市绿化规划建设指标的规定（1994）	第 2–6 条
城市总体规划审查工作规则（1999）	第（2）条
土地管理法实施细则（1999）	第 10、13 条
城市规划强制性内容暂行规定（2002）	第（6）条
城市绿线管理办法（2002）	第 10、13 条
城市规划编制办法（2006）	第（29、30、31、32、36、38）条
城市规划编制办法实施细则（2006）	第（6–7、16、21、26–27、29–30、32）条
城市、镇控制性详细规划编制审批办法（2011）	第（10、11）条

续表

1.土地使用法规规定： 用地范围划定及使用、用地使用性质分类与兼容、用地规模、街区与地块划分、道路广场绿化规模等规定（南京市、江苏省、国家）

法规文件名称和年代	文件中相关土地规定条文
城市绿化条例（1992）	第9条
基本农田保护条例（1998）	第9-11条
中华人民共和国土地管理法实施条例（1999）	第10、13、18、19条
公共文化体育设施条例（2003）	第10条
中华人民共和国城市规划法（1990）	第4条
中华人民共和国铁路法（1991）	第37条
中华人民共和国土地管理法（2004）	第4、18、20、22、（24）、62条
中华人民共和国公路法（2004）	第34条
中华人民共和国城乡规划法（2008）	第35条
民用建筑设计通则（1987）	第2、3章
城市居住区规划设计规范 GB 50180-93（2002图解版）	第1.0.3、3.0.1-3.0.3、7.0.1、7.0.2、7.0.4、7.0.5、8.0.2、8.0.5、11.0.1、11.0.2条（共计12条）
城市道路交通规划设计规范 GB 50220-95	第3.1.6、3.2.2、3.2.5、3.3.1、3.3.2、3.3.4-3.3.8、4.2.3-4.2.7、4.3.1、5.2.2-5.2.7、5.3.1-5.3.5、6.3.3-6.3.6、6.4.2、6.4.6条（共计33条）
城市道路绿化规划与设计规范 CJJ 75-97	第3.1.2、4.1.2-4.1.3、4.2.2-4.2.3、4.3.2、5.2.2、5.2.3、5.3.2条（共9条）
城镇老年人设施规划规范 GB 50437-2007	第3.1.1-3.1.2、3.2.1-3.2.3、4.1.2、5.2.1-5.2.3、5.3.1、5.3.2、5.4.3、5.4.4条（共13条）
城市容貌标准 GB 50449-2008	第5.0.4、7.0.1条（共计2条）
城市公共设施规划规范 GB 50442-2008	第1.0.3-1.0.5、1.0.7、3.0.1、4.0.1-4.0.2、5.0.1-5.0.3、6.0.1-6.0.2、7.0.1-7.0.3、8.0.1、9.0.1-9.0.4条（共计20条）
城市用地分类与规划建设用地标准 GB 50137-2011	第3.1.1-3.1.3、3.2.1、3.2.2、3.3.1、3.3.2、4.1.1-4.1.6、4.2.1-4.2.2、4.2.3-4.2.5、4.3.1-4.3.5、4.4.1-4.4.2条（共计25条）
绿色住区标准 CECS377：2014	第3.3.1、3.3.2、3.3.4、4.1.1、4.1.2、4.2.1-4.2.4、4.3.1-4.3.3、5.2.1-5.2.7、5.3.1、5.4.2、6.1.3、6.2.4、6.2.5、6.3.1、6.3.3、8.1.1、8.1.2、8.1.4、8.2.3-8.2.6条（共33条）

总结：
地方（江苏省＋南京市）：涉及条例与规章规范14个文件，共60条
（1928-1980年：4个10条；1980-1990年：2个6条；1990-2008年：4个10条；2008年至今：4个34条）
国家：涉及31个文件，共185条
（1928-1980年：3个4条；1980-1990年：4个8条；1990-2008年：21个115条；2008年至今：3个58条）
合计：共涉及45个文件，共245条

2.地块开发强度控制指标——容积率、建筑密度、建筑高度、绿化率等规定（南京市、江苏省、国家）

法规文件名称和年代	文件中相关土地规定条文
南京市建筑规则（1935）	第48–51条
南京市建筑管理规则（1948）	第52–61条
南京市控制性详细规划编制技术规定（NJGBBB 01–2005）	第2.3.1、2.3.2、2.3.3、3.3条
南京市城市规划条例实施细则（2007）	第55条
南京市城市规划条例（1990）	第（50）条
南京市城乡规划条例（2012）	第（23）条
江苏省城市规划管理技术规定（修订版）（2011）	第2.3、2.4、3.4、3.5条
江苏省控制性详细规划编制导则（修订版）（2012）	第7.3、7.4条
江苏省城市绿化管理条例（2003）	第8条
江苏省城乡规划条例（2010）	第（33）条
城市国有土地使用权出让转让规划管理办法（1993）	第（6、11）条
开发区规划管理办法（1995）	第（13）条
城市规划强制性内容暂行规定（2002）	第7条
城市规划编制办法（2006）	第（41、42）条
城市规划编制办法实施细则（2006）	第（26–27、29–30、32）条
城市、镇控制性详细规划编制审批办法（2011）	第（10、11）条
城市绿化条例（1992）	第（9）条

总结：

地方（江苏省+南京市）：涉及条例与规章规范8个文件，共27条

（1928–1980年：2个14条；1980–1990年：1个1条；1990–2008年：3个6条；2008年至今：2个6条）

国家：涉及（11个文件），共（20条）

（1928–1980年：3个3条；1980–1990年：1个1条；1990–2008年：6个14条；2008年至今：1个2条）

合计：共涉及8个文件，共27条

3.建筑位置布局、用地界限等规定：退线、建筑间距（日照、防火间距）、六线控制等（南京市、江苏省、国家）

法规文件名称和年代	文件中相关土地规定条文
南京市政府公务局退缩房屋放宽街道暂行办法（1928）	第1–7条
南京市建筑规则（1935）	第40–47条

3.建筑位置布局、用地界限等规定：退线、建筑间距（日照、防火间距）、六线控制等
（南京市、江苏省、国家）

法规文件名称和年代	文件中相关土地规定条文
南京市建筑管理规则（1948）	第 42–51 条
南京市建筑管理办法实施细则（1978）	第 14、17–19 条
南京市城市建设规划管理暂行规定（1987）	第 23、24 条
南京市城墙保护管理办法（2004）	第 6 条
南京市控制性详细规划编制技术规定（NJGBBB 01–2005）	第 2.1.1–2.1.6 条
南京市城市规划条例实施细则（2007）	第 42、43、44、45–51 条
南京市市内秦淮河管理条例（1989）	第 3、11、12、15 条
南京市城市规划条例（1990）	第 50 条
南京市文物保护条例（1997）	第 13 条
南京市中山陵园风景区管理条例（1998）	第 12 条
江苏省城市规划管理技术规定（修订版）（2011）	第 3.1、3.2、3.3、3.7、3.8 条
江苏省控制性详细规划编制导则（修订版）（2012）	第 7.1、7.2 条
江苏省城乡规划条例（2010）	第（62、33）条
江苏省商业建筑设计防火规范 DGJ32/J 67–2008	第 4.1.2、4.1.4、4.2.1–4.2.3、4.3.1–4.3.4、4.4.1、4.4.2、4.4.7、4.4.8 条
江苏省城市应急避难场所建设技术标准 DGJ32/J 122–2011	第 5.1.1、5.1.3、5.2.1、5.2.2、5.4.1、5.4.2 条
江苏省城镇户外广告和店招标牌设施设置技术规范 DGJ32/J 146–2013	第 4.1.1–4.1.5、4.2.1–4.2.4、4.3.1–4.3.4 条
文物保护法实施细则（1992）	第 12 条
城市绿线管理办法（2002）	第 5–7 条
城市规划编制办法（2006）	第（41、43）条
城市规划编制办法实施细则（2006）	第（26–27、29–30、32）条
城市蓝线管理办法（2006）	第 6–8 条
城市黄线管理办法（2006）	第 6、7、8 条
城市紫线管理办法（2010）	第 6 条
城市、镇控制性详细规划编制审批办法（2011）	第（10）条
文物保护法实施条例（2003）	第 9、13 条
历史文化名城名镇名村保护条例（2008）	第 26、27 条

3.建筑位置布局、用地界限等规定：退线、建筑间距（日照、防火间距）、六线控制等（南京市、江苏省、国家）

法规文件名称和年代	文件中相关土地规定条文
城市居住区规划设计规范 GB 50180-93（2002 图解版）	第 5.0.2、5.0.3-5.0.6 条
民用建筑设计通则 GB 50352-2005（图解版）	第 4.1.2、4.1.4-4.1.6、4.2.1、4.2.2-4.2.5、4.3.1-4.3.2 条
城镇老年人设施规划规范 GB 50437-2007	第 5.1.2、5.1.3 条
建筑设计防火规范 GB 50016-2014	第 3.4.1、3.4.2、3.4.3、3.4.5、3.4.7、3.4.8、3.4.9、3.4.11、3.4.12、3.5.1、3.5.2、3.5.3-3.5.5、5.2.1、5.2.2、5.2.3-5.2.5、5.2.6 条
汽车库、修车库、停车场设计防火规范 GB 50067-2014	第 4.1.2-4.1.6、4.2.1-4.2.6、4.2.7-4.2.11、4.3.1、4.3.2-4.3.3 条

总结：
地方（江苏省 + 南京市）：涉及条例与规章规范 17 个文件，共 94 条
（1928-1980 年：4 个 29 条；1980-1990 年：3 个 7 条；1990-2008 年：6 个 32 条；2008 年至今：4 个 26 条）
国家：涉及 15 个文件，共 73 条
（1928-1980 年：2 个 2 条；1980-1990 年：1 个 1 条；1990-2008 年：9 个 31 条；2008 年至今：3 个 39 条）
合计：共涉及 32 个文件，共 167 条

4.各类违法建设房屋及设施、禁止建设、设置、破坏或损毁建筑物、广告等设施行为、占用各类土地非法建设奖罚规定等法规规定（南京市、江苏省、国家）

法规文件名称和年代	文件中相关土地规定条文
南京市建筑管理规则（1948）	第 36-41 条
南京市建筑管理办法（1964）	第 14 条
南京市建筑管理办法实施细则（暂行）(1978)	第 41、43 节
南京市城市建设规划管理暂行规定（1987）	第 6、29、30-33 条
南京市市区中小学幼儿园用地规划和保护规定（2003）	第 8、9 条
南京市城墙保护管理办法（2004）	第 7、8 条
南京市地下文物保护管理规定（2004）	第 18 条
南京市夫子庙地区管理规定（2004）	第 10、26、27、28 条
南京市城市规划条例实施细则（2007）	第 79、80（79）条
南京市市内秦淮河管理条例（1989）	第 14、18、(18)、19 条
南京市城市规划条例（1990）	第 62、63（62）条
南京市文物保护条例（1997）	第 10、40 条
南京市市容管理条例（1998）	第 37、40 条
南京市中山陵园风景区管理条例（1998）	第 8-10、(8)、26 条
南京市城乡规划条例（2012）	第 59、60（59）条

续表

4.各类违法建设房屋及设施、禁止建设、设置、破坏或损毁建筑物、广告等设施行为、占用各类土地非法建设奖罚规定等法规规定（南京市、江苏省、国家）

法规文件名称和年代	文件中相关土地规定条文
江苏省户外广告管理办法（2010）	第 26、31 条
江苏省城市绿化管理条例（2003）	第 24 条
江苏省城市市容和环境卫生管理条例（2004）	第 50、52 条
江苏省文物保护条例（2004）	第 41 条
江苏省太湖风景名胜区条例（2007）	第 18、33 条
江苏省云台山风景名胜区管理条例（2007）	第 13-14、33 条
江苏省城乡规划条例（2010）	第 59、60 条
江苏省历史文化名城名镇保护条例（2010）	第 35、38、40 条
江苏省城市容貌标准 GB 50449-2008	第 5.0.9、7.0.5、7.0.6、7.0.9、7.0.11、7.0.14、10.0.6 条
江苏省城镇户外广告和店招标牌设施设置技术规范 DGJ32/J 146-2013	第 3.1.2-3.1.5 条
停车场建设和管理暂行规定（1989）	第 5 条
城市公厕管理办法（1991）	第 10 条
文物保护法实施细则（1992）	第 13、14 条
开发区规划管理办法（1995）	第 13 条
土地管理法实施细则（1999）	第 17、19、34-36 、（34-36）28 条
城市古树名木保护管理办法（2000）	第 18 条
城市绿线管理办法（2002）	第 11、16 、（11、16）28 条
城市蓝线管理办法（2006）	第 10、14 条
城市紫线管理办法（2010）	第 13、20 条
城市绿化条例（1992）	第 19-20、28 、28 条
城市市容和环境卫生管理条例（1992）	第 36、37 条
城市道路管理条例（1996）	第 30-32 条
基本农田保护条例（1998）	第 15、18、30-33 、（30、33）条
中华人民共和国土地管理法实施条例（1999）	第 17、34-36 条
公共文化体育设施条例（2003）	第 29 条

4.各类违法建设房屋及设施、禁止建设、设置、破坏或损毁建筑物、广告等设施行为、占用各类土地非法建设奖罚规定等法规规定（南京市、江苏省、国家）

法规文件名称和年代	文件中相关土地规定条文
风景名胜区管理条例（2006）	第 27、40、41 条
历史文化名城名镇名村保护条例（2008）	第 28、39、41、44 条
中华人民共和国城市规划法（1990）	第 35、40、（40）条
中华人民共和国水法（2002）	第 40 条
中华人民共和国土地管理法（2004）	第 2、31、36、37、39、64、73、74、76、77、81、83、（73、74、76、77、81、83）条
中华人民共和国公路法（2004）	第 7、44、56、76、81 条
中华人民共和国道路交通安全法（2004）	第 106 条
中华人民共和国文物保护法（2007）	第 17–19、26、66、67 条
中华人民共和国城乡规划法（2008）	第（35）、64–66、（64、65）、68 条

总结：

地方（江苏省 + 南京市）：涉及条例与规章规范 25 个文件，共 68 条

（1928–1980 年：3 个 9 条；1980–1990 年：3 个 11 条；1990–2008 年：14 个 35 条；2008 年至今：5 个 13 条）

国家：涉及 27 个文件，共 79 条

（1928–1980 年：2 个 2 条；1980–1990 年：3 个 4 条；1990–2008 年：21 个 71 条；2008 年至今：1 个 2 条）

合计：共涉及 52 个文件，共 147 条

附 1.2 直接相关的引导性规定

1.土地使用规定、城市功能分区与土地布局、城市发展布局与性质、规划设计原则、道路广场绿化布局、建筑布局、合理布局与利用、各类规划及规划成果图则的内容范围等法规规定（南京市、江苏省、国家）

法规文件名称和年代	文件中相关土地规定条文
南京市建筑管理办法实施细则（暂行）（1978）	第 2–5、6、22、23 节
南京市城市建设规划管理暂行规定（1987）	第 9 条
南京市市区中小学幼儿园用地规划和保护规定（2003）	第 4 条
南京市控制性详细规划编制技术规定（NJGBBB 01–2005）	第 1.0.1—1.0.8、4.1.1、4.1.2、4.2.2 条
南京市城市规划条例实施细则（2007）	第 13、27 条
南京市文物保护条例（1997）	第 6 条
南京市城乡规划条例（2012）	第 24–25 条
江苏省城市设计编制导则（试行）（2010）	第 1.3–1.5、2.3.1、3.3.1 条
江苏省控制性详细规划编制导则（修订版）（2012）	第 1.3、5.1–5.3、14.1–14.2、15.1–15.3 条
江苏省城市绿化管理条例（2003）	第 9 条

续表

1.土地使用规定、城市功能分区与土地布局、城市发展布局与性质、规划设计原则、道路广场绿化布局、建筑布局、合理布局与利用、各类规划及规划成果图则的内容范围等法规规定（南京市、江苏省、国家）

法规文件名称和年代	文件中相关土地规定条文
江苏省云台山风景名胜区管理条例（2007）	第 12 条
江苏省城乡规划条例（2010）	第 5、25、26、27、6 条
江苏省历史文化名城名镇保护条例（2010）	第 23、24、4 条
江苏省商业建筑设计防火规范 DGJ32/J 67–2008	第 4.1.1、4.1.3、4.4.4 条
江苏省城市应急避难场所建设技术标准 DGJ32/J 122–2011	第 1.0.7、3.1.1–3.1.4、3.2.1–3.2.4、4.1.2、4.2.1、4.3.1、5.1.2、5.4.1 条
停车场建设和管理暂行规定（1989）	第 4、6、7 条
城镇体系规划编制审批办法（1994）	第 3、13、15 条
城市总体规划审查工作规则（1999）	第 2 条
城市规划强制性内容暂行规定（2002）	第 5.6.7 条
城市规划编制办法（2006）	第 29–32、36–44 条
城市规划编制办法实施细则（2006）	第 6–8、9–21、25–28、29–32 条
省域城镇体系规划编制审批办法（2010）	第 24、25、26 条
城市、镇控制性详细规划编制审批办法（2011）	第 10、11 条
城市绿化条例（1992）	第 10、13 条
城市道路管理条例（1996）	第 9、13、36 条
基本农田保护条例（1998）	第 14、16、3 条
公共文化体育设施条例（2003）	第 14、15 条
风景名胜区管理条例（2006）	第 13、15 条
历史文化名城名镇名村保护条例（2008）	第 34 条
中华人民共和国城市规划法（1990）	第 16、19、20 条
中华人民共和国军事设施保护法（1990）	第 7、12 条
中华人民共和国铁路法（1991）	第 40 条
中华人民共和国水法（2002）	第 23、32、33、35、36、38、41 条
中华人民共和国土地管理法（2004）	第 38、33、34 条
中华人民共和国道路交通安全法（2004）	第 33 条
中华人民共和国城乡规划法（2008）	第 17、18 条
城市居住区规划设计规范 GB 50180–93（2002 版）	第 3.0.4、7.0.3、8.0.1、8.0.4 条
城市道路交通规划设计规范 GB 50220–95	第 1.0.4、1.0.5–1.0.7、3.1.1、3.1.2、3.3.9、3.4.2、4.2.1–4.2.2、5.1.2、5.1.3、5.2.1、5.2.8、6.1.3、6.3.2、6.4.4、6.4.5 条

续表

1.土地使用规定、城市功能分区与土地布局、城市发展布局与性质、规划设计原则、道路广场绿化布局、建筑布局、合理布局与利用、各类规划及规划成果图则的内容范围等法规规定（南京市、江苏省、国家）

法规文件名称和年代	文件中相关土地规定条文
城市道路绿化规划与设计规范 CJJ 75-97	第 1.0.3、1.0.4、3.2.1、3.2.2、4.1.1、4.1.4、4.2.1、4.2.4、4.3.1、4.3.3、4.3.4、5.1.1-5.1.4、5.2.1、5.2.4、5.3.1 条
民用建筑设计通则 GB 50352-2005（图解版）	第 4.1.1、4.1.3、4.4.1-4.4.2 条
城镇老年人设施规划规范 GB 50437-2007	第 1.0.3、1.0.4、4.1.1、4.1.3、4.1.4、4.2.1-4.2.4、5.1.1、5.3.3、5.4.1、5.4.2、5.4.5 条
城市容貌标准 GB 50449-2008	第 9.0.1、9.0.3、9.0.5、11.0.1-11.0.7 条
城市公共设施规划规范 GB 50442-2008	第 1.0.6、1.0.8、3.0.2、4.0.3-4.0.4、5.0.4、6.0.3-6.0.4、7.0.4、8.0.2、8.0.3 条
绿色住区标准 CECS 377：2014	第 3.1.1-3.1.4、3.2.1-3.2.3、5.1.1-5.1.3、5.3.2、5.4.1、6.1.1、6.1.2、6.2.1、6.3.2、8.2.9 条
汽车库、修车库、停车场设计防火规范 GB 50067-2014	第 4.1.1 条

总结：
地方（江苏省 + 南京市）：涉及条例与规章规范 16 个文件，共 66 条
（1928-1980 年：1 个 7 条；1980-1990 年：1 个 1 条；1990-2008 年：8 个 20 条；2008 年至今：6 个 38 条）
国家：涉及 33 个文件，共 184 条
（1928-1980 年：2 个 2 条；1980-1990 年：4 个 9 条；1990-2008 年：23 个 150 条；2008 年至今：4 个 23 条）
合计：共涉及 49 个文件，共 250 条

2.城市空间景观或城市设计规定——城市风貌、街道界面、建筑立面、建筑风格等规定（南京市、江苏省、国家）

法规文件名称和年代	文件中相关土地规定条文
南京市建筑管理暂行办法（1956）	第 7 条
南京市建筑管理办法实施细则（暂行）（1978）	第 7-13、15、16、24 条
南京市城墙保护管理办法（2004）	第 9 条
南京市夫子庙地区管理规定（2004）	第 16、17、19 条
南京市控制性详细规划编制技术规定（NJGBBB 01-2005）	第 2.4.1、2.4.2 条
南京市城市规划条例实施细则（2007）	第 56、59 条
南京市市容管理条例（1998）	第 9、10、11、13、15、16 条
南京市中山陵园风景区管理条例（1998）	第 7、8、9、10、21 条
江苏省城市设计编制导则（试行）（2010）	第 2.1、2.2、2.3.2、2.3.3、2.4.1-2.4.3、3.1、3.2、3.3.2-3.3.6、3.3.8、3.4.1-3.4.3、4.1、4.2、4.3、4.4.1-4.4.8、5.1-5.3 条
江苏省城市规划管理技术规定（修订版）（2011）	第 5.1、5.2、5.3、5.4 条
江苏省控制性详细规划编制导则（修订版）（2012）	第 8.1、8.2、8.3、8.4、8.5 条

续表

2.城市空间景观或城市设计规定——城市风貌、街道界面、建筑立面、建筑风格等规定（南京市、江苏省、国家）

法规文件名称和年代	文件中相关土地规定条文
江苏省城市绿化管理条例（2003）	第10条
江苏省城市市容和环境卫生管理条例（2004）	第11、12、13、14、15条
江苏省文物保护条例（2004）	第12、14条
江苏省太湖风景名胜区条例（2007）	第11、13、28条
江苏省云台山风景名胜区管理条例（2007）	第19、22、17、18、23条
江苏省城乡规划条例（2010）	第24条
江苏省历史文化名城名镇保护条例（2010）	第27、9-11、29条
城市公厕管理办法（1991）	第8、9条
文物保护法实施细则（1992）	第（13）条
城市规划编制办法（2006）	第（41）条
城市规划编制办法实施细则（2006）	第（21、29-30、32）条
城市紫线管理办法（2010）	第13条
城市绿化条例（1992）	第12条
城市市容和环境卫生管理条例（1992）	第9、10、14条
风景名胜区管理条例（2006）	第24条
历史文化名城名镇名村保护条例（2008）	第3、14、21-23、25条
中华人民共和国公路法（2004）	第18条
中华人民共和国城乡规划法（2008）	第（31）条
中华人民共和国防震减灾法（2008）	第69条
城市居住区规划设计规范 GB 50180-93（2002版）	第1.0.5、4.0.1-4.0.4、5.0.1、8.0.4条
城市道路绿化规划与设计规范 CJJ 75-97	第3.1.1、3.2.2、1.0.4、3.3.1-3.3.6、4.1.1、4.1.4、4.2.1、4.2.4、4.3.1、4.3.3、4.3.4、5.1.1-5.1.4、5.2.1、5.2.4、5.3.1条
城市容貌标准 GB 50449-2008	第 1.0.3-1.0.5、3.0.1-3.0.9、4.0.1、4.0.3-4.0.8、5.0.1-5.0.3、5.0.6-5.0.8、6.0.1-6.0.7、10.0.1、10.0.4、10.0.5、10.0.7条
绿色住区标准 CECS 377: 2014	第4.4.1、4.4.2、6.2.3条

总结：
地方（江苏省+南京市）：涉及条例与规章规范18个文件，共93条
（1928-1980年：2个11条；1990-2008年：11个35条；2008年至今：5个47条）
国家：涉及15个文件，共88条
（1928-1980年：2个2条；1980-1990年：1个1条；1990-2008年：10个81条；2008年至今：2个4条）
合计：共涉及33个文件，共181条

3.广告、围墙、灯柱、其他标识物等规定（南京市、江苏省、国家）

法规文件名称和年代	文件中相关土地规定条文
南京市建筑管理办法实施细则（暂行）（1978）	第20、21条
南京市城市规划条例实施细则（2007）	第57、58、60条
南京市市内秦淮河管理条例（1989）	第7、9条
南京市中山陵园风景区管理条例（1998）	第20、24、25条
南京市市容管理条例（1998）	第12、17、18、19、20、23、27、28、29、30条
城市道路照明设施管理规定（1992）	第13条
江苏省户外广告管理办法（2010）	第2、5、9、14、19、20、22、23、25、27、28条
江苏省城市规划管理技术规定（修订版）（2011）	第5.5、5.6条
江苏省城市市容和环境卫生管理条例（2004）	第17、18、20条
江苏省云台山风景名胜区管理条例（2007）	第24条
江苏省太湖风景名胜区条例（2007）	第20、24条
江苏省城镇户外广告和店招标牌设施设置技术规范 DGJ32/J 146-2013	第3.1.1、3.2.1-3.2.2、4.5.1-4.5.5、4.6.1-4.6.4、4.7.1-4.7.5、5.1.1-5.1.6条
城市市容和环境卫生管理条例（1992）	第11、13、16条
城市道路照明设施管理规定（1992）	第19条
历史文化名城名镇名村保护条例（2008）	第30、32、45条
中华人民共和国军事设施保护法（1990）	第14、（16）、18条
中华人民共和国广告法（1995）	第32、33条
中华人民共和国水法（2002）	第27条
中华人民共和国公路法（2004）	第32、33、54条
中华人民共和国道路交通安全法（2004）	第25、27、28、34条
城市容貌标准 GB 50449-2008	第4.0.2、7.0.2、7.0.4、7.0.7、7.0.8、7.0.10、7.0.15、8.0.1-8.0.3、8.0.5、8.0.6条

总结：
地方（江苏省+南京市）：涉及条例与规章规范12个文件，共63条
（1928-1980年：1个2条；1980-1990年：1个2条；1990-2008年：7个23条；2008年至今：3个36条）
国家：涉及11个文件，共33条
（1928-1980年：1个1条；1980-1990年：2个3条；1990-2008年：8个29条）
合计：共涉及23个文件，共96条

4.新区开发与旧区改建、空域保护、文物与地下空间保护及利用、危险房翻建及拆迁、市容卫生设施设置等其他法规规定（南京市、江苏省、国家）

法规文件名称和年代	文件中相关土地规定条文
南京市建筑管理办法实施细则（暂行）（1978）	第 37、39 节
南京市城市建设规划管理暂行规定（1987）	第 4、5 条
南京市市区中小学幼儿园用地规划和保护规定（1995）	第 7 条
南京市城市规划条例实施细则（2007）	第 52、62 条
南京市城市规划条例（1990）	第 16-24 条
南京市城乡规划条例（2012）	第 26、42 条
江苏省城市设计编制导则（试行）（2010）	第 3.3.7 条
江苏省城市规划管理技术规定（修订版）（2011）	第 6.1、6.2 条
江苏省控制性详细规划编制导则（修订版）（2012）	第 11.1-11.5 条
江苏省城市房屋拆迁管理条例（2003）	第 5、12、18 条
江苏省城市市容和环境卫生管理条例（2004）	第 35-38 条
江苏省城乡规划条例（2010）	第 30 条
江苏省历史文化名城名镇保护条例（2010）	第 25 条
开发区规划管理办法（1995）	第 9 条
城市地下空间开发利用管理规定（1997）	第 3、5、10、14、16、20 条
城市房屋拆迁管理条例（1991）	第 4、16、21、28、29、30 条
城市市容和环境卫生管理条例（1992）	第 19 条
城市房地产开发经营管理条例（1998）	第 11 条
无障碍环境建设条例（2012）	第 12 条
中华人民共和国城市规划法（1990）	第 23-27 条
中华人民共和国文物保护法（2007）	第 20、22 条
中华人民共和国城乡规划法（2008）	第 29-31、33 条
绿色住区标准 CECS377：2014	第 6.2.2 条

总结：
地方（江苏省+南京市）：涉及条例与规章规范 13 个文件，共 35 条
（1928-1980 年：1 个 2 条；1980-1990 年：2 个 11 条；1990-2008 年：4 个 10 条；2008 年至今：6 个 12 条）
国家：涉及 13 个文件，共 31 条
（1928-1980 年：2 个 2 条；1980-1990 年：2 个 6 条；1990-2008 年：7 个 21 条；2008 年至今：2 个 2 条）
合计：共涉及 26 个文件，共 66 条

附 1.3 间接相关的强制性规定

1.土地使用法规规定——土地使用权出让转让合同的规划设计条件、附图和用地范围、配套设施及管线
埋设、防灾安全建设等规定（南京市、江苏省、国家）

法规文件名称和年代	文件中相关土地规定条文
南京市城市规划条例实施细则（2007）	第 24、26、53、65、67、69 条
南京市城市规划条例（1990）	第 51、52 条
江苏省城市规划管理技术规定（修订版）（2011）	第 4.1–4.8 条
江苏省控制性详细规划编制导则（修订版）（2012）	第 9.1–9.7 12.1–12.10、13.1–13.4 条
江苏省文物保护条例（2004）	第（19）条
江苏省城乡规划条例（2010）	第 33 条
江苏省防震减灾条例（2011）	第 14、15、22、27、32 条
城市国有土地使用权出让转让规划管理办法（1993）	第 5–7 条
开发区规划管理办法（1995）	第 10 条
土地管理法实施细则（1999）	第 2、3、6 条
城市抗震防灾规划管理规定（2003）	第 16–19、20 条
中华人民共和国土地管理法实施条例（1999）	第 2、3、6 条
无障碍环境建设条例（2012）	第 9、13、14 条
中华人民共和国环境保护法（1989）	第 13 条
中华人民共和国人民防空法（1997）	第 9、22、23 条
中华人民共和国土地管理法（2004）	第 8、10、63 条
中华人民共和国城市房地产管理法（2007）	第 18、24、44 条
中华人民共和国城乡规划法（2008）	第 36–39 条
中华人民共和国防震减灾法（2008）	第 23、24、35、39 条
中华人民共和国消防法（2009）	第 28 条
城市居住区规划设计规范 GB 50180–93（2002 图解版）	第 1.0.4、6.0.1、6.0.2、6.0.3、6.0.5、8.0.6、9.0.1–9.0.4、10.0.2 条
城市道路绿化规划与设计规范 CJJ 75–97	第 6.1.1–6.1.2、6.2.1–6.2.2、6.3.1 条
停车场规划设计规则（试行）（1998）	第 3–5、7–13、15–17 条（共计 13 条）
城市公共停车场工程项目建设标准 建标 128–2010	第 10–12、16–23、25、28、30 条（共计 14 条）

续表

1.土地使用法规规定——土地使用权出让转让合同的规划设计条件、附图和用地范围、配套设施及管线埋设、防灾安全建设等规定（南京市、江苏省、国家）

法规文件名称和年代	文件中相关土地规定条文
总结： 地方（江苏省+南京市）：涉及条例与规章规范 6 个文件，共 43 条 [1980–1990 年：1 个 2 条；1990–2008 年：1 个 6 条（–1 条）；2008 年至今：4 个 35 条] 国家：涉及 18 个文件，共 81 条 （1980–1990 年：2 个 2 条；1990–2008 年：13 个 61 条；2008 年至今：3 个 18 条） 合计：共涉及 24 个文件，共 124 条	

2.文物修护、防灾规划编制、禁止的乱涂乱砍乱挖等行为等规定（南京市、江苏省、国家）

法规文件名称和年代	文件中相关土地规定条文
南京市夫子庙地区管理规定（1994）	第 12、22、20 条
南京市城墙保护管理办法（2004）	第 10、15、16 条
南京市地下文物保护管理规定（2004）	第 7 条
南京市城市规划条例（1990）	第 36 条
南京市文物保护条例（1997）	第 12 条
南京市市容管理条例（1998）	第 31 条
南京市中山陵园风景区管理条例（1998）	第 15–16、18 条
江苏省户外广告管理办法（2010）	第 20 条
江苏省城市绿化管理条例（2003）	第 20、21 条
江苏省城市市容和环境卫生管理条例（2004）	第 39、21 条
江苏省太湖风景名胜区条例（2007）	第 17 条
江苏省云台山风景名胜区管理条例（2007）	第 15–16 条
江苏省历史文化名城名镇保护条例（2010）	第 26、28、39、41 条
江苏省防震减灾条例（2011）	第 22 条
城市公厕管理办法（1991）	第 16、23、24 条
城市道路照明设施管理规定（1992）	第 22 条
城市古树名木保护管理办法（2000）	第 12、13、17 条
城市绿线管理办法（2002）	第 12、17 条
城市抗震防灾规划管理规定（2003）	第 16–20、23 条
城市绿化条例（1992）	第 21、25 条
城市市容和环境卫生管理条例（1992）	第 17、22 条

2.文物修护、防灾规划编制、禁止的乱涂乱砍乱挖等行为等规定（南京市、江苏省、国家）

法规文件名称和年代	文件中相关土地规定条文
风景名胜区管理条例（2006）	第26、45条
历史文化名城名镇名村保护条例（2008）	第24条
中华人民共和国环境保护法（1989）	第17-19、26条
中华人民共和国城市规划法（1990）	第36条
中华人民共和国军事设施保护法（1990）	第4、32条
中华人民共和国铁路法（1991）	第6、46、47、68条
中华人民共和国人民防空法（1997）	第27、28条
中华人民共和国水法（2002）	第34、37、43条
中华人民共和国公路法（2004）	第46、47、52、55条
中华人民共和国道路交通安全法（2004）	第31、56条
中华人民共和国防震减灾法（2008）	第14条

总结：
地方（江苏省＋南京市）：涉及条例与规章规范14个文件，共26条
（1980-1990年：1个1条；1990-2008年：10个19条；2008年至今：3个6条）
国家：涉及18个文件，共45条
（1980-1990年：3个7条；1990-2008年：15个38条）
合计：共涉及32个文件，共71条

3.其他防火、防震等——建筑防火分区、防火疏散、城市建筑防震等规定（南京市、江苏省、国家）

法规文件名称和年代	文件中相关土地规定条文
民用建筑设计通则 GB 50352-2005	第 3.1.1-3.1.3、3.2.1、3.3.1、3.5.1-3.5.4、3.6.1-3.6.3、3.7.1-3.7.2、5.1.1-5.1.3、5.2.1-5.2.4、5.3.1-5.3.3、5.4.1、5.5.1-5.5.9、6.2.1-6.2.3、6.3.2-6.3.4、6.4.1-6.4.3、6.6.1-6.6.2、6.6.3、6.7.1、6.7.2、6.7.3-6.7.11、6.8.1-6.8.2、7.1.1、7.2.1-7.2.3、7.3.1-7.3.4、7.4.1-7.4.2条（共计69条）
城市抗震防灾规划标准 GB 50413-2007	第 1.0.5、3.0.1-3.0.6、4.1.1、4.1.4、4.2.1、4.2.3、6.1.2、6.1.4、6.1.5、6.2.1、6.2.2、8.1.3、8.2.3、8.2.6-8.2.8、8.2.9-8.2.11、8.2.15条（共计25条）
江苏省商业建筑设计防火规范 DGJ32/J 67-2008	第 3.1.1、3.2.1-3.2.4、5.2.1、5.2.2、5.3.1-5.3.3、5.4.1、5.4.4-5.4.6、5.5.1-5.5.4、5.6.1-5.6.3、6.3.1、6.3.4、6.3.11、6.3.12、6.4.1-6.4.5、6.5.1-6.5.3、7.1.1-7.1.3、7.2.1、7.2.4、7.4.1、7.4.2、7.5.1-7.5.3、8.1.1-8.1.3、8.2.1-8.2.6、8.2.8、8.3.1-8.3.5 条（共计58条）
江苏省公共建筑节能设计标准 DGJ32/J 96-2010	第 1.0.4、3.1.1、3.3.1-3.3.6、3.3.8、3.6.1-3.6.2、3.7.1-3.7.2条（共13条）

续表

3.其他防火、防震等——建筑防火分区、防火疏散、城市建筑防震等规定（南京市、江苏省、国家）

法规文件名称和年代	文件中相关土地规定条文
道路无障碍设计规范 GB 50763–2012	第 3.1.1–3.1.3、3.2.1–3.2.3、3.3.1–3.3.2、3.4.2–3.4.4、3.4.6–3.4.8、3.5.1–3.5.3、3.6.1–3.6.2、3.7.1、3.7.3、3.8.1–3.8.5、3.9.1–3.9.3、3.14.3、4.1.1–4.1.3、4.2.1–4.2.3、4.4.1、4.4.2、4.4.5、4.5.1–4.5.2、5.1.1、5.2.1、5.2.3、5.2.6、6.2.1–6.2.6、7.1.1–7.1.2、7.2.1–7.2.3、7.3.1–7.3.3、7.4.1–7.4.6、8.1.2、8.1.4、8.2.1–8.2.3、8.3.1–8.3.3、8.4.1、8.4.2、8.4.7、8.5.1、8.5.2、8.6.1、8.6.2、8.7.1–8.7.4、8.8.1–8.8.3、8.9.1–8.9.2、8.10.1、8.11.1、8.12.1、8.13.1、8.13.2、9.1.1、9.3.1、9.3.2、9.5.1、9.5.2、9.5.6 条（共计100条）
建筑设计防火规范 GB 50016–2014	第 1.0.4、1.0.6、3.3.1、3.3.2、3.7.1、3.7.2、3.7.4、3.7.6、3.8.1、3.8.2、5.1.1、5.3.1、5.3.2、5.3.3、5.3.4、5.3.5、5.3.6、5.4.1、5.4.2–5.4.6、5.4.7、5.4.8、5.4.9–5.4.13、5.4.14、5.4.15、5.4.16、5.4.17、5.5.1–5.5.3、5.5.5、5.5.7、5.5.8、5.5.9、5.5.11、5.5.14、5.5.15–5.5.18、5.5.19、5.5.20、5.5.21、5.5.22、5.5.25、5.5.26、5.5.29、5.5.30、5.5.32、6.4.12、6.6.4、7.1.1、7.1.2、7.1.3、7.1.4–7.1.7、7.1.8、7.1.9、7.1.10、7.2.1–7.2.4、7.2.5、7.4.1、7.4.2、8.1.2、8.1.6、8.1.7、8.1.10、8.1.11、10.3.1、10.3.4–10.3.6、11.0.3、11.0.4、11.0.7、11.0.10、11.0.12 条（共计89条）
汽车库、修车库、停车场设计防火规范 GB 50067–2014	第 3.0.1–3.0.3（3.0.2、3.0.3）、5.1.1–5.1.2、5.1.4–5.1.6、5.1.7、5.2.4、5.2.6、6.0.1、6.0.2、6.0.5、6.0.6、6.0.7、6.0.9、6.0.12–6.0.15 条（共计21条）

总结：
地方（江苏省＋南京市）：涉及条例与规章规范2个文件，共71条
（1990–2008 年：1个58条；2008 年至今：1个13条）
国家：涉及5个文件，共304条
（1990–2008 年：2个94条；2008 年至今：3个210条）
合计：共涉及7个文件，共375条

4.审批核发奖罚、必须申领建设用地许可证和建筑用地批准文件与建设工程许可证的建设项目及提交相应图件、建设工程设计方案报批、按规定建设等规定（南京市、江苏省、国家）

法规文件名称和年代	文件中相关土地规定条文
南京市建筑管理暂行办法（1956）	第 3–6、8 条
南京市建筑管理办法（1964）	第 4–7、12、13 条
南京市建筑管理办法实施细则（暂行）（1978）	第 25–28、29、31 节
南京市城市建设规划管理暂行规定（1987）	第 8–14、16–22 条
南京市地下文物保护管理规定（2004）	第 14 条
南京市城市规划条例实施细则（2007）	第 15、18、19、31、32、34、35、37、38 条

4.审批核发奖罚、必须申领建设用地许可证和建筑用地批准文件与建设工程许可证的建设项目及提交相应图件、建设工程设计方案报批、按规定建设等规定（南京市、江苏省、国家）

法规文件名称和年代	文件中相关土地规定条文
南京市规划局规划管理审批工作导则（2007）	第3.1–3.3、4.3、4.6、4.7、5.3–5.5、6.3–6.5、6.7、6.8、6.11、7.2、7.3、7.8条
南京市城市规划条例（1990）	第7、28、32、40–43、54、55条
南京市市容管理条例（1998）	第39条
南京市中山陵园风景区管理条例（1998）	第2条
南京市城乡规划条例（2012）	第27、29、30、35、39条
江苏省城市绿化管理条例（2003）	第19、23、24、7条
江苏省太湖风景名胜区条例（2007）	第7、34–38条
江苏省云台山风景名胜区管理条例（2007）	第3、11、21条
江苏省城乡规划条例（2010）	第9、25、29、31、38、39、41、45、46、57–61条
江苏省防震减灾条例（2011）	第22、50、51条
城市公厕管理办法（1991）	第16条
城市国有土地使用权出让转让规划管理办法（1993）	第13条
开发区规划管理办法（1995）	第9、11、12、14条
城市地下空间开发利用管理规定（1997）	第11、12、30、31条
城市古树名木保护管理办法（2000）	第4条
城市绿线管理办法（2002）	第18条
城市蓝线管理办法（2006）	第11条
城市黄线管理办法（2006）	第14条
城市房屋拆迁管理条例（1991）	第8、35条
城市绿化条例（1992）	第26、27、29条
城市市容和环境卫生管理条例（1992）	第34、38条
城市道路管理条例（1996）	第17、39、42条
基本农田保护条例（1998）	第24、27条
中华人民共和国土地管理法实施条例（1999）	第23、24条
文物保护法实施条例（2003）	第55条
风景名胜区管理条例（2006）	第9、28、29条
历史文化名城名镇名村保护条例（2008）	第38、41、42、44、45条
无障碍环境建设条例（2012）	第31、32条

4.审批核发奖罚、必须申领建设用地许可证和建筑用地批准文件与建设工程许可证的建设项目及提交相应图件、建设工程设计方案报批、按规定建设等规定（南京市、江苏省、国家）

法规文件名称和年代	文件中相关土地规定条文
中华人民共和国环境保护法（1989）	第 37 条
中华人民共和国城市规划法（1990）	第 29–34、39 条
中华人民共和国人民防空法（1997）	第 16、48、49 条
中华人民共和国水法（2002）	第 14、18–19、65–67 条
中华人民共和国土地管理法（2004）	第 19、24、26、43–45、53–54、60、61、78 条
中华人民共和国公路法（2004）	第 6、26–28、77、83 条
中华人民共和国道路交通安全法（2004）	第 104、105、36 条
中华人民共和国文物保护法（2007）	第 23 条
中华人民共和国城市房地产管理法（2007）	第 25–27 条
中华人民共和国城乡规划法（2008）	第 40–45、58–62 条
中华人民共和国防震减灾法（2008）	第 84、85 条
中华人民共和国消防法（2009）	第 9、11–13、26、58、59、60、61 条

总结：

地方（江苏省 + 南京市）：涉及条例与规章规范 16 个文件，共 105 条

（1928–1980 年：3 个 17 条；1980–1990 年：2 个 23 条；1990–2008 年：8 个 43 条；2008 年至今：3 个 22 条）

国家：涉及 33 个文件，共 109 条

（1928–1980 年：2 个 2 条；1980–1990 年：3 个 9 条；1990–2008 年：26 个 87 条；2008 年至今：2 个 11 条）

合计：共涉及 49 个文件，共 214 条

附 1.4　间接影响的引导性规定

1.土地使用法规规定——土地使用权出让转让程序规则等、配套设施及管线埋设、拆迁等规定（南京市、江苏省、国家）

法规文件名称和年代	文件中相关土地规定条文
南京市城市规划条例实施细则（2007）	第 25、63、66、68 条
南京市城乡规划条例（2012）	第 28、43 条
江苏省城市绿化管理条例（2003）	第 22 条
江苏省云台山风景名胜区管理条例（2007）	第 20 条
城市公厕管理办法（1991）	第 12–15 条
城市国有土地使用权出让转让规划管理办法（1993）	第 4、8、11 条
土地管理法实施细则（1999）	第 4–5、7、29 条
城市市容和环境卫生管理条例（1992）	第 18、20、21 条

1.土地使用法规规定——土地使用权出让转让程序规则等、配套设施及管线埋设、拆迁等规定（南京市、江苏省、国家）

法规文件名称和年代	文件中相关土地规定条文
城市道路管理条例（1996）	第 12、29 条
城市房地产开发经营管理条例（1998）	第 12、14 条
中华人民共和国土地管理法实施条例（1999）	第 4-5、7、29 条
历史文化名城名镇名村保护条例（2008）	第 31 条
中华人民共和国铁路法（1991）	第 35、41 条
中华人民共和国人民防空法（1997）	第 24 条
中华人民共和国土地管理法（2004）	第 9、11、12、58、65 条
中华人民共和国公路法（2004）	第 45 条
中华人民共和国道路交通安全法（2004）	第 29 条
中华人民共和国城市房地产管理法（2007）	第 8-13 条

总结：
地方（江苏省 + 南京市）：涉及条例与规章规范 4 个文件，共 8 条
（1990-2008 年：3 个 6 条；2008 年至今：1 个 2 条）
国家：涉及 16 个文件，共 62 条
（1990-2008 年：15 个 42 条；2008 年至今：1 个 20 条）
合计：共涉及 20 个文件，共 70 条

2.保护生态环境、关注可持续发展、符合防灾需要、整治市容、与环境协调、保护耕地和基本农田等法规规定（南京市、江苏省、国家）

法规文件名称和年代	文件中相关土地规定条文
南京市夫子庙地区管理规定（2004）	第 23、21 条
南京市市内秦淮河管理条例（1989）	第 10 条
南京市市容管理条例（1998）	第 14、21、22 条
南京市中山陵园风景区管理条例（1998）	第 11、22、23 条
江苏省控制性详细规划编制导则（修订版）（2012）	第 10.1-10.4 条
江苏省城市市容和环境卫生管理条例（2004）	第 9、22-33 条
江苏省太湖风景名胜区条例（2007）	第 4、14、22 条
江苏省城乡规划条例（2010）	第（6）条
江苏省历史文化名城名镇保护条例（2010）	第 31、34 条
江苏省防震减灾条例（2011）	第 26 条

续表

2.保护生态环境、关注可持续发展、符合防灾需要、整治市容、与环境协调、保护耕地和基本农田等法规规定（南京市、江苏省、国家）

法规文件名称和年代	文件中相关土地规定条文
城市道路绿化规划与设计规范 CJJ 75-97	第 3.3.1-3.3.6 条
城市道路照明设施管理规定（1992）	第 16 条
城市古树名木保护管理办法（2000）	第 15 条
城市规划编制办法（2006）	第 4、5 条
省域城镇体系规划编制审批办法（2010）	第 4 条
城市市容和坏境卫生管理条例（1992）	第 12 条
风景名胜区管理条例（2006）	第 7、30 条
中华人民共和国环境保护法（1989）	第 16、20、23 条
中华人民共和国城市规划法（1990）	第 14 条
中华人民共和国军事设施保护法（1990）	第 26 条
中华人民共和国铁路法（1991）	第 45 条
中华人民共和国水法（2002）	第 9、26 条
中华人民共和国土地管理法（2004）	第 41、3、32、35 条
中华人民共和国公路法（2004）	第 30 条
中华人民共和国城乡规划法（2008）	第 4 条
中华人民共和国防震减灾法（2008）	第 36、38、62、70、41、58-60、61 条
中华人民共和国消防法（2009）	第 19、22 条

总结：
地方（江苏省 + 南京市）：涉及条例与规章规范 9 个文件，共 31 条（1980-1990 年：1 个 1 条；1990-2008 年：5 个 24 条；2008 年至今：3 个 6 条）
国家：涉及 17 个文件，共 39 条（1980-1990 年：3 个 5 条；1990-2008 年：12 个 31 条；2008 年至今：2 个 3 条）
合计：共涉及 27 个文件，共 71 条

3.其他防火、防震等规定——建筑防火分区、防火疏散、城市建筑防震等（南京市、江苏省、国家）

法规文件名称和年代	文件中相关土地规定条文
江苏省商业建筑设计防火规范 DGJ32/J 67-2008	第 3.1.2-3.1.3、5.1.1、8.2.9 条（共计 4 条）
江苏省公共建筑节能设计标准 DGJ32/J 96-2010	第 3.2.1-3.2.2、3.3.7、3.3.9-3.3.11 条（共计 6 条）
民用建筑设计通则 GB 50352-2005	第 1.0.3、1.0.4、3.4.1、6.1.1-6.1.5、6.3.1 条（共计 9 条）

3.其他防火、防震等规定——建筑防火分区、防火疏散、城市建筑防震等（南京市、江苏省、国家）

法规文件名称和年代	文件中相关土地规定条文
城市抗震防灾规划标准 GB 50413-2007	第 1.0.4、1.0.7、3.0.11、3.0.12、6.1.1、6.1.3、6.2.3、8.1.1、8.1.2、8.1.4、8.1.5、8.2.1、8.2.2、8.2.4、8.2.5、8.2.12-8.2.14 条（共计 18 条）
道路无障碍设计规范 GB 50763-2012	第 1.0.4、1.0.5、3.4.1、3.4.5、3.14.1、3.14.2、3.14.4、3.16.1-3.16.3、4.2.4、4.3.1、4.4.3、4.4.4、4.6.1-4.6.3、5.2.2、5.2.4、5.2.5、5.2.7、6.2.7、6.2.8、6.3.1、6.3.2、6.4.1、6.4.2、7.2.4、8.1.1、8.1.3、8.1.5、8.1.7、8.10.2、9.2.1、9.3.3、9.4.1-9.4.4、9.6.1 条（共计 40 条）
汽车库、修车库、停车场设计防火规范 GB 50067-2014	第 1.0.3、1.0.4 条

总结：
地方（江苏省 + 南京市）：涉及条例与规章规范 2 个文件，共 10 条
（1990-2008 年：1 个 4 条；2008 年至今：1 个 6 条）
国家：涉及 4 个文件，共 69 条
（1990-2008 年：2 个 27 条；2008 年至今：2 个 42 条）
合计：共涉及 6 个文件，共 79 条

4.其他规定—城市规划编制与审批与选址等各部门工作分配、报批程序、其他管理工作分配、城市各级规划的动态调整、监督检查、规划验收、设计评审、专家论证、征求公众意见等（南京市、江苏省、国家）

法规文件名称和年代	文件中相关土地规定条文
南京市夫子庙地区管理规定（1994）	第 5、6、7、8、13 条
南京市市区中小学幼儿园用地规划和保护规定（2003）	第 5、7、10、3 条
南京市城墙保护管理办法（2004）	第 5、11、12、4 条
南京市地下文物保护管理规定（2004）	第 8、9、4、5 条
南京市城市规划条例实施细则（2007）	第 6-9、12-14、16、17、20-23、30、33、36、39、54、5、10、70-71、74-78、11 条
南京市规划局规划管理审批工作导则（2007）	第 2.3-2.7、2.10-2.13、2.15、2.19、3.4-3.10、4.1、4.2、4.4、4.5、4.9-4.11、5.1、5.2、5.6-5.9、6.1、6.2、6.9、6.10、6.12-6.14、7.17.4-7.7、7.9、2.8、2.10、3.10 条
南京市市内秦淮河管理条例（1989）	第 6、16、4、5 条
南京市城市规划条例（1990）	第 8-15、26、29-31、33、44、45、47-49、5、15、27、53 条
南京市文物保护条例（1997）	第 9、11、17、2、5、8 条
南京市市容管理条例（1998）	第 2、4、5、33、34、35 条
南京市中山陵园风景区管理条例（1998）	第 6、4、5 条
南京市城乡规划条例（2012）	第 9-18、22、31-34、38、40、41、44-47、54、5、7、8、51-56、48、49、50、19、20、21、37 条

续表

4.其他规定—城市规划编制与审批与选址等各部门工作分配、报批程序、其他管理工作分配、城市各级规划的动态调整、监督检查、规划验收、设计评审、专家论证、征求公众意见等（南京市、江苏省、国家）

法规文件名称和年代	文件中相关土地规定条文
江苏省城市设计编制导则（试行）（2010）	第1.6条
江苏省户外广告管理办法（2010）	第3、8、10、12、13、15、19、24条
江苏省控制性详细规划编制导则（2012）	第1.4条
江苏省城市绿化管理条例（2003）	第3、4、6、12、13、15、16、17条
江苏省城市房屋拆迁管理条例（2003）	第2、3条
江苏省城市市容和环境卫生管理条例（2004）	第3、7、19条
江苏省文物保护条例（2004）	第6-11、13、17、19-21、2、16条
江苏省太湖风景名胜区条例（2007）	第8-10、19、20、25、26、3、5、12条
江苏省云台山风景名胜区管理条例（2007）	第8-10、4、5、6、20-32条
江苏省城乡规划条例（2010）	第7、10-19、22-24、26、27、32、34-37、42、47-50、51-55、44、20、21、40条
江苏省历史文化名城名镇保护条例（2010）	第12-17、19-22、5、6、18条
江苏省防震减灾条例（2011）	第23、25、26、28、3、7、13、19、21、23、30、31、34、35、39、44、45、46条
停车场建设和管理暂行规定（1989）	第9、10条
城市公厕管理办法（1991）	第7、5、6、11、16条
文物保护法实施细则（1992）	第6、15、3、4、8条
城市道路照明设施管理规定（1992）	第4-9、18、4、6、12、14条
城市国有土地使用权出让转让规划管理办法（1993）	第10、3、12、14、15条
城镇体系规划编制审批办法（1994）	第4-8、11、12、14条
城市绿化规划建设指标的规定（1994）	第7条
开发区规划管理办法（1995）	第4、5、7、8、3条
城市地下空间开发利用管理规定（1997）	第2、7、9、13、4、9-11、14、20、28条
城市总体规划审查工作规则（1999）	第1、3条
土地管理法实施细则（1999）	第8、9、11、12、14、20-25、27、28、18、32条
城市古树名木保护管理办法（2000）	第14、5-8条
城市规划强制性内容暂行规定（2002）	第3、4、8、9-12条
城市绿线管理办法（2002）	第8、4、9、14、15条
城市抗震防灾规划管理规定（2003）	第3、4、6-8、10、13-15、5、22、12条
城市规划编制办法（2006）	第6-9、11-13、17、18-27、28、34、35、3、14-16条
城市规划编制办法实施细则（2006）	第22-24条

续表

4.其他规定—城市规划编制与审批与选址等各部门工作分配、报批程序、其他管理工作分配、城市各级规划的动态调整、监督检查、规划验收、设计评审、专家论证、征求公众意见等（南京市、江苏省、国家）

法规文件名称和年代	文件中相关土地规定条文
城市蓝线管理办法（2006）	第5、9、12、3、13条
城市黄线管理办法（2006）	第5、9-11、15、3、12、16条
城市紫线管理办法（2010）	第3、8、14-17、4、10、18、7条
省域城镇体系规划编制审批办法（2010）	第10、11、15、17、18、19-23、27、3、5、8、27、12-14、16条
城市、镇控制性详细规划编制审批办法（2011）	第3、6-9、13、14、15、12、16、17、20条
城市房屋拆迁管理条例（1991）	第6条
城市绿化条例（1992）	第8、11、22、24、7、14、15、18、23条
城市市容和环境卫生管理条例（1992）	第3、4条
城市道路管理条例（1996）	第10、14、33、35、3、4、6、7、15、22、23、38条
基本农田保护条例（1998）	第8、13、6条
中华人民共和国土地管理法实施条例（1999）	第8、9、11、12、14、15、20-22、25、27、28、31、32条
城市房地产开发经营管理条例（1998）	第17、18、3、4、10条
文物保护法实施条例（2003）	第7、8、12、14、15、19条
公共文化体育设施条例（2003）	第12、27、4、7、11条
风景名胜区管理条例（2006）	第10、12、14、16、17、19-22、3-5、8、25、18、23条
历史文化名城名镇名村保护条例（2008）	第17、19、35、5-8、10、12、13、15、20、33、9、11、16、29条
无障碍环境建设条例（2012）	第3-5、10、11、16条
中华人民共和国环境保护法（1989）	第4、9、22条
中华人民共和国城市规划法（1990）	第12、17、18、21、22、5-7、11、13、15、37、38、26、27、46、50条
中华人民共和国军事设施保护法（1990）	第8-11、16、5、13、21、22、23条
中华人民共和国铁路法（1991）	第36、3、4、6、33、34条
中华人民共和国人民防空法（1997）	第11、2、5、13、19、20、21、26、14、15、18条
中华人民共和国水法（2002）	第17、56、5、12、15、31、50、53条
中华人民共和国土地管理法（2004）	第21、25、46、47、52、56、57、59、5、17、23、40、42、66、67、48条

续表

4.其他规定—城市规划编制与审批与选址等各部门工作分配、报批程序、其他管理工作分配、城市各级规划的动态调整、监督检查、规划验收、设计评审、专家论证、征求公众意见等（南京市、江苏省、国家）

法规文件名称和年代	文件中相关土地规定条文
中华人民共和国公路法（2004）	第 14–17、22、42、3–5、8、12、13、19、29、31、40、41、50、53、70 条
中华人民共和国道路交通安全法（2004）	第 32 条
中华人民共和国文物保护法（2007）	第 14–16、4–9、21、29、30 条
中华人民共和国城市房地产管理法（2007）	第 4、6、29 条
中华人民共和国城乡规划法（2008）	第 3、7、12–16、19–22、25、47、48、5、10、11、23、24、28、32、34、51–56 条
中华人民共和国防震减灾法（2008）	第 12、34、3、13、30、37、40、43、65–67、75、76、15 条
中华人民共和国消防法（2009）	第 8、15、16、2、3 条

总结：
地方（江苏省+南京市）：涉及条例与规章规范24个文件，共301条
（1980–1990年：2个26条；1990–2008年：15个161条；2008年至今：7个114条）
国家：涉及48个文件，共431条
（1980–1990年：4个32条；1990–2008年：39个347条；2008年至今：4个52条）
合计：共涉及72个文件，共732条

附录二 城市街廓平面形态与用地指标规定的关联评价图表中的地块划分与用地比例构成等现状数据统计

城市街廓平面形态与土地使用规定的 spacemate 关联评价图表中的数据统计

	年代	居住用地面积比例 （非居住用地面积比例）	地块数 （单位：个）	地块相关复杂度=地块数/居住用地面积
a 韩家巷	1997 年	96%（4%）	8 个	0.083
	2007 年	50.5%（49.5%）	73 个	1.45
b 居安里	1956 年	61%（39%）	15 个	0.25
	2007 年	41.6%（58.4%）	36 个	0.87
c 胜利电影院西侧	1987 年	23.6%（76.4%）	4 个	0.17
	2007 年	0（100%）	6 个	100
d 邮政支局西侧	1999 年	0（100%）	4 个	100
	2007 年	0（100%）	11 个	100
e 鼓楼医院	2004 年	0（100%）	1 个	100
	2007 年	0（100%）	4 个	100
f 新百、中央商场所在的街廓	1990 年	24.9%（75.1%）	11 个	0.44
	2007 年	0（100%）	17 个	100

附录三 关联图表中，南京市 90 个公共建筑为主的街廓、75 个居住为主的街廓内地块建筑群体的建筑密度、容积率、平均层数、用地开放率等地块指标现状数据统计

案例序号与建造年代	公建为主、公建+少量居住或其他混合的街廓切片				
	建筑密度（%）	容积率	平均层数	用地开放率	绿地
1'–B6– 公建为主（军用建筑）	5.90%	0.51	6F+11.5F	1.84	
2'–B8– 公建为主（展览建筑）	38.00%	1.32	3.5F	0.466	
3'–B7– 绿地				100%	100%
4'–C1– 公建为主（图书馆建筑）	13.70%	0.41	3F+13F	2.11	
5'–C11– 公建为主（电信建筑）	20.50%	1.77	3F+11F+31.5F	0.45	
6'–D1– 公建（医疗建筑）（2004）	24.50%	1.61	5F+11F+22.5F	0.468	
7'–D2– 公建（广电建筑）（2004）	34%	3.6		0.37	
8'–D4– 公建（十八项以北地块）	43.90%	3.23	4.5F+12F+20F	0.174	
9'–D7\G1– 公建（医疗建筑）	50.20%	3.71	4F+26.5F	0.134	
10'–C9– 公建为主（商业建筑 + 绿地）	3.10%	0.086	2F	11.3	
11'–D6– 公建为主（医疗建筑）	58.10%	1.74	3F	0.24	
12'–D8– 公建为主（商业建筑）	24.40%	2.48	6F+12F	0.3	
13'–E8– 公建（商业建筑）	29.50%	4.28	6F+26F	0.165	
14'–E9– 公建（商业办公建筑）	87.90%	12.9	6.5F+30.5F	0.093	
15'–E10– 公建（旅馆酒店建筑）（1982）	58.60%	6.99	5.5F+12F+46.5F	0.059	
17'–E13\V1– 公建（商业建筑）	76.80%	6.04	7.5F	0.038	
19'–F2\V7– 公建（商业建筑）（1990）	67.80%	7.52	12F+32.5F	0.043	
20'–D9– 公建为主（高校建筑）	26.10%	1.46	4.5F+14.5F+22F	0.51	
21'–D12– 公建为主（商业建筑）	19.40%	1.27	3F+12F	0.63	
22'–D17– 公建为主（包括居住 – 宿舍）（高校 + 医院）	32.60%	1.63	4.5F+12F+24F	0.41	
23'–D14– 公建为主（市属 + 公寓、成教等）	47.50%	2.13	4.5F	0.245	
24'–E7– 公建为主（商业办公建筑）	54%	9.06	24F+5F	0.051	
25'–E11– 公建为主（商业建筑）	50.10%	4.5	9F	0.11	
26'–E21– 公建为主（文化艺术建筑）	33.90%	3.39	4.5F+26F	0.195	
27'–E1– 公建 + 居住（法院 + 商办）	17.50%	1.73	4.5F+17F+25F	0.48	
28'–E3– 公建 + 居住（法院 + 商办）	28.20%	1.41	5F	0.51	
29'–E18– 广场绿地 + 公建（商业办公建筑）	25.30%	1.76	4F+15F+22F	0.424	

案例序号与建造年代	公建为主、公建+少量居住或其他混合的街廓切片				
	建筑密度（%）	容积率	平均层数	用地开放率	绿地
30'–F1–公建为主（商业办公建筑）	32.20%	3.65	4.5F+15F+35.5F	0.186	
31'–F4–公建为主（商办\金融–电影文化大建筑）	62.60%	7.05	5F+27F	0.053	
32'–F5–公建为主（商办+中专）	34.50%	2.22	4F+22F	0.295	
33'–F12–公建为主（中学+商业办公建筑）	34.50%	1.55	4.5F	0.42	
34'–F3–绿化				100	100%
35'–F6–公建+居（商业办公建筑）	42.30%	3.03	4.5F+26F	0.19	
36'–F9–公建+居（商办、金融—旅馆酒店建筑）	42.50%	3.75	3.5F+18F	0.145	
37'–F19–公建+居（商业办公建筑）	33.70%	4.99	5.5F+41F	0.133	
38'–F13–公建为主（小学+商办）	12.50%	0.5	4F	1.742	
39'–F25–公建为主（商业办公建筑）	44.80%	3.63	5.5F+16F	0.121	
40'–U2–公建为主（商业办公建筑占用一整个街廓）	66.80%	10.9	4F+15F+41F	0.03	
42'–U9–公建+广场	8.98%	0.63	4F+18.5F	1.45	
43'–U10–公建+居住（商业办公建筑）	55%	3.84	3.5F+14F+32.5F	0.117	
44'–U11–公建+居住（医疗建筑）	35.30%	2.33	4F+16.5F+23F	0.277	
45'–r9–公建为主（学校建筑）	22.50%	0.68	3F	1.145	
46'–K3–公建为主（商业办公建筑）	48.10%	1.44	3F	0.359	
47'–K4–公建为主（商办\图书展览+教育建筑）	37.90%	1.9	5F	0.327	
48'–K8–公建+绿地（图书馆建筑）	28.30%	1.13	4F	0.634	
49'–K13–公建为主（商办\图书展览）	79.00%	2.59	3F	0.052	
50'–K18–公建为主（商业办公建筑）	51.10%	3.26	4F+20F	0.15	
51'–J1–公建为主（商业办公建筑）	47%	8.4	3.5F+26F	0.063	
52'–J3–公建为主（商业办公建筑）	61.40%	3.68	6F	0.104	
53'–J7–公建为主（商业办公建筑）	68.60%	2.06	3F	0.153	
54'–J8–公建为主（商办\剧院）	63.80%	2.23	5F	0.162	
55'–J17–公建为主（金融\成教–商办\酒店\教育建筑）	46%	1.51	3.5F+27F	0.359	
56'–J2–公建+居住（商业办公建筑）	25%	4.49	3.5F+36F	0.168	
59'–O6–公建为主（中学\市属）	39.70%	1.71	4F+17F	0.352	
60'–O1–公建+居住（商业办公建筑）	37.30%	2.1	4F+20F	0.298	
61'–O11–公建+居住（商业办公建筑）	35.80%	7.06	3F+16F+29F	0.091	

续表

案例序号与建造年代	公建为主、公建+少量居住或其他混合的街廊切片				
	建筑密度（%）	容积率	平均层数	用地开放率	绿地
16'–a6–公建（商公建筑）(1997)	4700.00%	8.6			
18'–a11–公建（商公建筑）(1995)	5060.00%	10.18			
41'–F1–公建（商业办公建筑）(1997)	6000.00%	7.5			
57'–f6–公建（商业办公建筑）(1997)	4500.00%	6.8			
71'–X22–公建（商业办公建筑）	36	5.3			
62'–X1–公建（有部分空地没建造）	12.90%	0.323	2.5F	2.697	
63'–X2–公建（宾馆建筑）	28.30%	2.08	4.5F+21F	0.344	
64'–X3–公建（有部分空地没建造）	13.60%	0.587	4F+11F	1.47	
65'–公建+居（中学）					
66'–T3–公建（新城区西）	42.10%	1.264	3F	0.458	
67'–s5–公建（教育建筑）	25.40%	1.169	4F+15F	0.638	
68'–j9–公建（教育建筑）	15.70%	0.47	3F	1.796	
69'–N6\D14（公建—二条巷以南地块	46.97%	2.11	4.5F	0.251	
70'–G1–公建+居住（中学\商办）	22.80%	1.47	4F+24.5F	0.528	
72'–G4–公建为主（商办\图书展览）	57.10%	1.71	3F	0.25	
74'–L5–公建+居住（商业办公建筑）	39.30%	3.56	4.5F+19F+33F	0.171	
75'–L6–公建为主（体育建筑）	47.10%	1.88	4F	0.281	
77'–Q3–公建为主（军用\商办\医疗）	9.01%	0.405	4.5F	2.24	
78'–T3–公建为主（商业办公建筑）	46%	1.38	3F	0.39	
79'–Z3–公建为主（教育建筑）	13.20%	0.33	2.5F	2.64	
80'–a4–公建为主（文化艺术建筑）	36.10%	1.264	3.5F	0.505	
81'–a3–公建为主（旅馆饭店）	34.10%	1.71	5F	0.386	
82'–n22–公建为主（中学教育建筑）	36.90%	1.85	5F	0.342	
83'–n21–公建+居住（商业办公建筑）	42.40%	1.95	4F+11.5F	0.295	
84'–m25–公建+居住（商办\中学）	35.90%	2.05	4F+24.5F	0.31	

案例序号		居住为主、居住+少量公建或其他混合的街廊切片			
		建筑密度（%）	容积率	平均层数	用地开放率
老城区	1–B5（居住）	39.40%	1.77	4.5F	0.342
	2–B2–居住—多层	48.00%	2.4	5F	0.216
	3–B4–居住+公建（高校、商办）	30.30%	1.06	3.5F	0.657

续表

案例序号		居住为主、居住+少量公建或其他混合的街廓切片			
		建筑密度（%）	容积率	平均层数	用地开放率
老城区	4–C2（居住）	40.90%	1.43	3.5F	0.412
	5–C15（居住）	36.10%	1.44	4F	0.442
	6–C7–居住+公建（商业）	32.90%	1.84	4.5F+14F	0.37
	7–C6–居住+公建（市属）	49.40%	1.98	4F	0.259
	8–D16–居住为主	38.20%	1.53	4F	0.404
	9–D3–居住—多层	40.70%	1.63	4F	0.364
	10–D5–居住—多层与高层	37.50%	4.2	4.5F+29F	0.149
	11–E6（居住）	41.30%	3.58	6F+13F	0.164
	12–E6（居住+公建）	41.10%	3.83	7F+26F	0.154
	13–E17（居住+公建）	24.90%	4.96	4F+23F	0.152
	14–E20–居住—多层	55.00%	3.58	6.5F	0.125
	15–F16–居住为主	38.40%	1.92	5F	0.321
	16–F21–居住为主	38.50%	1.54	4F	0.399
	17–F11–居住+公建	29.30%	1.69	5F+14F+28F	0.418
	18–F14\F3（居住+公建）	43.60%	3	5F+11F+26F	0.188
	19–F23–居住—多层与高层	27.10%	3.46	4F+15.5F+25F	0.2
	20–N16–居住为主	13.10%	0.79	6F	1.1
	21–N17–居住为主	42.90%	1.93	4.5F	0.295
	22–N26–居住为主	37.00%	0.74	2F	0.851
	23–N7–居住	54.60%	3.55	6.5F	0.128
	24–N13–居住+公建（中学）	34.20%	1.02	3F	0.64
	25–N22–居住	61%	2.74	4.5F	0.143
	26–U18–居住为主—多层	38.00%	1.9	4F	0.326
	27–U16–居住—与其他混合	42.70%	2.14	5F	0.268
	28–U4–居住+公建（高校）	42.50%	1.7	4F	0.339
	29–a2–居住	43.30%	1.73	4F	0.328
	30–a8–居住为主	42.10%	1.47	3.5F	0.392
	31–a9–居住+公建（商办）	68.40%	6.58	2F+24F	0.048
	32–K10/K11（居住）	43.40%	2.17	5F	0.26
	33–g3\H23（居住+公建）	48.20%	3.13	6.5F	0.165
	34–H10 居住—多层	47.30%	1.42	3F	0.372

续表

案例序号		居住为主、居住+少量公建或其他混合的街廓切片			
		建筑密度（%）	容积率	平均层数	用地开放率
老城区	35-m9- 居住为主	86%	2.67	3F	0.041
	36-m14- 居住为主	44.10%	6.52	2F+32F	0.086
	37-m16- 居住为主	26.80%	2.38	5F+12F	0.307
	38-m23- 居住为主	12.30%	2.23	1.5F+15F+26F	0.389
	39-n7- 居住为主	38.60%	3.24	5F+11F+20.5F	0.19
	40-n17- 居住一多	53.20%	2.66	5F	0.176
	41-H15- 居住为主	43%	2.13	5F	0.269
	42-H18- 居住为主	26.90%	1.51	5F+12F	0.483
	43-H21- 居住为主	39.30%	6.86	4F+32F	0.088
	44-H2- 居住	47.20%	1.42	3F	0.373
	45-H11- 居住一多层和高层	50%	5.9	5F+29.5F	0.084
	46-H12- 居住一多层与高层	45.50%	4.43	2F+35F	0.123
	47-K10- 居住为主	44%	1.98	4.5F	0.283
	48-K16- 居住为主	43.20%	2.16	5F	0.263
	49-K2- 居住 + 公建	54.20%	2.71	5F	0.165
	50-K9- 居住	48.40%	1.94	4F	0.267
新城区（河东、河西）					
	51-O10（居住 + 公建）	47.60%	3.83	6F+26F	0.137
	52-X17（居住）	30.60%	1.53	5F	0.454
	53-X15（居住）	25.40%	1.27	5F	0.587
	54-d5（居住）	31.10%	2	5F+11F+18.5F	0.343
	55-14（居住）	25.50%	1.78	6F+10F	0.419
	56-15（居住）	26.90%	1.67	6F+11F	0.437
	57-G7- 居住为主	88.30%	1.77	2F	0.066
	58-G8- 居住为主	30.00%	1.4	5F	0.515
	59-G9- 居住为主	20.70%	3.63	1.5F+15F+26F	0.219
	60-G3- 居住一多层和高层	46.40%	4.8	5.5F+32.5F	0.112
	61-L12- 居住为主	36.50%	10.2	1F+31F	0.062
	62-L16- 居住为主	31.50%	1.89	6F	0.362
	63-L7- 居住 + 公建（月光广场）	20%	6.44	1F+33F	0.124

案例序号		居住为主、居住+少量公建或其他混合的街廓切片			
		建筑密度（%）	容积率	平均层数	用地开放率
新城区（河东、河西）	64–L8– 居住 + 广场	21.50%	6.82	1F+34F	0.115
	65–Q1– 居住 + 与其他混合	43.00%	2.37	5.5F	0.252
	66–T4（高层居住）	18%	2.19	1F+18.5F	0.375
	67–T1– 居住为主	37.50%	1.69	4.5F	0.37
	68–S12– 居住为主	32.70%	2.03	6F+12F	0.331
	69–S14– 居住为主	11.50%	0.17	1.5F	5.12
	70–d1– 居住为主	20.20%	2.71	1F+16F+25.5F	0.294
	71–d2– 居住为主	21.70%	1.63	5F+14F	0.482
	72–k5– 居住为主	29.70%	1.63	5.5F	0.431
	73–k6– 居住 + 公建（商办）	30.20%	1.06	3.5F	0.661
	74–r2– 居住为主	32.30%	1.94	6F	0.349
	75–w8– 居住为主	21.40%	1.83	4F+11F	0.43
	76–w7– 居住 + 公建（中学）	26.70%	1.47	5F+10F	0.498
	77–J5– 居住为主	83%	1.69	2.5F	0.058
	78–J6– 居住—多层	45.00%	2.52	5F	0.244
	79–O13– 居住为主	42.20%	2.11	5F	0.274
	80–O15– 居住	15.00%	0.75	5F	1.13
	81–U4（高层居住）	27%	4.76	4F+27F	0.154

附录四 其他 7 个居住地块建筑群体形态与建筑间距规定关联性分析

（1）地块建筑布局现状　　　　（2）符合建筑间距规定的法规模型　　　　（3）二者叠加图

图 1　南京宝地园小区地块建筑群体形态与建筑间距指标相关性分析 1992 年建造，依据规定：
《南京市建造管理办法实施细则》（1978）第 14 条;《建筑设计防火规范》《居住区规划设计规范》（1993）

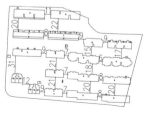 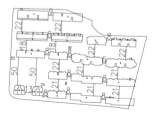 

（1）地块建筑布局现状　　　　（2）符合建筑间距规定的法规模型　　　　（3）二者叠加图

图 2　南京华阳佳园小区地块建筑群体形态与建筑间距指标相关性分析 2000 年建造，依据规定：
《南京市城市规划实施细则》（1998）第 36、37 条;《建筑设计防火规范》《居住区规划设计规范》（1993）

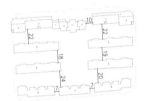 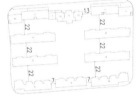 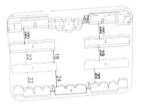

（1）地块建筑布局现状　　　　（2）符合建筑间距规定的法规模型　　　　（3）二者叠加图

图 3　南京汇林绿洲花园小区地块建筑群体形态与建筑间距指标相关性分析 2007 年建造，依据规定：
《南京市城市规划实施细则》（2004）第 38-42 条;《建筑设计防火规范》《居住区规划设计规范》（1993）

（1）地块建筑布局现状　　　　　（2）符合建筑间距规定的法规模型　　　　　（3）二者叠加图

图4　南京汇绒庄新村小区地块建筑群体形态与建筑间距指标相关性分析 1992年建造，依据规定：
《南京市建造管理办法实施细则》（1978）第14条；《建筑设计防火规范》《居住区规划设计规范》（1993）

  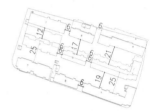

（1）地块建筑布局现状　　　　　（2）符合建筑间距规定的法规模型　　　　　（3）二者叠加图

图5　南京绣花巷小区地块建筑群体形态与建筑间距指标相关性分析 1992年建造，依据规定：
《南京市建造管理办法实施细则》（1978）第14条；《建筑设计防火规范》《居住区规划设计规范》（1993）

（1）地块建筑布局现状　　　　　（2）符合建筑间距规定的法规模型　　　　　（3）二者叠加图

图6　南京金鼎湾花园小区地块建筑群体形态与建筑间距指标相关性分析 2005年建造，依据规定：
《南京市城市规划实施细则》（2004）第38-42条；《建筑设计防火规范》《居住区规划设计规范》（1993）

 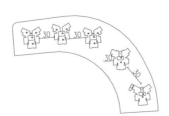 

（1）地块建筑布局现状　　　　　（2）符合建筑间距规定的法规模型　　　　　（3）二者叠加图

图7　南京月光广场楼盘地块建筑群体形态与建筑间距指标相关性分析 2000年建造，依据规定：
《南京市城市规划实施细则》（1998）第36、37条；《建筑设计防火规范》《居住区规划设计规范》（1993）

附录五　城市街廊物质界面形态与建筑退让规定关联性分析的数据统计

附 5.1　8 条主干路段两侧沿街街廊案例切片的界面形态与建筑退让道路规定的关联性分析：

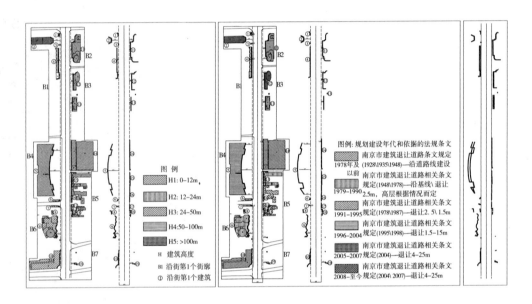

图例: 规划建设年代和依据的法规条文
南京市建筑退让道路条文规定
1978年及　(1928\1935\1948)—沿道路线建设
以前
南京市建筑退让道路相关条文
规定(1948\1978)—沿基线\退让
1979~1990　2.5m, 高层根据情况而定
南京市建筑退让道路相关条文
1991~1995规定(1978\1987)—退让2. 5\ 1.5m
南京市建筑退让道路相关条文
1996~2004规定(1995\1998)—退让1.5~15m
南京市建筑退让道路相关条文
2005~2007规定(2004)—退让4~25m
南京市建筑退让道路相关条文
2008~至今规定(2004\2007)—退让4~25m

图 例
H1: 0~12m
H2: 12~24m
H3: 24~50m
H4:50~100m
H5: >100m
H　建筑高度
B1　沿街第1个街廊
①　沿街第1个建筑

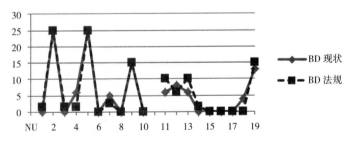

吻合度为 70%
1. 道路两侧街廊的沿街建筑界面退让曲线与法规模型曲线走势基本吻合。
2. 沿街总建筑数：20 个。现状符合退让规定（包括大于规定 5 米内）的建筑数：14 个，符合规定比率为 70%，不符合数：6 个，比率为 30%。
3. 道路变化曲率较大的沿街建筑主要是以公共建筑为主，退让道路距离较大，变化较低的是以居住为主，退让道路距离较小。

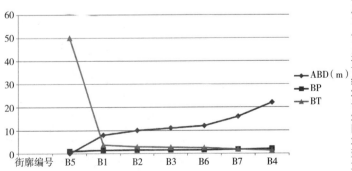

H 低多层为主（3 层），少数高层平均层高 28 层，ABD 较大—10 米以上，SP 较大—1.2；ST 较小—5.5。
1.B5 街廊的沿街建筑几乎都建造在 1990 年以前、贴道路线建设，退让道路距离为 0 米，贴线率 100%。
2.B1/B2/B3/B6 贴线率相似，退让距离在 8~12m，以低多层建筑为主，且建在相近年代，依据同一规定条文的街廊建筑界面。
3.B4 街廊是以一个大型高层公建占一整个街廊，建筑退让较大（在 25m 以上），贴线率较小、偏离度较大。

路段及其两侧街廊编号		ABD（街廊建筑界面平均退让距离）	BP（街廊建筑界面偏离度）	BT（街廊建筑界面相对贴线率）	H（街廊平均建筑层数）	B（道路宽度）
B—中央路段1	B5	0m	1	50	3.5F	40m
	B1	8m	1.4	3.75	3F+27F	40m
	B2	10m	1.5	3	6F+16.5F	40m
	B3	11m	1.55	2.75	7F+19F	40m
	B6	12m	1.6	2.5	3F+19F	40m
	B7	16m	1.8	1.88	1F	40m
	B4	22m	2.1	1.36	4F+62F	40m
B—整段道路		11m	1.55	2.73	4F+28F	40m

图1　B—中央路段1的沿街街廊界面形态与建筑退让道路规定的关联性分析

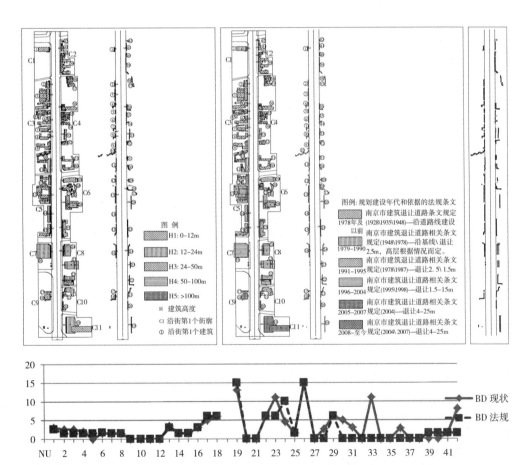

吻合度为74%

1. 左侧沿街建筑界面退让距离曲线与法规模型曲线走势基本吻合，右侧的吻合度较低。

2. 沿街总建筑数：42个（道路左侧19个，右侧23个）符合退让规定（包括大于规定在5米以内）的建筑数：31个（道路左侧16个，右侧15个），现状退让距离值符合规定退让距离的比率为74%（道路左侧为84%，右侧为65%），不符合数：9个，比率为26%。

3. 道路右侧曲线的突变曲率变化较大，对应道路右侧沿街的建筑界面连续性低，界面参差不齐，不连续。

4. 道路变化曲率较大的沿街建筑主要是以公共建筑为主，退让道路距离较大，变化较低的是以居住为主，退让道路距离较小。

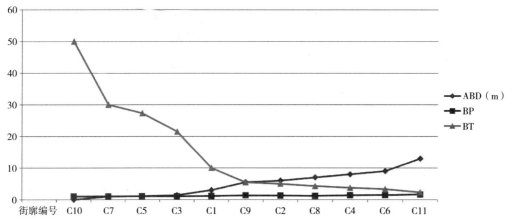

H 低多层为主（3层），少数高层平均层高15层，ABD 5米以上，SP较大—1.13；ST较小—12.

1. C1/C3/C5/C7/C10 贴线率相似，沿街建筑大多在1990年以前建造，都是多层建筑且以居住建筑为主，几乎都贴道路线建设，退让道路距离为0-3m，贴线率大，平均在50%以上。

2. C6/C8/C4/C2/C9 街廓界面贴线率相似，退让道路距离在5-9m，主要是以低多层建筑为主，但有少量高层和超高层建筑是建在相近年代，依据同一规定条文的街廓建筑界面，其中C2/C4街廓的沿街建筑的建造年代较早，都在1995年以前建造。

3. C11 街廓是以一个大型高层公共建筑占用一整个街廓，建筑退让道路距离在13m左右，贴线率较小、偏离度较大。

路段及其两侧街廓编号		ABD（街廓建筑界面平均退让距离）	BP（街廓建筑界面偏离度）	BT（街廓建筑界面相对贴线率）	H（街廓平均建筑层数）	B（道路宽度）
E—中山路段1	C10	0m	1	50	2.5F	40m
	C7	1m	1.05	30		40m
	C5	1.1m	1.06	27.3	4F	40m
	C3	1.4m	1.07	21.5	4F	40m
	C1	3m	1.15	10	13F	40m
	C9	5.5m	1.35	5.45	2.5F	40m
	C2	6m	1.3	5	3F	40m
	C8	7m	1.18	4.28	3.5F+20F	40m
	C4	8m	1.4	3.75	4F	40m
	C6	9m	1.45	3.33	4F+16F	40m
	C11	13m	1.65	2.31	2F+11F	40m
C—整段道路		5m	1.25	6	3F+15F	40m

图2　C—中央路段2的沿街街廓界面形态与建筑退让道路规定的关联性分析

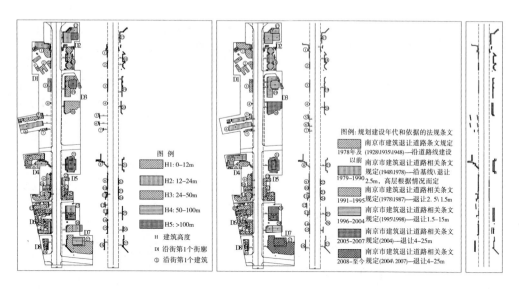

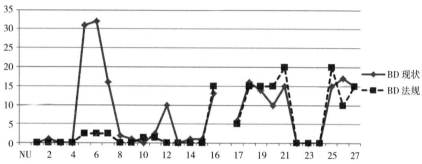

吻合度为 74%

1. 道路两侧沿街建筑界面退让曲线与法规模型曲线走势部分吻合，部分吻合度较低。

2. 沿街总建筑数：27 个（道路左侧 16 个，右侧 11 个），符合退让规定（包括大于规定在 5 米以内）的建筑数：17 个（道路左侧 11 个，右侧 6 个），现状符合规定退让距离的比率为 74%（道路左侧 84%，右侧 63%）；不符合数：10 个，比率为 27%。

3. 道路变化曲率较大的沿街建筑主要是以公共建筑为主，退让道路距离较大，变化较低的是以居住为主，退让道路距离较小。

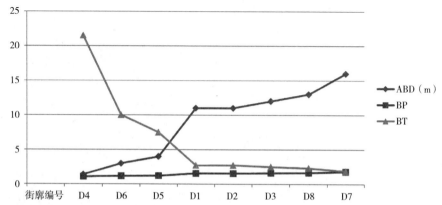

H 低多层为主（5 层），少数高层平均层高 21 层，ABD 较大—9 米，SP 较大—1.2；ST 较小—6.67.

1. D1/D4/D5/D6 贴线率相似，沿街建筑大多在 1995 年以前建造，80% 以上是低多层建筑为主，几乎都贴道路线建设，退让道路距离为 1-4m，贴线率大，平均在 30% 左右。

2. D2/D3/D7/D8 贴线率相似，几乎是以一个或两三个大型高层和超高层公共建筑占用一整个街廓，建筑退让道路距离较大，在 11-16m 左右，贴线率较小、偏离度较大。

路段及其两侧街廓编号		ABD（街廓建筑界面平均退让距离）	BP（街廓建筑界面偏离度）	BT（街廓建筑界面相对贴线率）	H（街廓平均建筑层数）	B（道路宽度）
D—中山路段1	D4	1.4	1.07	21.5	4F+14F	40m
	D6	3	1.15	10	3F	40m
	D5	4	1.2	7.5	5F	40m
	D1	11	1.55	2.73	3F	40m
	D2	11	1.55	2.73	3F	40m
	D3	12	1.6	2.5	5F+36F	40m
	D8	13	1.65	2.31	6F+12F	40m
	D7	16	1.8	1.88	6.5F+27F	40m
D—整段道路		9	1.45	3.33	5F+21F	40m

图3　D—中山路段1的沿街街廓界面形态与建筑退让道路规定的关联性分析

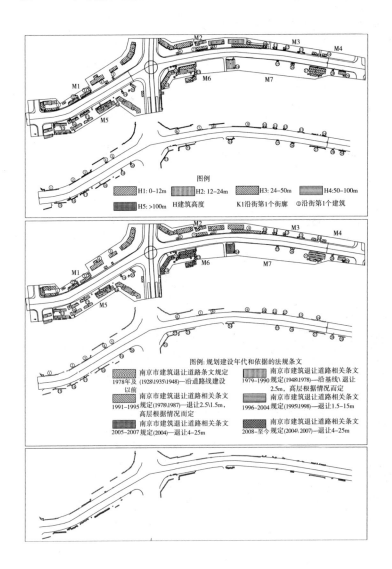

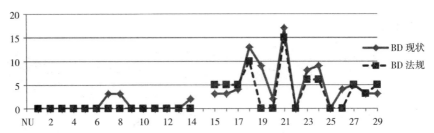

吻合度为83%

1. 沿街建筑界面退让距离曲线与法规模型曲线走势基本吻合。

2. 沿街总建筑数：29个，符合退让规定（包括大于规定在5米以内）的建筑数：24个，现状退让距离值符合规定距离的比率为83%；不符合数：5个，所占比率为27%。

3. 道路右侧沿街街廓界面曲线点的突变曲率变化较大，对应的沿街街廓的建筑界面连续性低，界面参差不齐，不连续。

4. 道路变化曲率较大的沿街建筑主要是以公共建筑为主，退让道路距离较大，变化较低的是以居住为主，退让道路距离较小。从两侧变化曲线规整不一的曲率来看，沿街街廓用地性质并没有统一。

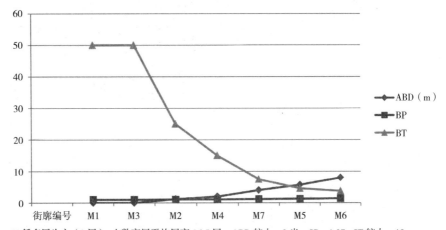

H 低多层为主（3层），少数高层平均层高16.5层，ABD较小—3米，SP—1.07；ST较大—19.

1. M1/M2/M3/M4/M7街廓界面的贴线率相似，是低多层公共建筑为主，建筑建造年代较早，80%以上是建在1990年以前，退让道路距离较小，为0~4m，贴线率较大，平均在50%以上，沿街的街廓建筑界面也是较为连续有序。其中M1/M3街廓界面的建筑在1990年以前建造，都是沿道路线建设，退让为0米，贴线率100%，沿道路建筑界面肌理连续有序。

2. M6街廓界面贴线率较小，为7.5，是以两个大型、多高层公共建筑和场地占用一整个街廓，建筑的建造年代较晚（2005年以后），建筑平均退让道路距离8米，贴线率较小、偏离度较大。

路段及其两侧街廓编号		ABD（街廓建筑界面平均退让距离）	BP（街廓建筑界面偏离度）	BT（街廓建筑界面相对贴线率）	H（街廓平均建筑层数）	B（道路宽度）
M—草场门大街至北京路段	M1	0m	1	50	3F	48m
	M3	0m	1	50	1F	40m
	M2	1.2m	1.06	25	3.5F	40m
	M4	2m	1.1	15	1F	40m
	M7	4m	1.2	7.5	5F	40m
	M5	5.7m	1.24	4.56	3.5F+13F	48m
	M6	8m	1.4	3.75	4.5F+20F	40m
M—整段道路		3m	1.14	9.3	3F+16.5F	44m

图4　M—草场门大街沿街的街廓界面形态与建筑退让道路规定的关联性分析

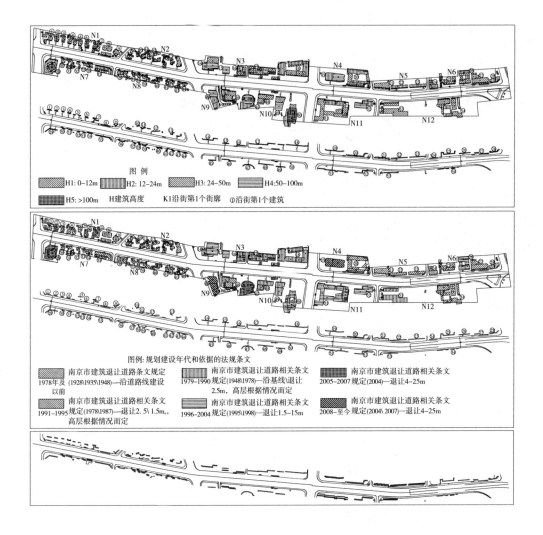

图例
H1: 0-12m　H2: 12-24m　H3: 24-50m　H4:50-100m
H5: >100m　H建筑高度　K1沿街第1个街廓　①沿街第1个建筑

图例: 规划建设年代和依据的法规条文

南京市建筑退让道路条文规定1978年及(1928\1935\1948)以前	南京市建筑退让道路相关条文规定(1948\1978)—沿基线退让2.5m,高层根据情况而定	南京市建筑退让道路相关条文2005-2007规定(2004)—退让4-25m
南京市建筑退让道路相关条文规定(1978\1987)—退让2.5\1.5m,,高层根据情况而定	南京市建筑退让道路相关条文1996-2004规定(1995\1998)—退让1.5-15m	南京市建筑退让道路相关条文2008-至今规定(2004\2007)—退让4-25m

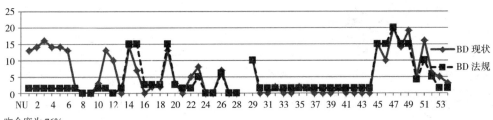

吻合度为76%
1. 沿街建筑界面退让距离曲线与法规模型曲线走势基本吻合。
2. 沿街总建筑数: 54个。符合退让规定（包括大于规定5米内）的建筑数: 41个,现状退让距离值符合规定距离的比率为76%；不符合数: 13个,所占比率为24%。
3. 道路左侧沿街街廓界面和右侧部分街廓界面的曲线点突变曲率变化较大,说明其沿街建筑界面连续性低,界面参差不齐,不连续。
4. 道路变化曲率较大的沿街建筑主要是以公共建筑为主,退让道路距离较大,变化较低的是以居住为主,退让道路距离较小。从两侧变化曲线规整不一的曲率来看,沿街街廓用地性质并没有统一。

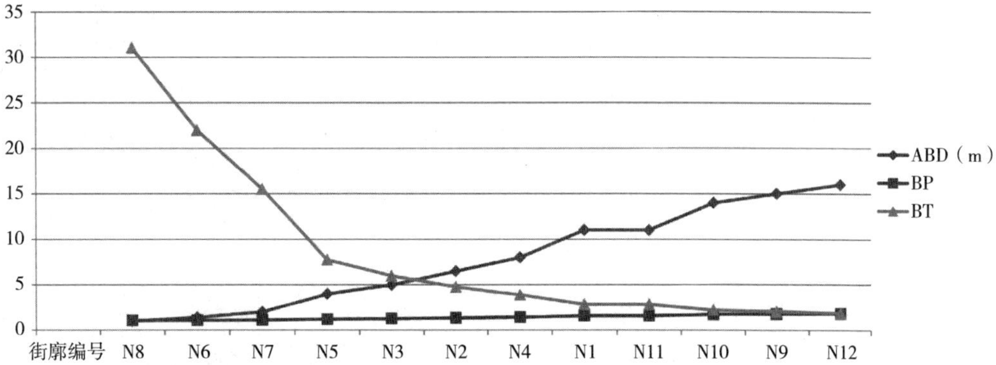

H 低多层为主（3 层），少数高层平均层高 20 层，ABD—8 米，SP—1.21；ST 较大—7.75.

1. N1/N9/N10/N11/N12 贴线率相似，主要以多高层公共建筑为主，虽然建筑退让道路距离较大（11-16m），但是界面较为连续，其中 N9/N10/N11 建造年代较晚（1996 年以后），而 N1 虽然建造年代较早，但是街廓沿街建筑退让道路较大，约 11 米，在沿街留出空地。

2. N8/N2 街廓沿街建筑都是低层建筑，1991-1995 年建造，虽然建造年代较早，但退让距离大，且不连续、参差不齐，建筑排列随机性大，几乎没有按规定距离退让，建筑沿街前面空地多。

3. N3/N5 街廓的沿街建筑主要为多层建筑，有少量高层建筑的建造年代较早，80% 以上在 1990-1995 年建造，建筑退让道路距离较小，在 4-5m 之间，且平均在 50% 以沿街建筑界面较为连续，建筑没有按规定 1.5/2.5 米退让的原因是门房和围墙贴道路线建设，而建筑退后。

4. N6/N7/N8 街廓的沿街建筑的建造年代在 1995 年以前，低多层为主，仅有一个大型高层公共建筑，80% 以上的建筑是沿道路线建设，街道建筑界面肌理连续有序。

路段及其两侧街廓编号		ABD（街廓建筑界面平均退让距离）	BP（街廓建筑界面偏离度）	BT（街廓建筑界面相对贴线率）	H（街廓平均建筑层数）	B（道路宽度）
N—北京西路段 2	N8	1m	1.05	31	1.5F	38m
	N6	1.4m	1.07	22	5F	38m
	N7	2m	1.11	15.5	3F+27F	38m
	N5	4m	1.21	7.75	6.5F	38m
	N3	5m	1.26	6	5F+16F	38m
	N2	6.5m	1.34	4.77	2F	38m
	N4	8m	1.42	3.88	4F+26F	38m
	N1	11m	1.58	2.82	2F	38m
	N11	11m	1.58	2.82	4F+12F	38m
	N10	14m	1.74	2.22	3F+26F	38m
	N9	15m	1.79	2.07	3.5F+20F	38m
	N12	16m	1.84	1.88	1F	38m
N—整段道路		8m	1.42	3.88	3F+20F	38m

图5　N—北京西路段沿街的街廓界面形态与建筑退让道路规定的关联性分析

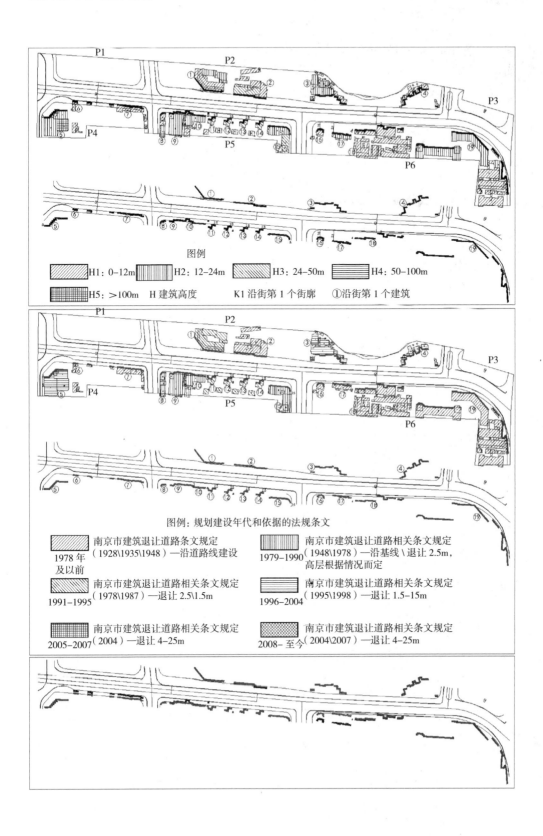

图例

H1: 0–12m　　H2: 12–24m　　H3: 24–50m　　H4: 50–100m

H5: >100m　H 建筑高度　　　K1沿街第 1 个街廓　　①沿街第 1 个建筑

图例：规划建设年代和依据的法规条文

1978 年及以前　南京市建筑退让道路条文规定（1928\1935\1948）—沿道路线建设

1979–1990　南京市建筑退让道路相关条文规定（1948\1978）—沿基线\退让 2.5m，高层根据情况而定

1991–1995　南京市建筑退让道路相关条文规定（1978\1987）—退让 2.5\1.5m

1996–2004　南京市建筑退让道路相关条文规定（1995\1998）—退让 1.5–15m

2005–2007　南京市建筑退让道路相关条文规定（2004）—退让 4–25m

2008- 至今　南京市建筑退让道路相关条文规定（2004\2007）—退让 4–25m

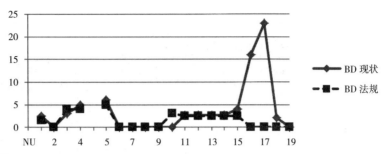

吻合度为84%

1. 沿街建筑界面退让距离曲线与法规模型曲线走势基本吻合。
2. 沿街总建筑数：19 个. 符合退让规定的建筑数：16 个，现状退让距离值符合规定距离的比率为84%；不符合数：3 个，所占比率为16%。
3. 曲线点的突变曲率变化较大，说明道路沿街的建筑界面连续性低，界面参差不齐，不连续。
4. 道路变化曲率较大的沿街建筑主要是以公共建筑为主，退让道路距离较大，变化较低的是以居住为主，退让道路距离较小。从两侧变化曲线规整不一的曲率来看，沿街街廓用地性质并没有统一。

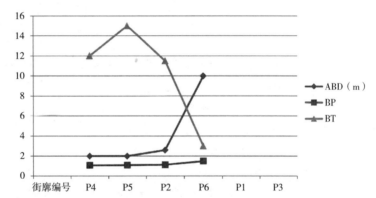

H 多层为主（4层），只有 1 个高层建筑，层高 34 层，ABD 较小—4 米，SP—1.1；ST 较大—15.

1. P2/P4/P5 街廓界面的贴线率相似，以多层建筑为主，建造年代在 1995 年以前，退让道路距离较小，平均 2 米，贴线率较大，沿街的街廓建筑界面也是较为连续有序。
2. P6 街廓界面贴线率较小，为 6，1978 年以前建造，虽然建造年代较早，但是退让道路距离大，且不连续、参差不齐，建筑排列随机性大，几乎没有按规定距离退让，建筑沿街前面空地多。

路段及其两侧街廓编号		ABD（街廓建筑界面平均退让距离）	BP（街廓建筑界面偏离度）	BT（街廓建筑界面相对贴线率）	H（街廓平均建筑层数）	B（道路宽度）
P—北京东路段1	P4	2m	1.08	12	3F+34F	52m
	P5	2m	1.1	15	4.5F	40m
	P2	2.6m	1.13	11.5	5F	40m
	P6	10m	1.5	3	4F	40m
	P1	—	—	—		52m
	P3	—	—	—		40m
P—整段道路		4m	1.17	7.5	4F+34F	46m

图6 P—北京东路段沿街的街廓界面形态与建筑退让道路规定的关联性分析

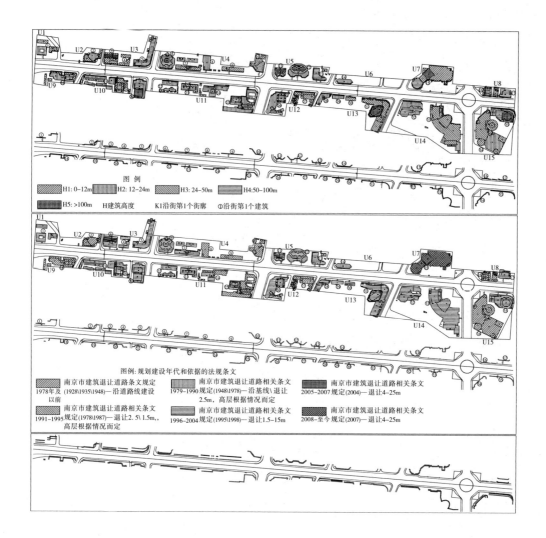

图例
H1: 0-12m　H2: 12-24m　H3: 24-50m　H4:50-100m
H5: >100m　H建筑高度　K1沿街第1个街廓　①沿街第1个建筑

图例: 规划建设年代和依据的法规条文

南京市建筑退让道路条文规定 1978年及 (1928\1935\1948)—沿道路线建设 以前

南京市建筑退让道路相关条文 1979-1990规定(1948\1978)—沿基线\退让 2.5m，高层根据情况而定

南京市建筑退让道路相关条文 2005-2007规定(2004)—退让4-25m

南京市建筑退让道路相关条文 1991-1995规定(1978\1987)—退让2.5\1.5m，高层根据情况而定

南京市建筑退让道路相关条文 1996-2004规定(1995\1998)—退让1.5-15m

南京市建筑退让道路相关条文 2008-至今规定(2007)—退让4-25m

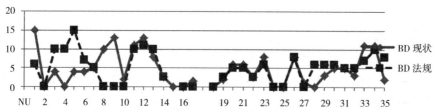

BD 现状
BD 法规

吻合度为63%
1. 沿街建筑界面退让距离曲线与法规模型曲线走势基本吻合。
2. 沿街总建筑数：35 个．符合退让规定的建筑数：22 个，现状退让距离值符合规定距离的比率为63%；不符合数：13 个，所占比率为 36%。
3. 曲线点的突变曲率变化较大，说明道路沿街的建筑界面连续性低，界面参差不齐，不连续。
4. 道路变化曲率较大的沿街建筑主要是以公共建筑为主，退让道路距离较大，变化较低的是以居住为主，退让道路距离较小。从两侧变化曲线规整不一的曲率来看，沿街街廓用地性质并没有统一。

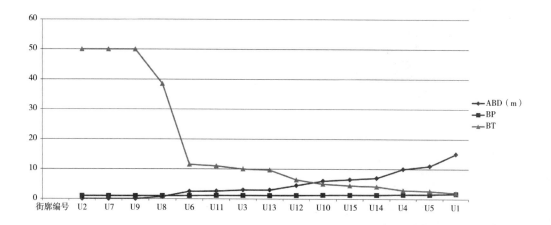

H 低多层为主（4 层），少数高层平均层高 22 层，ABD 较小—5 米，SP—1.12；ST 较大—12。

1. U2/U6/U7/U8/U9 贴线率相似，主要以低多层公共建筑为主、有 3 个高层和超高层建筑，建造年代较早，70% 以上在 1990 年以前建造，退让道路距离较小，为 1-2m，贴线率较大，平均在 60% 以上，街廓沿街建筑界面较为连续有序。其中 U2/U7/U9 街廓界面的建筑年代较早，在 U2/U9 街廓在 1978 年以前建造，都是沿道路线建设，退让为 0 米，贴线率 100%，街道建筑界面肌理连续有序。

2. U10/U11/U12/U13/U14/U15 街廓在道路同一侧，主要以多高层公共建筑为主，建筑退让道路距离在 4-10m（其中 U11/U12/U13 平均退让 3-6m，U10/U14/U15 平均退让 6-10m），各个街廓沿街建筑的建造年代不一，70% 以上满足建筑退让道路距离规定，但是街廓建筑界面不连续、参差不一。

3. U1/U4/U5 街廓主要以多高层公共建筑为主，建筑退让道路距离较大，在 10-15m 之间，其中有两个街廓的道路转角处的公共建筑退让道路距离较大，能同时满足交叉两条道路退让距离规定和道路转角半径规定，街廓界面也是不连续、参差不齐。

路段及其两侧街廓编号		ABD（街廓建筑界面平均退让距离）	BP（街廓建筑界面偏离度）	BT（街廓建筑界面相对贴线率）	H（街廓平均建筑层数）	B（道路宽度）
U—汉中路段	U2	0	1	50	2.5F	40m
	U7	0	1	50	3.5F+27F	42m
	U9	0	1	50	3F+18.5F	40m
	U8	0.75	1.04	38.5	3F+22.5F	42m
	U6	2.5	1.06	11.5	6F	42m
	U11	2.6	1.12	11	4F+19F	42m
	U3	3	1.15	10	5.5F+14F	40m
	U13	3	1.14	9.67	5F+34F	42m
	U12	4.5	1.21	6.4	4F+19F	42m
	U10	6	1.3	5	5F+27F	40m
	U15	6.5	1.31	4.46	6F+21F	42m
	U14	7	1.33	4.14	4F+21F	42m
	U4	10	1.48	2.9	4F+24F	42m
	U5	11	1.52	2.64	5F+20F	42m
	U1	15	1.75	2	3F	40m
U—整段道路		5	1.24	5.9	4F+22F	41m

图 7　U—汉中路段沿街的街廓界面形态与建筑退让道路规定的关联性分析

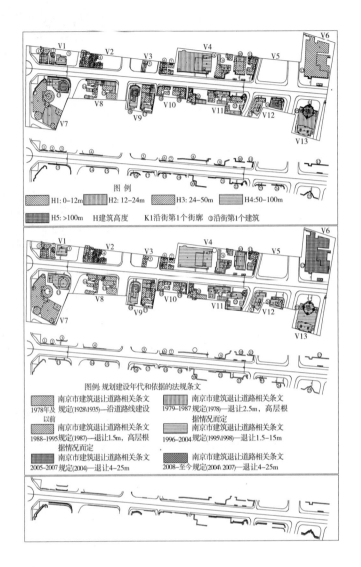

图 例

H1: 0~12m H2: 12~24m H3: 24~50m H4:50~100m

H5: >100m H建筑高度 K1沿街第1个街廓 ①沿街第1个建筑

图例: 规划建设年代和依据的法规条文

1978年及 南京市建筑退让道路相关条文 | 南京市建筑退让道路相关条文
以前 规定(1928\1935)—沿道路线建设 | 1979~1987规定(1978)—退让2.5m, 高层根据情况而定

1988~1995 南京市建筑退让道路相关条文 | 南京市建筑退让道路相关条文
规定(1987)—退让1.5m, 高层根据情况而定 | 1996~2004规定(1995\1998)—退让1.5~15m

2005~2007 南京市建筑退让道路相关条文 | 南京市建筑退让道路相关条文
规定(2004)—退让4~25m | 2008~至今规定(2004\2007)—退让4~25m

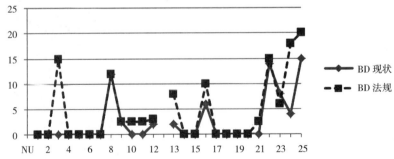

吻合度为68%

1. 沿街建筑界面退让距离曲线与法规模型曲线走势基本吻合。

2. 沿街总建筑数: 25 个, 符合退让规定的建筑数: 17 个, 现状退让距离值符合规定距离的比率为68%; 不符合数: 8 个, 所占比率为32%。

3. 曲线点的突变曲率变化较大, 说明道路沿街的建筑界面连续性低, 界面参差不齐, 不连续。

4. 道路变化曲率较大的沿街建筑主要是以公共建筑为主, 退让道路距离较大, 变化较低的是以居住为主, 退让道路距离较小。从两侧变化曲线规整不一的曲率来看, 沿街街廓用地性质并没有统一。

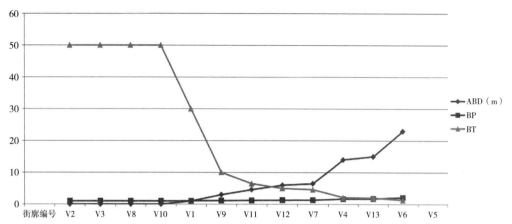

低多层建筑（4层）、高层和超高层建筑各自约占50%（23层）ABD—6米，SP—1.15；ST较大—4.

1. V2/V3/V8/V10和V1街廓沿街建筑是低多层建筑，建造年代在1978年以前，退让道路0-1m，沿道路线建设，街廓界面肌理连续有序。

2. V9/V11街廓沿街建筑中主要是约占70%的低多层建筑+30%的大型公共建筑，平均退让3-5m，其中低多层建筑是在1995年以前建造，主要沿道路线建设，界面连续有序，而大型公建根据规定退让较大，在6-14m，是导致整个街廓界面不连续、参差不齐的主要原因。

3. V7/V12是高层和超高层建筑为主的所在街廓，街廓沿街建造年代较晚（1996-2004年），主要根据裙房高度退让，退让距离约6米，但是按照规定，高层和超高层建筑退让道路距离不够，不符合规定，且由于建筑高度不同，再加上几个建筑位于街道转角处，导致街廓界面不连续、不整齐。

4. V4/V13街廓主要是约占60%的高层和超高层建筑+40%的低多层建筑，建造年代较晚（1995-2004年），其中高层和超高层建筑根据规定退让道路距离较大，在14-15m，基本符合规定建设，而低多层建筑主要是门房沿道路基线建设，主要建筑可能根据当时的情况退让不一，这样二者共同导致街廓沿街界面不连续、参差不   。

5. V6街廓界面贴线率较小，以一个大型、多高层公共建筑占用一整个街廓，建造年代较晚（2005年以后），建筑退让道路距离较大，约23米，或许是为了满足规划控制、获得容积率等经济效益，建筑在符合规定退让的基础上，还多退让了一定距离，整个作为场前小广场和铺地。

路段及其两侧街廓编号	ABD（街廓建筑界面平均退让距离）	BP（街廓建筑界面偏离度）	BT（街廓建筑界面相对贴线率）	H（街廓平均建筑层数）	B（道路宽度）
V—中山东路段1					
V2	0	1	50	1.5F	40m
V3	0	1	50	3F	40m
V8	0	1	50	4F+14F	40m
V10	0	1	50	2F	40m
V1	1m	1.05	30	3F+22.5F	40m
V9	3m	1.15	10	3F+31F	40m
V11	4.6m	1.23	6.5	4F+11.5F	40m
V12	6m	1.3	5	4.5F+26F	40m
V7	6.5m	1.33	4.61	6F+21F	40m
V4	14m	1.7	2.14	3.5F+21F	40m
V13	15m	1.75	2	5.5F+36F	40m
V6	23m	2.15	1.31	4.5F	40m
V5	0	1	50	1.5F	40m
V—整段道路	5.6m	1.28	5.4	4F+23F	40m

图8 V—中山东路段沿街的街廓界面形态与建筑退让道路规定的关联性分析

附 5.2　4 条次干路段两侧沿街街廓案例切片的界面形态与建筑退让道路规定的相关吻合度和关联性分析：太平北路段（K）、太平南路段（J）、广州路段（f）、珠江路段（g）

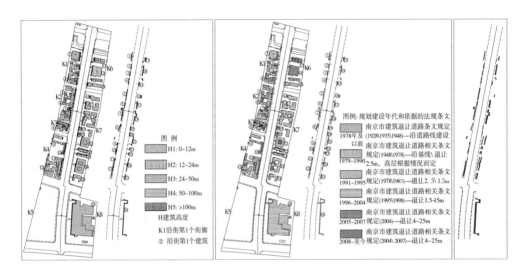

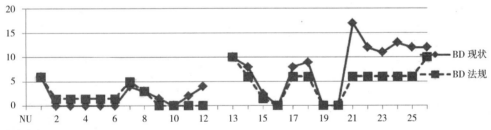

吻合度为 62%

1. 沿街建筑界面退让距离曲线与法规模型曲线走势基本吻合。

2. 沿街总建筑数：26 个，符合（包括大于规定在 5 米以内）退让规定的建筑数：16 个，现状退让距离值符合规定的比率为 62%。

不符合数：10 个，所占比率为 38%。

3. 道路右侧曲线点的突变曲率变化较大，说明道路沿街的建筑界面连续性低，界面参差不齐，不连续。

4. 道路变化曲率较大的沿街建筑主要是以公共建筑为主，退让道路距离较大，变化较低的是以居住为主，退让道路距离较小。从两侧变化曲线规整不一的曲率来看，沿街街廓用地性质并没有统一。

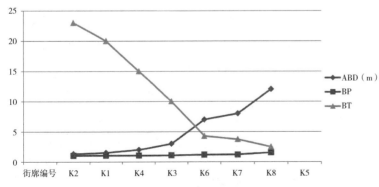

低多层建筑（3 层），少数高层平均层高 14 层，ΛBD 较小，4m，SP—1.1，ST 较大—15。

1. K1/K2/K3/K4 街廓界面贴线率相似，退让道路距离小（2m 以下），主要是在相近年代、依据同一规定条文，以沿街居住、底层商业的居住建筑为主、低多层的街廓建筑界面；

2. K6/K7/K8 贴线率较小，平均建筑退让道路较大（7–12m），主要是在相近年代，以沿街公共建筑为主的街廓建筑界面。

路段及其两侧街廓编号		ABD（街廓建筑界面平均退让距离）	BP（街廓建筑界面偏离度）	BT（街廓建筑界面相对贴线率）	H（街廓平均建筑层数）	B（道路宽度）
K—太平北路段2	K2	1.3m	1.03	23	5F	40m
	K1	1.5m	1.04	20	4F+15F	40m
	K4	2m	1.05	15	5F	40m
	K3	3m	1.08	10	3F	40m
	K6	7m	1.18	4.3	4F+13.5F	40m
	K7	8m	1.2	3.75	2F	40m
	K8	12m	1.55	2.5	5F	44m
	K5	—	—	—	—	44m
K—整段道路		5m	1.24	5.8	3F+14F	42m

图9 K—太平北路段沿街的街廓界面形态与建筑退让道路规定的关联性分析

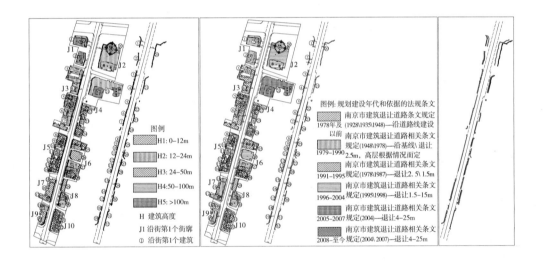

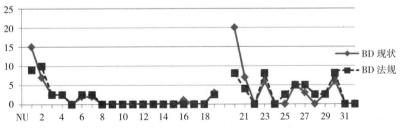

吻合度为81%

1. 沿街建筑界面退让距离曲线与法规模型曲线走势基本吻合。

2. 沿街总建筑数：32个，符合退让（包括大于规定在5m以内）规定的建筑数：26个，现状退让距离值符合规定距离的比率为81%；不符合数：6个，所占比率为19%。

3. 道路右侧曲线点的突变曲率变化较大，道路沿街的建筑界面连续性低，界面参差不齐，不连续。

4. 道路变化曲率较大的沿街建筑主要是以公共建筑或高层建筑为主，退让道路距离较大，变化较低的是以居住为主，或有低多层建筑，退让道路距离小。从两侧变化曲线规整不一的曲率来看，沿街街廓用地性质并没有统一。

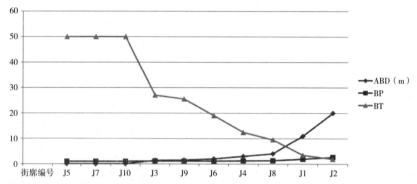

低多层建筑（4层），少数高层平均层高27层，ABD较小，4m，SP—1.17，ST较大—19.

1. J4/J6/J8/J9/J3街廊界面的贴线率相似，主要是以低多层公共建筑为主、仅有2个高层和超高层建筑，建造年代较早，70%以上是在1990年以前建造，退让道路距离较小，为1—4m，贴线率较大，平均在50%以上，沿街的街廊建筑界面也是较为连续有序其中J7/J5/J10街廊界面的建筑在1990年以前建造，都是沿道路线建设，退让为0米，贴线率100%，街道建筑界面肌理连续有序。

2. J2街廊界面贴线率较小，为3.8，是以一个大型、多高层公共建筑占用一整个街廊，建造年代较晚（2005年以后），建筑退让道路距离较大，约20m，贴线率较小、偏离度较大。

路段及其两侧街廊编号		ABD（街廊建筑界面平均退让距离）	BP（街廊建筑界面偏离度）	BT（街廊建筑界面相对贴线率）	H（街廊平均建筑层数）	B（道路宽度）
V—中山东路段1	J5	0	1	50	3F	24m
	J7	0	1	50	2F	24m
	J10	0	1	50	2.5F	24m
	J3	1.4	1.12	27	4.5F	24m
	J9	1.5	1.13	25.5	4F	24m
	J6	2	1.17	19	4F	24m
	J4	3	1.25	12.5	3.5F+27.5F	24m
	J8	4	1.33	9.5	6F+13F	24m
	J1	11	1.92	3.45	5.5F+29F	24m
	J2	20	2.67	1.9	5.5F+36F	24m
J—整段道路		4	1.33	9.5	4F+27F	24m

图10　J—太平南路段沿街的街廊界面形态与建筑退让道路规定的关联性分析

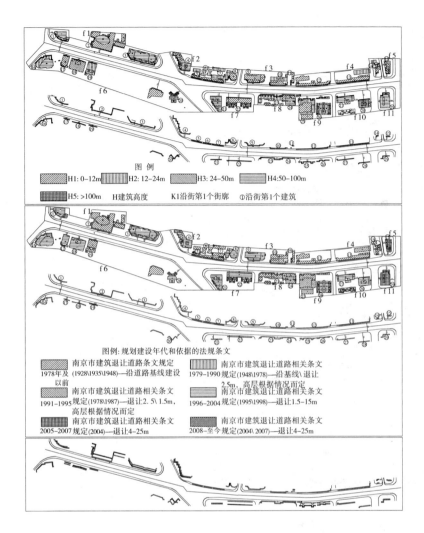

图 例

H1: 0-12m　H2: 12-24m　H3: 24-50m　H4:50-100m

H5: >100m　H建筑高度　　K1沿街第1个街廓　①沿街筑第1个建筑

图例: 规划建设年代和依据的法规条文

南京市建筑退让道路条文规定
1978年及 (1928\1935\1948)—沿道路基线建设
以前

南京市建筑退让道路相关条文
1991-1995规定(1978\1987)—退让2.5\1.5m,
高层根据情况而定

南京市建筑退让道路相关条文
2005-2007规定(2004)—退让4-25m

南京市建筑退让道路相关条文
1979-1990规定(1948\1978)—沿基线\退让
2.5m,高层根据情况而定

南京市建筑退让道路相关条文
1996-2004规定(1995\1998)—退让1.5-15m

南京市建筑退让道路相关条文
2008-至今规定(2004\2007)—退让4-25m

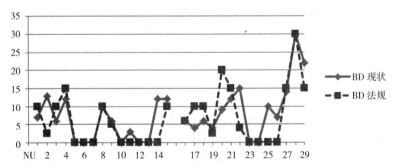

吻合度为60%

1. 沿街建筑界面退让距离曲线与法规模型曲线走势基本吻合。

2. 沿街总建筑数: 29个, 符合退让规定的建筑数: 17个, 现状退让距离值符合规定距离的比率为60%; 不符合数: 12个, 所占比率为40%。

3. 曲线点的突变曲率变化较大, 说明道路沿街的建筑界面连续性低, 界面参差不齐, 不连续。

4. 道路变化曲率较大的沿街建筑主要是以公共建筑为主, 退让道路距离较大, 变化较低的是以居住为主, 退让道路距离较小。从两侧变化曲线规整不一的曲率来看, 沿街街廓用地性质并没有统一。

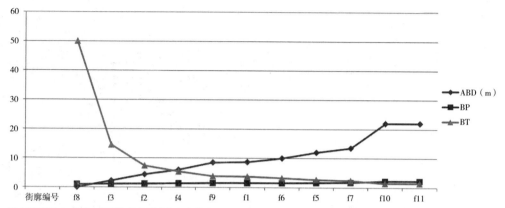

低多层建筑（4 层）、高层和超高层建筑各自约占 50% 左右（20 层），ABD 较大，10m，SP—1.29，ST 较大—6.5.

1. f8 街廓以低多层建筑为主，建造年代早，在 1978 年以前，退让道路 0 米，建筑按规定沿道路线建设，且街廓界面形态连续有序。

2. f2/f3/f4 主要是约占 60% 的低多层建筑 +40% 的大型公共建筑，平均退让 2-6m，其中低多层建筑的建造年代较早，是在 1978 年以前沿道路线建设，而大型公共建筑建造年代在 1996-2004 年，根据规定退让较大，在 6-12m，是导致整个街廓界面不连续的主要原因，整个街廓建筑界面形态虽不连续，但较为有序、有节奏感。

3. f9/g1/f3 街廓以多高层公共建筑为主，30% 在 1978 年以前建设；30% 在 1991-1995 年建设；40% 在 1996-2004 年建设。街廓沿街建设由于历年建造，退让不一，1996 年以后建设的部分建筑不符合退让规定，且街廓界面形态不连续，说明导致界面形态不连续的原因除了有退让规定控制的原因之外，还有其他因素影响。

4. f5/f7 是以 1-2 个多高层公共建筑占用一整个街廓，建造年代在 1996-2007 年，建筑符合规定，退让道较大，在 12-13.5m，但是街廓界面形态不连续、参差不齐。

5. f10/f11 是以高层和超高层建筑占用一整个街廓，建造年代在 1996-2007 年，建筑根据规定退让道路距离较大，退让了 22m，但是不同高度、不同年代的建筑造成街廓界面形态不连续、参差不齐、不整齐。

路段及其两侧街廓编号		ABD（街廓建筑界面平均退让距离）	BP（街廓建筑界面偏离度）	BT（街廓建筑界面相对贴线率）	H（街廓平均建筑层数）	B（道路宽度）
f—广州路段2	f8	0	1	50	3F	24m
	f3	2.25	1.13	50	2F	24m
	f2	4.4	1.25	50	2.5F	24m
	f4	6	1.34	27	4.5F	24m
	f9	8.5	1.49	25.5	4F	24m
	f1	8.7	1.5	19	4F	24m
	f6	10	1.57	12.5	3.5F+27.5F	24m
	f5	12	1.69	9.5	6F+13F	24m
	f7	13.5	1.77	3.45	5.5F+29F	24m
	f10	22	2.26	1.9	5.5F+36F	24m
	f11	22	2.26	50	3F	24m
f—整段道路		4	1.33	9.5	4F+27F	24m

图 11　f—广州路段沿街的街廓界面形态与建筑退让道路规定的关联性分析

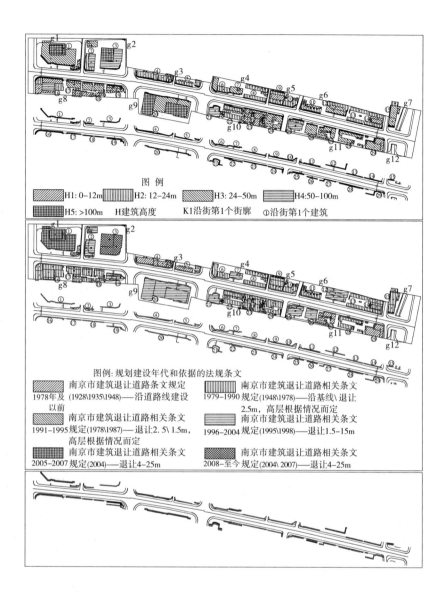

图 例

H1: 0–12m H2: 12–24m H3: 24–50m H4:50–100m
H5: >100m H建筑高度 K1沿街第1个街廊 ①沿街第1个建筑

图例: 规划建设年代和依据的法规条文

南京市建筑退让道路条文规定 1978年及以前 (1928\1935\1948)——沿道路线建设

南京市建筑退让道路相关条文 1979–1990 规定(1948\1978)——沿基线\退让2.5m, 高层根据情况而定

南京市建筑退让道路相关条文 1991–1995规定(1978\1987)——退让2.5\1.5m, 高层根据情况而定

南京市建筑退让道路相关条文 1996–2004 规定(1995\1998)——退让1.5–15m

南京市建筑退让道路相关条文 2005–2007规定(2004)——退让4–25m

南京市建筑退让道路相关条文 2008–至今规定(2004\2007)——退让4–25m

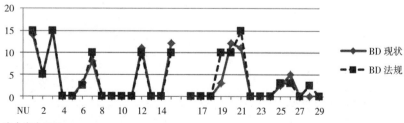

吻合度为86%

1. 沿街建筑界面退让距离曲线与法规模型曲线走势基本吻合。

2. 沿街总建筑数: 29 个, 符合退让规定的建筑数: 25 个, 现状退让距离值符合规定距离的比率为86%; 不符合数: 4 个, 所占比率为14%。

3. 曲线点的突变曲率变化较大, 说明道路沿街的建筑界面连续性低, 界面参差不齐, 不连续。

4. 道路变化曲率较大的沿街建筑主要是以公共建筑为主, 退让道路距离较大, 变化较低的是以居住为主, 退让道路距离较小。从两侧变化曲线规整不一的曲率来看, 沿街街廓用地性质并没有统一。

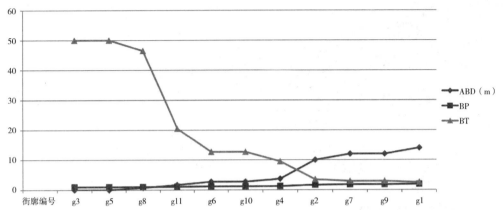

低多层建筑（4.5层）、高层和超高层建筑各自约占50%（29层），ABD，6m，SP—1.2，ST较大—12.

1. g5/g3 街廊沿街是低多层建筑，造造年代早，在1995年以前建设，退让道路0米，建筑沿路线建设，且街廊界面形态连续有序。

2. g8/g11/g6/g10/g4 主要是以低多层建筑为主，有少数3–4个高层建筑，平均退让1–4m，其中低多层建筑的造造年代在1991–1995年，几乎都沿道路线建设，建筑界面形态连续有序，而高层建筑的造造年代在1996–2004年，根据规定退让较大，在10–11m，是导致整个街廊界面不连续的主要原因，整个街廊建筑界面形态虽不连续，但较为有序、有节奏感。

3. g1/g2/g9/g10 主要是以1–2个大型高层和超高层建筑占用一整个街廊，建筑的造造年代在1996–2007年，建筑根据规定退让道路距离较大，10–14m，虽符合退让距离规定，但是不同高度、不同年代的建筑造成街廊界面形态不连续、参差不齐、不整齐。

路段及其两侧街廊编号		ABD（街廊建筑界面平均退让距离）	BP（街廊建筑界面偏离度）	BT（街廊建筑界面相对贴线率）	H（街廊平均建筑层数）	B（道路宽度）
g—珠江路段1	g3	0	1	50	4F	30m
	g5	0	1	50	4.5F	30m
	g8	0.75m	1.05	46.5	3.5F+12F	30m
	g11	1.7m	1.11	20.5	5F+19F	30m
	g6	2.75m	1.18	12.7	4F+11.5F	30m
	g10	2.75m	1.18	12.7	4.5F+19F	30m
	g4	3.7m	1.25	9.5	5.5F	30m
	g2	10m	1.67	3.5	5.5F+36.5F	30m
	g7	12m	1.8	2.92	5F	30m
	g9	12m	1.8	2.92	6F+44F	30m
	g1	14m	1.93	2.5	3F+51F	30m
g—整段道路		5.4m	1.27	5.45	4.5F+29F	30m

图12　g—珠江路段沿街的街廊界面形态与建筑退让道路规定的关联性分析

主要参考文献

1. 主要政策法规、规则及规范文献

南京特别市市政府公务局退缩房屋放宽街道暂行办法 [Z]. 1928

南京市建筑规则 [Z]. 1935

南京市建筑管理规则 [Z]. 1948

南京市建筑管理办法实施细则 [Z]. 1978

南京市城市建设规划管理暂行规定 [Z]. 1987

南京市城市规划条例实施细则 [Z]. 1995

南京市城市规划条例实施细则 [Z]. 1998

南京市城市规划条例实施细则 [Z]. 2004

南京市城市规划条例实施细则 [Z]. 2007-04-25

南京市规划局规划管理审批工作导则 [Z]. 2005-11-05

南京市控制性详细规划编制技术规定 NJGBBB 01-2005

南京市市区中小学幼儿园用地规划和保护规定 [Z]. 2003

南京市城墙保护管理办法 [Z]. 2004

南京市城市规划条例 [Z]. 1990-08-15

南京市城乡规划条例 [Z]. 2012-12-01

南京市市容管理条例 [Z]. 2012-01-12

南京市文物保护条例 [Z]. 1989-04-15

南京市夫子庙地区管理规定 [Z]. 2004

南京市市内秦淮河管理条例 [Z]. 1989

南京市中山陵园风景区管理条例 [Z]. 1998

江苏省控制性详细规划编制导则 [Z]. 2012-01

江苏省城市规划管理技术规定 [Z]. 2011-05-01

江苏省城市设计编制导则 [Z]. 2012-07-01

江苏省户外广告管理办法 [Z]. 1997–07–23

江苏省城乡规划条例 [Z]. 2010–07–01

江苏省城市绿化管理条例 [Z]. 1992–10–27

江苏省城市市容和环境卫生管理条例 [Z]. 2004–02–01

江苏省文物保护条例 [Z]. 2004

江苏省历史文化名城名镇保护条例 [Z]. 2010

江苏省城市容貌标准 GB 50449–2008

江苏省商业建筑设计防火规范 DGJ32/J 67–2008

江苏省城市道路照明技术规范 DGJ32/TC 06–2011

江苏省建筑外遮阳工程技术规程 DGJ32/J 123–2011

江苏省城市居住区人防工程规划设计规范 DGJ32/TJ 120–2011

江苏省城市应急避难场所建设技术标准 DGJ32/J 122–2011

江苏省房屋面积测算技术规程 DGJ32/TJ 131–2011

江苏省城镇户外广告和店招标牌设施设置技术规范 DGJ32/J 146–2013

Central Melbourne Design Guide[Z]. https：//participate.melbourne.vic.gov.au/
amendmentc308，2018.

深圳市城市设计标准与导则 [Z]. 2018

上海市街道设计导则 [Z]. 2019

北京市城市设计导则 [Z]. 2020

浙江省城市设计编制导则 [Z]. 2017

中华人民共和国城市绿化条例 [Z]. 1992–06–22

城市规划编制审批暂行办法 [Z]. 1980

城市规划定额指标暂行办法 [Z]. 1980

城市规划强制性内容暂行规定 [Z]. 2002

城市规划编制办法 [Z]. 2006–04–01

城市规划编制办法实施细则 [Z]. 2006–04–01

城市、镇控制性详细规划编制审批办法 [Z]. 2011–01–01

城镇体系规划编制审批办法 [Z]. 1994

城市总体规划审查工作规则 [Z]. 1999

城市绿线管理办法 [Z]. 2002–11–01

城市蓝线管理办法 [Z]. 2006–03–01

城市黄线管理办法 [Z]. 2006-03-01

城市紫线管理办法 [Z]. 2004-02-01

城市绿化规划建设指标的规定 [Z]. 1994-01-01

中华人民共和国城市规划法 [Z]. 1990

中华人民共和国城乡规划法 [Z]. 2008-01-01

中华人民共和国土地管理法 [Z]. 1999-01-01

中华人民共和国广告法 [Z]. 1995-02-01

中华人民共和国文物保护法 [Z]. 2007

中华人民共和国城市规划条例 [Z]. 1984

中华人民共和国城市市容和环境卫生管理条例 [Z]. 1992

中华人民共和国城市绿化条例 [Z]. 1992

中华人民共和国基本农田保护条例 [Z]. 1998

中华人民共和国土地管理法实施条例 [Z]. 1999

公共文化体育设施条例 [Z]. 2003

中华人民共和国土地管理法实施条例 [Z]. 1999

文物保护法实施条例 [Z]. 2003

历史文化名城名镇名村保护条例 [Z]. 2008

城市道路管理条例 [Z]. 1996

中华人民共和国土地管理法实施细则 [Z]. 1999-01-01

中华人民共和国文物保护法实施细则 [Z]. 1992

城市国有土地使用权出让转让规划管理办法 [Z]. 1993-01-01

城市古树名木保护管理办法 [Z]. 2000

停车场建设和管理暂行规定 [Z]. 1989

城市公厕管理办法 [Z]. 1991

城市用地分类与规划建设用地标准 GBJ 137-90

城市用地分类与规划建设用地标准 GB 50137-2011

城市用地竖向规划规范 GJJ 83-99

建筑气候区划标准 GB 50178-93

民用建筑设计通则 GB 50352-2005

建筑设计防火规范 GBJ 16-87

高层民用建筑设计防火规范 GB 50045-95

城市居住区规划设计规范 GB 50180-93-2002

城市道路交通规划设计规范 GB 50220-95

城市道路绿化规划与设计规范 CJJ 75-97

城镇老年人设施规划规范 GB 50437-2007

城市公共设施规划规范 GB 50442-2008

城市容貌标准 CJT 12-1999

汽车库、修车库、停车场设计防火规范 GB 50067-2014

城市道路和建筑物无障碍设计规范 JGJ 50-2001、J114-200

绿色住区标准 CECS377：2014

工程建设标准强制性条文（城乡规划部分）

工程建设标准强制性条文（城市建设部分）

同济大学，天津大学等主编. 控制性详细规划 [M]. 北京：中国建筑工业出版社，2011.

2. 城市形态理论研究文献

Conzen M. R. G. Alnwick Northumberland：a study in town-plan analysis[M]. London：Institute of British Geographers，1960.

Kevin Lynch. The Image of the City[M]. Cambridge：The MIT Press，1960.

Jacobs J. The Death and Life of Great American Cities[M]. London：Vintage Books，1961.

Bacon E. N. Design of Cities[M]. Penguin Books，1976.

Rowe C，Koetter F. Collage City[M]. Cambridge：The MIT Press，1978.

Benevolo L. The history of the city[M]. London：Schola Press，1980.

Lynch K. Good City Form[M]. Cambridge：The MIT Press，1981.

Krier R.；Rowe C. Urban space. London：Academy editions，1979.

Rossi A. The Architecture of the City[M]. Cambridge：The MIT Press，1982.

March L. Urban space and structures [M]. London：Cambridge University Press，1972：36，90.

Mumford L. The city in history：its origins，its transformations and its prospects [M]. San Diego：Harcourt Brace，1989.

Norberg-Schulz C. Genius loci：towards a phenomenology of architecture [M]. New York：Rizzoli，1980.

Paneral P.，et al. Urban forms：the death and life of the urban block. Routledge，2004.

Sitte C. City planning according to artistic principles. Rizzoli，1986.

[奥] 卡米诺·西特著 . 钟德崑译 . 城市建设艺术 [M]. 南京：东南大学出版社，1990.

[美] 凯文·林奇著 . 方益萍，何晓军译 . 城市意象 [M]. 北京：华夏出版社，2001.

[美] 凯文·林奇著 . 林庆怡等译 . 城市形态 [M]. 北京：华夏出版社，2001.

[美] 阿摩斯·拉普卜特著 . 黄兰谷等译 . 建成环境的意义——非言语表达方法 [M]. 北京：中国建筑工业出版社，2001.

[美] 柯林·罗著 . 童明译 . 拼贴城市 [M]. 中国建筑工业出版社，2003.

[美]E. N. 培根著 . 黄富厢译 . 城市设计 [M]. 北京：中国建筑工业出版社，2003.

［英］克利夫 芒福汀 . 街道与广场 [M]. ，北京：中国建筑工业出版社，2004，P52，146.

[加] 简·雅各布斯著 . 金衡山译 . 美国大城市的死与生 [M]. 南京：译林出版社，2005.

[美] 刘易斯·芒福德著 . 宋俊岭，倪文彦译 . 城市发展史——起源、演变和前景 [M]. 中国建筑工业出版社 . 2005.

[美] 斯皮罗 科斯托夫，单皓译 . 城市的形成—历史进程中的城市模式和城市意义 [M]. 北京：中国建筑工业出版社，2005.

[美] 罗伯特·文丘里等著 . 徐怡芳，王健译 . 向拉斯维加斯学习 [M]. 北京：知识产权出版社，2006.

[日] 芦原义信著 . 尹培桐译 . 街道的美学 [M]. 天津：百花文艺出版社，2006.

[意] 阿尔多·罗西著 . 黄士钧译 . 城市建筑学 [M]. 中国建筑工业出版社，2006.

[英] 比尔·希利尔著 . 空间是机器 [M]. 杨涛等译 . 北京：中国建筑工业出版社，2008.

[英] 康泽恩 . 宋峰，许立言，侯安阳等译 . 城镇平面格局分析：诺森伯兰郡安尼克案例研究 [M]. 北京：中国建筑工业出版社，2011.

Morphology（2014）18（1）：5–21 .

Zhang L. and Ding W. Urban Plot Characteristics Study：Casing Center District in Nanjing[C]. Australia：Twentieth International Seminar on Urban Form，July 2013：1.

Oke，T. . Street design and urban canopy layer climate. Energy and buildings，1988，11. 1：103–113SITTE，Camillo. City planning according to artistic principles. Rizzoli，1986.

[加] 谷凯 . 城市形态的理论和方法 [J]. 国外规划研究，2001，25（12）：37–39.

[法] 阿兰·博里，皮埃尔·米克洛尼，皮埃尔·皮农著 . 李婵译 . 形态与变形 [M]. 沈阳：辽宁科学技术出版社，2011.

[英] 斯蒂芬·马歇尔著 . 苑思楠译 . 街道与形态 [M]. 北京：中国建筑工业出版社，2011.

[法] Serge Salat 著 . 城市与形态—关于可持续城市化的研究 [M]. 北京：中国建筑工业出版社，2012.

武进 . 中国城市形态：结构、特征及其演变 [M]. 南京：江苏科学技术出版社，1990.

王建国 . 城市空间形态的分析方法 [J]. 新建筑，1994，No. 1：29–34.

林炳耀 . 城市空间形态的计量方法及其评价 [J]. 城市规划汇刊，1998，No. 3：42–45.

郑莘，林琳 . 1990 年以来国内城市形态研究述评 . 城市规划，Vol. 26 No. 7，2002：59–65.

孙晖，梁江 . "街廓" 的意义 [C]. 2005 城市规划年会研究集：详细规划，2005：937–994.

倪天华，左玉辉 . 城市特质空间形态解析—以杭州城市空间形态变迁为例 [J]. 城市问题，2006，No. 2：22–26.

王金岩 . 城市街廓模式研究—以沈阳市为例 [D]. 大连：大连理工大学，2006.

任琪 . 城市道路景观界面分析 [D]. 合肥：合肥工业大学，2007：16.

周荣，冯娴慧 . 城市空间形态相关研究进展 [J]. 中山大学学报论丛，2007，No. 12：295–298.

储金龙 . 城市空间形态定量分析研究 [M]. 南京：东南大学出版社，2007：14–32.

丁沃沃，城市物质空间形态的认知尺度解析 [J]. 现代城市研究，2007/3.

段进，邱国编 . 国外城市形态学概论 [M]. 南京：东南大学出版社，2008.

刘铨 . 当代城市空间认知的图示化探索 [J]. 建筑师，2009/4，总第 140 期 .

沈萍 . 街廓形态的几何分析 [D]. 南京：南京大学，2011：2–3.

刘铨，丁沃沃 . 城市肌理形态研究中的图示化方法及其意义 [J]. 建筑师，2012.

丁沃沃，胡友培，窦平平 . 城市形态与城市微气候的关联性研究 [J]. 建筑学报，2012（7）：16–21.

韩冬青，方榕 . 西方城市街道微观形态研究评述 [M]. 国际城市规划，2013，Vol. 28，No. 1.

王慧芳，周恺 . 2003–2013 年中国城市形态研究评述 [J]. 地理科学进展，Vol. 33 No.

5 2014：689–701.

王振，李保峰等．从街道峡谷到街区层峡：城市形态与微气候的相关性分析 [J]. 南方建筑，2016（03）：5–10.

赵涵．基于风速的公共建筑围合的街道轮廓形态研究 [D]. 南京：南京大学，2012.

俞英．街道轮廓形态与风环境相关因素关系研究 [D]. 南京：南京大学，2013.

3. 城市法规与城市规划、城市形态的关系文献

Kostof S. The city shaped：urban patterns and meanings through history [M]. New York：Blufinch Press，1991.

Kostof S. The city assembled：the elements of urban form through history [M]. London ：Thames & Hudson，1992.

Kropf K S. The Definition of Built form in Urban Mophology[D]. Birmingham：University of Birmingham，1993.

Samuels，I. and Pattacini，L. 'From description to prescription：reflections on the use of a morphological approach in design guidance'，Urban Design International2，1997，81–91.

Ellis，J. Codes and controls[J]. The Architectural Review（1988）1101，79–84.

McGlynn S，Samuels I. The funnel，the sieve and the template：towards an operational urban morphology[C]. Urban Morphology（2000）4（2）：79–89.

Bill Hillier*，A theory of the city as object：or，how spatial laws mediate the social construction of urban space，URBAN DESIGN International（2002）7，153–179.

Krier L. Typological and morphological elements of the concept of urban space [C]// Cuthbert A. R.（ed. ）Designing cities：critical readings in urban design MA ：Blackwell，Malden，2003.

Ben-Joseph E. The Code of the City，standards and the hidden language of place making [M]. Cambridge MA：The MIT Press，2005.

Meta Berghauser Pont，Per Haupt. The Spacemate：Density and Typomorphology of the Urban Fabric[J]. Nordisk Arkitekturforskning 2005：4，61.

Matthew Carmona，Stephen Marshall，Quentin Stevens，Design codes：their use and ptential[J]. Progress in Planning 65（2006）：209 – 289.

Besim S. Hakim*，Mediterranean urban and building codes：origins，content，impact， and lessons，URBAN DESIGN International（2008）13，21 - 40.

Samuels I. Typomorphology and urban design practice in England. Urban Morphology（2008）12（1），58-62.

Emily Talen. Design by the Rules：The Historical Underpinnings of Form–Based Codes[J]. American Planning Association（2009），75：2，144-160.

Zukin，S. Changing landscapes of power：opulence and the urge for authenticity'，International Journal of Urban and Regional Research（2009）33，543-53.

Barnett J. How Codes Shaped Development in the United States，and Why They Should Be Changed[C]// Marshall S. Urban Coding and Planning. London and New York：Routledge，Taylor & Francis Group，2011：201-211.

Barrie Shelton. Adelaide's Urban in Design：Pendular Swings in Concepts and Codes[C]// Marshall S. Urban Coding and Planning. London and New York：Routledge，Taylor & Francis Group，2011：201-211.

Charles McKean. The Controlling Urban Code of Enlightenment Scotland[C]// Marshall S. Urban Coding and Planning. London and New York：Routledge，Taylor & Francis Group，2011.

Guo Q. Prescribing the Ideal City：Building Codes and Planning Principles in Beijing[C]// Marshall S. Urban Coding and Planning. London and New York：Routledge，Taylor & Francis Group，2011：101-119.

Jean–Francois Lejeune. The Ideal and the Real：Urban Codes in the Spanish–American Lettered City[C]// Marshall S. Urban Coding and Planning. London and New York：Routledge，Taylor & Francis Group，2011.

Kropf K S. Coding in the French Planning System：From Building Line to Morphological Zoning[C]// Marshall S. Urban Coding and Planning. London and New York：Routledge，Taylor & Francis Group，2011：158-165.

Marshall S. Urban Coding and Planning[C]. London and New York：Routledge，Taylor & Francis Group. 2011：227-235.

Nick Green. A Chronicle of Urban Codes in Pre–Industrial London's Streets and Squares[C]// Marshall S. Urban Coding and Planning. London and New York：Routledge，Taylor & Francis Group，2011.

Emily Talen. City Rules：How Regulations Affect Urban Form[M]. London：Island Press，2011.

Rangwala, K. Form-based codes[J]. Economic Development Journal（2012）11（3），35-40.

Guaralda M. Form-based planning and liveable urban environments[J]. Urban Morphology（2014）18（2），157-162.

Steyn G. Coding as 'Bottom-up' Planning：Developing a New African Urbanism [C]// Marshall S. Urban Coding and Planning. London and New York：Routledge，Taylor & Francis Group，2011：158-165.

Vibhuti Sachdev. Paradigms for Design：the Vastu Vidya Codes of India[C]// Marshall S. Urban Coding and Planning. London and New York：Routledge，Taylor & Francis Group，2011：201-211.

Yoshihiko Baba. Machizukuri and Urban Codes in Historical and Contemporary Kyoto[C]// Marshall S. Urban Coding and Planning. London and New York：Routledge，Taylor & Francis Group，2011：201-211.

Zhang L. and Ding W. Density，height limitation，and plot pattern：quantitative description of the residential plots in Nanjing China[C]. Delft: New urban configurations，the Nineteenth International Seminar on Urban Form，October 2012：1.

[法] 米歇尔·米绍等编. 法国城市规划 40 年 [M]. 何枫，任宇飞译. 北京：社会科学文献出版社，2007.

[美]Daniel G. Parolek，Karen Parolek，Paul C. Crawford 著. 城市形态设计准则—规划师、城市设计师、市政专家和开发者指南 [M]. 王晓川，李东泉，张磊译. 北京：机械工业出版社，2012.

阳建强. 城市规划控制体系研究初探 [J]. 城市规划，1993，No. 4：5-10.

陈荣. 城市规划控制层次论 [J]. 城市规划，1997，No. 3：20-24.

赵蔚. 城市公共空间的分层规划控制 [J]. 现代城市研究，2001，No. 5：8-10.

陈一新，深圳市中心区规划实施中的建筑设计控制——读"法国城市规划中的设计控制"有感，城市规划 Vol. 27 No. 2 Dec 2003.

唐子来，程蓉（编译），法国城市规划中的设计控制，城市规划 Vol. 27 No. 2 Feb. 2003.

张军民，崔东旭. 阎整 城市广场规划控制指标 [J]. 城市问题，2003，No. 5：23-28.

曹曙，翁一峰. 控制性详细规划中对城市空间形态控制的探究 [J]. 城市规划 Vol. 30 No. 12 Dec 2006：45-48.

丁沃沃.南京城市空间形态及其塑造控制研究 [Z].南京：南京大学，2007.

令晓峰，叶如宁.城市规划控制与引导的新思路—探索一种图则化的开放式规划控制体系 [J].城市规划，2007，No. 4：17–24.

苏东宾，聂志勇.浅谈如何通过建筑物高度控制来形成良好的城市景观，国际城市规划 Vol. 22 No. 2 2007：104–108.

尤明.城市中心区控制性详细规划中城市设计的控制要素与指标体系研究 [D].天津：天津大学，2007.

王新宇.街道空间几何边界的管控策略研究 [D].南京：南京大学，2007：11，17.

易智华，胡小琼.南宁市城市形态控制与规划方案比较评估系统建设探究，规划师 Vol. 24 No. 12 2008：10–12.

高强.城市设计导则对空间形态的控制研究 [D].上海：同济大学，2008.

赵民，乐芸.论《城乡规划法》"控权"下的控制性详细规划 [J].城市规划，2009：Vo33. No. 9，24–29.

汪坚强.迈向有效的整体性控制—转型期控制性详细规划制度改革探索 [J].城市规划，2009：Vo33. No. 10，60–66.

黄翔.城市新区空间形态的设计控制研究 [D].上海：华南理工大学，2010.

陈锐.城市街廊界面连续性控制要素研究 [D].南京：南京大学，2010：9–10.

顾婷婷.城市建筑色彩规划控制方法初探 [J].工程与建设，2011，No. 1：25–27.

同济大学，天津大学，等主编.控制性详细规划 [M].北京：中国建筑工业出版社，2011.

周钰，赵建波，张玉坤.街道界面密度与城市形态的规划控制 [J].城市规划，2012：Vol. 36 No. 6，28–32.

匡晓明，徐伟.基于规划管理的城市街道界面控制方法探索 [J].规划师，2012：Vol. 28No. 6，70–75.

刘晓敏.地块尺度对于城市形态的影响 [J].山西建筑，2012：Vol. 35 No.1，31–33.

李川.新形势下控制性详细规划编制的思路 [J].福建建筑，2012：Vo164 No. 01，1–3.

周焱.《城乡规划法》实施后的控制性详细规划实践述评及展望 [J].规划师，2012：Vo28. No7，45–50.

董春方.密度与城市形态 [J].建筑学报，2012，7：22–27.

陈一新. 深圳市中心区（CBD）城市规划与实践历史研究（1980–2010 年）[D]. 南京：东南大学，2013.

顾震弘等. 低碳生态城市设计——从指标到形态 [J]. ARCHITECTURE & CULYURE 201404，No. 121：46–51.

4. 城市设计文献

[美] 沃尔森等编. 刘海龙等译. 城市设计手册. 中国建筑工业出版社，2006.

丁沃沃. 城市设计：理论？研究？ [J]. 城市设计，2015. 01：68–78.

夏祖华，黄伟康. 城市空间设计 [M]. 南京：东南大学出版社，1992.

夏铸久. 公共空间. 台北：艺术家出版社，1994.

王建国. 城市设计 [M]. 南京：东南大学出版社，1999.

李德华主编. 城市规划原理，第三版. 中国建筑工业出版社，2001.

王建国. 现代城市设计理论和方法 [M]. 南京：东南大学出版社，2001.

洪亮平. 城市设计历程 [M]. 北京：中国建筑工业出版社，2002.

中国城市规划学会主编. 城市设计 [M]. 北京：中国建筑工业出版社，2003.

丁旭，魏巍. 城市设计理论与方法 [M]. 杭州：浙江大学出版社，2010.

丁沃沃，刘铨，冷天. 建筑设计基础 [M]. 北京：中国建筑工业出版社，2014：95.

金广君. 图解城市设计 [M]. 北京：中国建筑工业出版社，2010.

致　谢

本书研究历时漫长的五年半，撰写过程经历了诸多挑战和困难，研究内容是在笔者博士导师丁沃沃教授的悉心指导下完成的。丁老师在选题、框架构思到内容撰写和修改过程中，从书的结构、问题的提出、文献理论综述、研究方法与路径、街廓形态与相关城市法规的关联性理论和实证量化分析，以及发表相关小研究成果等方面给予了很大的指导和帮助。当本人在写作内容与解决问题陷入困惑时，老师给予了耐心而细致的教导，并从精神层面给予我启发与鼓励；在稿件完成后，导师继续根据书稿中存在的问题、研究贡献和结论等，又不厌其烦、细心地予以修改。导师对研究内容的准确把握与指导使得本书的研究方向不偏不倚，在导师对学术研究科学严谨的感召下，笔者也努力认真、扎扎实实、一步一个脚印的继续研究，直至完成本书。

导师以其敏锐的洞察力、渊博的知识、严谨而又细致的治学态度、对学生学习与生活的关心与鼓励等，都给了我极大的教海，这些都将使我受益终生。谨此向我的恩师丁沃沃教授致以衷心的感谢！

本书在写作过程中也得到了韩冬青教授、赵辰教授、吉国华教授、鲁安东教授的热心指导，他们提出了富有建设性的意见，如补充完善诸多国内外相关领域研究成果等，不仅帮助本人打开了写作思路、拓宽了视野与提高了研究信心；同时又针对选题与范围聚焦、研究路径、理论价值和创新总结、关联性分析等方面提出了进一步修改的建议和指导，为研究从理论体系到量化实证、从形态的法规模型分析到创新贡献等，提供了重要的意见。在此，向各位专家的细心指导和修正致以衷心的感谢！

本书在写作过程中，还得到了童滋雨、刘铨、唐莲、尤伟、许念飞、王丹丹、卢琦等老师在理清研究思路、框架调整、法规条文图解方法等方面的帮助，同时也得到了张旭峰、陈智、郭鹏宇、彭云龙、周元等博士同学的帮助，感谢他们对于本书写作中提供参考文献、构建文章结构、调研资料、关联点探讨等方面提供的帮助。尤其感谢唐莲博士在选题、撰写到修改整个过程中的文献理解、路径和思路、条文图示梳理方法、关联属性点分析等，以及生活思想等方面给予了莫大的关心和帮助。在此，非常感谢他们即作为学长与同学，又作为朋友与知己，对我的写作与生活的帮助和鼓励。

此外，感谢国家自然科学基金项目（51868064）、浙江省哲学社会科学规划课题（22NDJC071YB）资助；感谢宁波大学潘天寿建筑与艺术设计学院及建筑系，尤其感谢陆海院长、安婳娟系主任在本人后续研究中的时间保障、研究资助以及生活关照等方面的大力支持。

最后，感谢父母家人及丈夫周永军对我的支持和陪伴，他们的理解和鼓励是我前进的动力。

高彩霞

2022 年 1 月